U0351122

致我的精神花园里最美的那朵花

——科琳娜

DICTIONNAIRE AMOUREUX DES JARDINS

花园词典

[法] 阿兰·巴拉东
ALAIN BARATON　著

曹帅　译

插图由阿兰·布尔杜伊尔
Alain Bouldouyre　绘制

北京联合出版公司·后浪
Beijing United Publishing Co.,Ltd.

图书在版编目（CIP）数据

花园词典 /（法）阿兰·巴哈东著；曹帅译 .-- 北
京：北京联合出版公司，2019.9（2021.12 重印）
ISBN 978-7-5596-3160-2

Ⅰ.①花… Ⅱ.①阿…②曹… Ⅲ.①花园—词典
Ⅳ.① TU986.61

中国版本图书馆 CIP 数据核字 (2019) 第 070802 号

ALAIN BARATON，Dictionnaire amoureux des jardins
©Plon, 2012 - Simplified Chinese edition arranged through Dakai Agency Limited

Simplified ChineseEdition Copyright © 2019 by Beijing United Publishing Co., Ltd.
All Rights Reserved.
本作品中文简体字版权由北京联合出版有限责任公司所有

北京市出版局著作权合同登记图字：01-2019-2400

花园词典

作　　者：〔法〕阿兰·巴哈东（Alain Baraton）
译　　者：曹　帅
出版监制：刘　凯　马春华
选题策划：联合低音
责任编辑：黄　昕
装帧设计：鲁明静

北京联合出版公司出版
（北京市西城区德外大街 83 号楼 9 层 100088）
北京联合天畅文化传播公司发行
北京美图印务有限公司印刷　新华书店经销
字数 324 千字　889 毫米 ×1194 毫米　1/32　16.25 印张
2019 年 9 月第 1 版　2021 年 12 月第 2 次印刷
ISBN 978-7-5596-3160-2
定价：82.00 元

出版说明

　　《花园词典》与《星空词典》分别由法国园艺和天文领域的专家写成。作者耗时数年，精心编写与花园和星空最密切相关的词条，用精彩的文字构建出关于这个主题的奇妙世界，带领我们走进一段或关于人文，或关于天文的旅程。

　　《易经》中有这样一句话："观乎天文，以察时变，观乎人文，以化成天下。"对天文和人文的关注与好奇，是古今不变、东西皆同的。星空是自然，花园是文明。了解自然，人类可以收敛起狂傲与自大，连爱因斯坦都说，面对浩瀚的宇宙，我们的所知只是沧海一粟；而了解文明，人类可以释放出接近神性的潜能和光辉，那么多巧夺天工的奇迹被建造出来，它们或还伫立在那里，或仅存于文字中，却始终用"美"来振动这颗孤独星球上所有人的心弦。两部词典一收一放，我们便在此之中找到自己应有的位置。

　　由于两部作品篇幅巨大、内容丰富，时空跨度如此之广，我们在选择译者时同样谨慎。曹帅先生与李涵女士都是非常杰出的法语译者，他们分别承担了两部词典的翻译工作，最大程度还原了原作的风采，并在一切细节处都力求完美。同时，为了能够打造成两本精致隽永、大小适宜的词典，我们针对原作简笔插画与内文的关系，在设计上重新做了对应调整；在切口增加词典特有的字母元素，你可以在相应位置找到字母，方便翻阅。

　　最后，希望读者不管是身处花园的世界，还是在仰望浩瀚的星空，都可以获得畅游其中的愉悦感。

花园爱好者素来性情温和。虽然有人讲究弱化人为参与、追求自然状态，有人乐于各种创造、以改变自然为傲，但我们很难想象他们会为不同立场而挥舞起修枝剪展开争斗。不过，这种意见的分歧可以上溯到古巴比伦君王统治时期——已经存在很久了，还要继续存在下去。这其实是一场旷日持久的哲学辩论：一方是自然的热忱拥护者，他们是"人性"的忠诚信徒；另一方是怀疑论者，虔诚地相信人为改造自然的能力……

皮埃尔·韦耶泰

Pierre Veilletet

法国新闻界最高奖项

阿尔伯特·伦敦奖

（The Albert Londres Prize）得主

序

　　花园史与人类史有着类似的发展轨迹：亚当和夏娃是最早的园丁，在数千年的历史长河中，人类不断模仿他们——起初用花园养活自己，后来用花园供奉神明。古代君王很善于将花草为己所用，以彰显自己的权力。花园再也不是自然的复制品，而成了歪曲自然的产物。

　　每一个国家和民族都有自己独特的风格，风格的多样性能让我们了解不同的信仰和传统。探索一座花园，便是浸入到一种文化中，好像是缓缓展开了当地生活的长卷。

　　画家和作家都非常清楚这点，他们擅长使用自己的笔和想象力，与我们分享他们对花园的热忱与感情。没有花园，我们的城市只不过是宿舍式住宅而已。

　　最初接到撰写这本词典的任务时，我非常得意，但我的兴奋劲儿没有持续太久。因为这部作品远非一部指南，更不是一套索引，我需要选择要讲述的内容，这种选择颇为艰难。人在做选择时左右为难是多么残酷的一件事情！仅法国就有超过20000座花园，况且世界上任何一个城市或国家都有花园。撰写此书就像建造一座花坛，我需要细致地选择构成要素，而且始终遵循心之所向。

另外，我谨希望借此良机，将自己在这些年当中学到的知识传承下去。我从事园艺师这项神圣的职业已经35年了，我的前辈一直毫不吝啬地把从前人那里学到的知识传授给我。我极其看重知识的传递，这是一个有价值而且必要的事情。我时常会想到最伟大的园林设计师安德烈·勒诺特尔（André Le Nôtre），他享受王室恩赐，创造了一些史上最著名、游览人数最多的花园。但他未留下一部著作，也未培养一名学徒，因为学徒会借用和消耗他的名声！我一直对他的这一行为持批评态度。我不想步他的后尘，于是写下这些自认为有用的，或者起码是有趣的东西。学习需要时间和好奇心，而且我必须承认，我远远做不到无所不知。不管怎样，以现有的知识，我可以引导参观者不只是沿着花园里的路标游览，而是走进路旁的花丛、树丛里——那些人们在道路上不易看到的地方，才跳动着花园的心脏。

有人问我："什么样的花园才称得上美丽？"我的答复是："能够让我留恋不舍的。"对我而言，美丽的花园就是这样：树木繁茂，花草点缀，有雕塑，有喷泉，更要有令我浮想联翩的历史和点滴在心头的感动。

一座吸引我的花园，需要精心的照料、繁花似锦的景观、别出心裁的设计，更重要的，它必须拥有灵魂。

阿兰·巴哈东

Alain Baraton

Abeilles

蜜蜂

　　这部词典的开头要向蜜蜂致敬。我决定首先提一下这些可爱的小昆虫。没有它们，就没有花朵，没有果实，没有花园，自然也就不会有这部词典了。感谢小蜜蜂们。

Acclimatation (Le jardin ∂')

风土驯化动物园

　　1860 年 10 月 6 日，巴黎建造了一座风土驯化动物园。这座模仿自然风景的花园位于巴黎城西布洛涅森林的中心地带，由拿破仑三世授意建造，旨在向巴黎市民展示从异国他乡捕获的动物。动物园建成开张的那日，数以千计看热闹的人来到动物园，参观里面的熊、袋鼠、骆驼、长颈鹿，还有美洲印第安人和拉普人。动物园以人种学的名义，将印第安人和拉普人的几个完整家庭展示给参观者看。对当时大多数的参观者来说，把这些"野蛮人"放到笼子里观赏没什么值得惊讶的。

十年之后，普法战争爆发，普鲁士人兵临巴黎城下。这家动物园不得不关门大吉，里面所有的动物都被杀死了，成为几家高档餐厅的限量珍馐。例如在年夜饭的大餐上，人们可以点一份大象排骨或骆驼里脊肉。至于那些可怜的、被羞辱展览的美洲印第安人和拉普人，我不清楚他们的下场究竟如何，不知是被遣返回了自己的国度还是被送上战场当了炮灰。

可恶的"野蛮人展览"并没有停止。战争结束后，这家动物园又重新"展出"从非洲殖民地运来的几个完整的当地人家庭。参观者往池塘里扔一枚硬币，嬉笑着看这些"黑鬼"跳进水里去捞，多么"有趣"啊！这个残忍而悲哀的活动一直持续到 20 世纪 30 年代。

值得庆幸的是，如今的风土驯化动物园重归安宁。花园的管理者十分注意摒弃那些噪声过大的猛兽和驯兽场，而热爱异国风情和旅行的游客可以在香蕉树和竹子的掩映下观赏展览。种植香蕉树和竹子的建议是园林设计师让·皮埃尔·巴里耶·德尚提出的，他重新设计了这座花园。

说实话，我不喜欢这座花园。但我一直非常关注花园的历史，我不能，也不愿忽视那些为了满足商人的腰包而被展览的孩子、女人和男人。这座花园可能不是那么美，但于我来说，这是个值得铭记的地方。我把开头的这一条目献给受种族主义和愚蠢行为残害的人们。

Addison (Joseph)

约瑟夫·艾迪生

在很长一段时间里，我对高中老师传授给我的园艺知识深信不疑。每当听人讲起法式花园，或是了解到自然风景园或英式花园的灵感来自让-雅克·卢梭于 1761 年出版的著作《朱莉》（或叫《新爱洛伊丝》），我的心中总是充满骄傲。尽管英国人可能会不乐意，但我要说，法国人才是名副其实的花园大师。欢呼吧，法国人！然而，随着时间的推移，我的智慧渐长，对知识的追求成为首要目标。我首先了解到，尽管卢梭的母语是法语，但他也许是瑞士国籍。后来，我又发现了英国诗人约瑟夫·艾迪生的作品，我之前并不知道此人的存在。

艾迪生生于 1672 年，他对政治和新闻业很感兴趣，于 1711 年创办了刊物《旁观者》。他随后在戏剧界做了些尝试，但很快放弃了。跟卢梭一样，约瑟夫·艾迪生也是一个喜欢沉思冥想的人。他在 1712 年 6 月 25 日的《旁观者》刊物上发表了一篇文章，表明了自己对自然的迷醉。巧的是，卢梭就在几天之后的 28 日出生。约瑟夫·艾迪生的这篇文章被米歇尔·

巴里东译成了法语。约瑟夫·艾迪生在文章中定义了景观：

> 田地为什么不能成为花园呢？对田地的主人来说，栽种花花草草，既增长收益，又增加情趣。洼地里种上柳树，山野里植上橡树，比起之前光秃秃的样貌，这样既美观又可盈利。麦田本身已经很美了，倘若再修葺好麦垄，从艺术角度对田里的花木稍加安排，用适合这里土壤的植物勾勒出线条，那么田地的主人就把单调的土地变成绝美的风景了。

这段简短的文字意思非常明确，证明早在卢梭之前，艾迪生就主张花园须讲究线条优雅和自然风貌。艾迪生毫不客气地指出，某些园林设计师约束和糟蹋自然的行为与暴君无异。他喜欢让植被"自然无序地生长，不要用花坛框住它们、限制住它们"；他自诩为法式"古典主义"之敌，明确宣称厌恶花园林木修剪术和当时法国花园里的所有设计。显然，安德烈·勒诺特尔完全不入艾迪生的法眼，凡尔赛宫花园在他看来是悲哀而无趣的。

艾迪生认为，园林艺术与诗歌一样丰富多样，这一点是很值得肯定的。他提到，"设计花园和花坛就像创作讽刺短诗和十四行诗一样"，他还写道，"微笑之于人就像阳光之于花朵"。

约瑟夫·艾迪生热爱生活，迷恋景观，崇尚自由和自然，对试图强加于自然的野蛮行为嗤之以鼻。

1719 年，艾迪生与世长辞，年仅 47 岁。

阿多尼斯

　　阿多尼斯应当是一个极其俊美的年轻男子，因为他是爱神阿芙洛狄忒和冥后珀尔塞福涅的心上人。他在地狱的火焰中度过冬天，又在春天重生。我之所以仅用三言两语描述这个被两位美丽女神爱慕的美男子，是因为对我来说，详细了解奥林匹斯诸神的事迹稍显困难，讲述这些事迹也是一种煎熬。但在古希腊人眼中，阿多尼斯象征着四季交替和植物的死去与重生。为了纪念阿多尼斯，也祈求他的恩惠，富裕的地主们通常在他们的花园里竖立阿多尼斯的雕像来赞颂他。他们还在雕像的脚部放置几个精美的陶瓷器，里面装着一些花期较短的植物。之所以选择这类植物，是要提醒人类的肉体凡胎：生命是短暂的。信奉阿多尼斯神的纯粹主义者会放进一些不结果实的植株；他们还会把一些植物栽到房顶上，但从来不浇灌它们，这样它们仅能存活几天——植物周围的土壤全被阳光晒成灰尘，其枝叶也枯萎凋谢随风而去。这个传统在法国南部和地中海沿岸盛行了很久。不过，如今人们的思想已然转变。园艺师们依然用陶瓷盆罐装点花丛和花圃，但他们已经不再相信神明。他们更倾向于希望比自己的祖先活得更久更好。于是，花朵被常绿灌木取代，如黄杨、月桂、柏树、紫杉。

　　阿多尼斯早就离开我们的花园，返回到地狱的火焰中了。我在此借用法国寓言诗人拉封丹的几句话：

永别了，美丽的灵魂；

带给地狱这燃着火焰的吻；

我再也见不到你了；

永别了，亲爱的阿多尼斯神！

Alcázar (Les jardins de l')

塞维利亚王宫花园

一个人去看戏、听演唱会或参加庆祝活动的时候，如果他特别喜欢某个节目，会立马想到不在现场的亲朋好友，为他们感到遗憾："我的姐姐和爸爸肯定会特别喜欢这个节目！"有了这种想法，接下来他只能带着忧伤欣赏表演了。我不会在这种情形下为家人朋友感到忧伤，这未免有点儿小家子气；很多人无力去接触美，或是因自己的不幸而远离了美，我只为这种人而悲伤。美，就是生活、仁慈、从容和激情。

上文节选自西班牙诗人费德里科·加西亚·洛尔迦（Federico García Lorca）于 1931 年 9 月的一次讲话。听众是西班牙格拉纳达地区丰特瓦克罗斯镇的居民。

我同意，只有分享才能带来幸福，但我不得不承认，独自一人观赏花园更舒服。一个人在一棵老树的阴凉下读书或睡觉，或在天朗气清时享受水畔袭来的阵阵凉意，没有任何哪怕是善意的打扰，还有比这更快乐的事情吗？这正是我在塞维利亚王宫花园感受到的。

我在一个清晨抵达塞维利亚，游览了这座古老的城市，对摩尔人的建筑赞叹不已。但很多商家的橱窗里张贴着醒目的布告，是关于接下来要进行的斗牛表演。安达卢西亚人把斗牛当成一种艺术，对此我不敢苟同。

当时，城里的街道上全是黑压压的人，阳光照得人透不过气来。我必须要逃离，而且要马上逃离。一进到塞维利亚王宫花园，我立刻变得愉悦起来。这是一片始建于 11 世纪、占地 7 公顷的宫殿群，豪华的皇家气派让人叹为观止。在参观完宫殿的众多附属建筑后，我在一个古朴的石凳上坐下，静静地观赏周围的景色。这真是一个不可思议的地方。

花园从 1530 年开始规划，园子随着时间的推移不断演变。它保留了伊斯兰花园的主要特征，但植物栽种和植被覆盖密度则是 18 世纪英式花园之风。正是在 18 世纪，人们对花园进行了极为重要的改造。无论如何，此地妙不可言，空气中飘着橘子树的花香，令人心旷神怡。

塞维利亚王宫花园有着自己的灵魂，园里的参天大树形成巨大的树荫，引人遐想。这一切怎能不令人想到花园主体的建造者彼得一世呢？这位信奉基督教的帝王被人叫作"残忍的彼得一世"；我们也无法忽略克里斯托弗·哥伦布，宫殿里有座建筑是专门纪念他的；还有查理五世，他把自己居住的一处宫殿改成了哥特风格。这座建于市中心的花园隶属于王室，或许正因为如此，如今的西班牙王室依然喜欢在夏天来宫殿和花园避暑，徜徉在壮观的花园迷宫里。

安达卢西亚孕育了很多伟大的艺术家，特别是画家，比如委拉斯开兹、牟利罗和毕加索。安达卢西亚附近的景色对文学的影响也颇大。在这个诞生了唐璜和卡门的地区，塞万提斯写出了他的名作《堂·吉诃德》。很多伟大的法国作家也从塞维利亚的风俗和魅力中汲取灵感，例如维克多·雨果、泰奥菲尔·戈蒂耶以及普罗斯佩·梅里美。

我知道，这个我坐了将近两小时的长凳上来过很多人，他们肯定同我一样，面对着珍贵的树木、茉莉花和九重葛浮想联翩。我又想到费德里科·加西亚·洛尔迦写过的话：

> 花园是一种高尚的东西，是灵魂、宁静和颜色混合起来的锦砖。它守候着人们的心灵，能让心灵因感动而流泪。花园是万千宗教教义所具有的壮丽篇章。花园充满爱意地拥抱我们，也平静地承载忧伤。花园，是装着激情的神龛，是忏悔罪恶的宏伟教堂。花园里藏着宽容、爱和悠闲的灵魂空间。

尽管没有相关证据，但我相信，在费德里科·加西亚·洛尔迦短暂人生的低谷期，他肯定在这些绝美的花园中找到了灵感、平静和安详。

行道树

　　如果漫步在法国外省的道路上，你经常可见排列整齐的一行行老树。它们貌似不属于任何特定的地方，但事实并非如此。循着行道树的方向走，你极有可能会在某个拐角处发现一幢风格独特的住宅。古时候，指示牌还没出现，人们经常使用这种方法引领别人来到他们的住宅。据我所知，几乎所有通向古堡的道路旁都有两排椴树或栗树。这种布局非常实用，既能为参观者引路时提供庇荫，又能让他们对主人拥有的财富有一个直观的感受。

　　直到 19 世纪末，炫耀财富还是种潮流，而且这种炫耀已经延伸到住宅之外了。树是炫耀的一部分。只要看种了什么树，便能知道屋主人的身份地位。树种的配植也颇能看出些门道。比如，当时只有那些最富有的人才用拉线修剪领地边界的行道树，他们也不允许园子里的枝丫杂乱肆意地生长。

通过树木的排列也可以轻松地推算出园林的面积。为此，先人们将树木种植得非常紧密，以营造一种绵延的笔直感，尽管这有悖于所有的植物学规律。树木的选择非常关键。直到20世纪初，大部分行道树都选用榆树，这是一种经得起多番修枝的外来树种，却曾因致命的荷兰榆树病而在欧洲几近灭绝。之后，椴树取而代之成为行道树首选，至少在常规园林是这样的。需要指明的是，行道树不一定是笔直的，英式园林的排列就另有不同。他们多选择开花或中等大小的树木。

行道树的排列形式也会随着时间而不断演变。英式园林最喜欢的是田园式的杨树。法式园林则兼容并蓄，几乎选用了全部树种，比如秋季枝叶绝美的山毛榉、木料珍贵的长寿橡树、树皮会层层剥落的梧桐抑或是春天开花的栗树，尽管在结果期栗子会随时掉落砸到脑袋。如今，法国几乎所有的公园和园林里都有栗树的身影。它的存在如此普遍，一直点缀着花园的风景。

栗树（学名七叶树）种植的历史始于1581年。维也纳皇家花园主管克鲁西乌斯发现了这个当时未知的树种，之后便对它进行了详细的记录。他相信这种树源自印度，于是很自然地将它命名为"印度栗树"。1615年，酷爱奇异植物的植物学家弗朗索瓦·巴舍利耶在他位于巴黎玛黑区的私人宅邸的花园里种了一棵栗树。栗树很喜欢巴黎的环境，就这样存活了两个世纪。1650年，人们将第二棵栗树种植在了巴黎罗伊花园里。它成了一个奇观，在生叶期时吸引了数百位好奇之士前来观看。从此，栗树种植蔚然成风，所有花园的主人都想在他们的园子

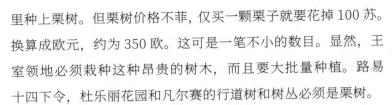

里种上栗树。但栗树价格不菲，仅买一颗栗子就要花掉 100 苏。换算成欧元，约为 350 欧。这可是一笔不小的数目。显然，王室领地必须栽种这种昂贵的树木，而且要大批量种植。路易十四下令，杜乐丽花园和凡尔赛的行道树和树丛必须是栗树。

路易十五时期，植物学家林奈将栗树命名为"七叶树"（Aesculus hippocastanum）。这个名字源于无梗花栎（Quercus aesculus），它是橡树的一个品种，果实可作为马饲料，所以七叶树也被称为"马栗"。但林奈同克鲁西乌斯一样，都搞错了树的种类：这种栗树的果实并不像无梗花栎的果实一样可食用，对牲畜甚至很危险。

受栗子高价的推动，几个机灵的商贩动身去印度寻找这种珍贵的树木。不过，他们并没有在印度找到栗树，因为这种树原产于希腊和阿尔巴尼亚。

栗树有各种各样的缺点：它的果实会砸到人头上，有种蝴蝶会给它带来毁灭性影响，容易被真菌侵害。如今，除了一些历史古迹和少数私人园林，很难找到较为年轻的栗树行道树了。历史的讽刺之处在于，栗树和以前一样，再一次变为了稀有树种。

我个人偏爱山毛榉行道树。从蒙昧时代起，人类就尊崇山毛榉。在古罗马时代的祭祀仪式上，祭司会把砍下来的几棵山毛榉当作供品进行祭献。古希腊哲学家普鲁塔克坚信山毛榉具有神奇的魔力，他宣称用山毛榉的一根树枝触碰毒蛇就能让它俯首帖耳。几百年间，人们一直相信这个说法，以至于山毛榉常被用来治疗蛇咬后的伤口。15 世纪时，药剂师十分钟爱山毛榉。很多医学著作中提到，咀嚼山毛榉的叶子对牙龈和唇部干裂的治疗有奇效；将叶子捣碎敷在身上，还能治疗四肢僵硬。直到 18 世纪末，山毛榉的叶子因其良好的收敛性和解热性一直被用于治疗灼伤。还有更令人称奇的事情：医学著作中还提到，山毛榉树干所含的水分可治愈疥癣、疥疮和面部皮疹；医师还会用山毛榉的叶子医治腹泻和冻疮；山毛榉木烧成的灰与白酒混合在一起还有利尿的功效。

因此，人们广泛采摘山毛榉的果实就不是什么奇事了。18 世纪，人们从山毛榉的果实中提取食用油。在几年的时间里，农民们在滨海塞纳省的森林里采摘了超过一百万袋山毛榉的果实。当时，山毛榉的果实是森林里面最珍贵的果实。有人还想直接食用，但医生对此表示怀疑，他们担心这会给大脑带来无法挽回的伤害，也会引起儿童痉挛。不过，人们对医生的提醒置若罔闻，在相当长一段时间内都会食用。后来，山毛榉的果实成为牲畜的饲料。

Alphand (Jean-Charles)

让 - 夏尔·阿尔方

耐心和观察力是园艺师最重要的两个品质。在我的职业生涯中，我自认为拥有这两个品质，但每当我离开凡尔赛的花园赶往巴黎市区时，这两个品质就烟消云散了。跟成千上万的人一样, 每当我驾车前往巴黎, 总要咒骂糟糕的交通状况。堵车时, 我总会看到福煦大街台地上的那座雕塑。我从未想过下车好好地欣赏它。它太远了, 附近也没有停车位, 而我也总是匆匆路过。我猜想这座雕像是路易·巴斯德, 天知道我为什么这么想! 直到某一天, 星形广场有人罢工, 造成了严重的交通堵塞, 我终于肯从汽车上下来, 走近这座壮观的雕像。我发现, 雕像的创作者是雕塑家艾米·朱尔斯·达卢和建筑师让·卡米耶·福米杰, 雕像的主人公是路桥工程师让 - 夏尔·阿尔方。绝大多数的巴黎人应该对他并不熟悉, 然而, 他的很多贡献绝对值得铭记。

让 - 夏尔·阿尔方生于 1817 年。结束了在格勒诺布尔市龙多神学院的学业后, 他在巴黎的夏尔马涅中学就读, 成绩优异。他 18 岁进入巴黎综合理工大学学习, 随后在波尔多获得普通工程师证书, 并于 1843 年成为路桥工程师。1853 年, 拿破仑三世任命乔治 - 欧仁·奥斯曼男爵主持巴黎城市改建工程。奥斯曼男爵连忙邀请阿尔方及其助手加入到项目中来。阿尔方有两名助手: 一位叫欧金·贝尔格兰的杰出工程师和一位叫让 - 皮埃尔·巴里耶 - 德尚的富有经验的园艺师。1870 年, 在巴黎公社运动期间, 阿尔方被任命为上校, 负责协调巴黎城门的加固工程。巴黎公社运动失败后, 巴黎重归和平, 阿尔方又主持重建了公社运动后千疮百孔的巴黎城。阿尔方当时很有声望, 人民群众十分爱戴和尊重他。他于 1891 年逝世, 葬礼非常隆重。巴黎市民对这位工程师深表感激, 将他的墓穴安置在拉雪兹神父墓。在他的葬礼上, 大批民众前往吊唁。七年之后, 人们依

然缅怀他，于是在福煦大街安置了那座雕像。不过，他终究还是被人们遗忘了。这种遗忘是不应该的，因为他所做出的贡献到今天还在造福着数百万巴黎民众。

在让 - 夏尔·阿尔方的一生当中，他总是想方设法开展他的植树活动，从未停止在巴黎城里广种树木。他在旧城中开辟出新的道路，还扩建了很多之前的道路，并尽可能地在道路两旁种了数千棵树，其中大部分树是悬铃木。法国王后玛丽·德·美第奇于 1612 年对巴黎的主干道进行了绿化，阿尔方后来延续了她未竟的事业。在 1867—1873 年间，阿尔方的杰作《闲逛巴黎》出版。他在书中阐释了自己的理论：

　　我们应当认识到，在城里的主要干道和大型场所栽种树木是必然之事。这样，城里的建筑就像被一些狭窄的通道打通，通风就更加顺畅了。从前，为了呼吸新鲜空气和享受阳光，人们需要跑到专门的散步场所，甚至到巴黎的郊区去；如今，几乎所有的街道都栽种了树木，街道成了巴黎市民可随时散步的"花园"。

阿尔方还鼓励引进众多外来植物。据当时的一些统计数据，他总共往巴黎的公园和花园里引入了 2320 种新植物。他完成了很多壮举：在巴黎建造了 24 个公园，重新设计了蒙梭公园，改造了蒙苏里和伯特肖蒙公园；整治了里夏尔·勒努瓦大道、香榭丽舍大街上的花园和福煦大街；为 1878 年世界博览会设计了战神广场和特罗卡德罗区；他还改造了布洛涅森林，参与了文森森林的建造。当时的政府非常赏识阿尔方的能力，委任其为奥斯曼男爵的接替者，继续负责城市的规划。他忠于职守，成立了一个享有盛名的专门机构，负责巴黎的道路事务和水务。1891 年 12 月 6 日，阿尔方猝然离世。作为奥斯曼男爵在法兰西艺术院[1]的接替者，也是其巴黎改造事业的继承者，阿尔方远远比不上奥斯曼男爵这位贵族的名气大。巴黎的精英阶层猛烈抨击男爵汪达尔主义式的改造活动，却原谅了阿尔方对许多街道的整修；要知道，这些街道并不是小街小巷——比如圣日耳曼大街和歌剧院大道。的确，阿尔方只是首席城市设计家奥斯曼男爵的政策实施者。奥斯曼男爵去世后和普罗大众一样被埋葬了，但阿尔方却享受了国葬的待遇。

谁还在纪念着阿尔方呢？应该是像我这种热爱树木、鄙视那些主张乱砍滥伐的官员的人吧。现在，我每次驾车驶过福煦大街，都会在心里默默地给阿尔方敬个礼。他真是个思想超前的环保卫士。

---

1 法国艺术界的权威机构，现有 10 名终身院士，按规定，某一位院士去世后，方可有接替者。——译者注

阿姆斯特丹 - 皇帝运河 263 号

　　这是一个位于阿姆斯特丹皇帝运河 263 号的小花园。它挤在一堆蹩脚的建筑中间，一天中的大部分时间都在阴影里。它不美，也没有任何历史积淀。我去参观的时候，里面唯一值得注意的一棵树也健康状况堪忧，该被砍掉了。不过，我被这棵活了 150 年的栗树震撼了。我看着它，抚摸着它的树皮，心灵被一种强烈的情感所占据。

　　这棵树是安妮·弗兰克和大自然唯一的联系。这棵树给她宽慰，让她幻想，陪伴她度过绝望和恐惧的时光。

　　1944 年 2 月 23 日，她正和一个叫彼得的年轻犹太人一同躲避纳粹追捕。她在日记中写下了这样一段话：

　　　　我们两人看着蓝莹莹的天，光秃秃的栗树枝头挂着银光闪闪的露珠，在风中飞翔的海鸥还有其他小鸟……这一切如此让我们感动，我们沉浸其中无法言语。

　　　　只要这些一直存在着，让我在活着的时候能看到它们，看到这阳光、这万里无云的天空，我就是幸福的。

　　1944 年 5 月 13 日，她写道："我们的栗树开满了花；从上到下，它的枝叶那么繁茂，比去年的时候漂亮多了。"

　　三个月之后，8 月 4 日星期五，安妮·弗兰克和她的家人被逮捕，随后被带去了奥斯维辛集中营。1945 年 3 月，她在贝尔根·贝尔森集中营去世，年仅 15 岁。

2007 年我参观过这个公园，后来这棵老栗树死了。2005 年它还活着的时候，人们从它的枝头取下来一些栗子，种在了土里。如今，新长成的树取代了死去的老树的位置。

新树虽是老树的直接继承者，但那份感动已经消失不在了。

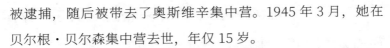

Anduze (La bambouseraie d')

昂迪兹竹园

谈到竹子，我必须要提到，它是一种寓意吉祥的植物。还要再加上一点：我的这条命都靠一根竹竿子——拐杖撑着。也许这个玩笑只能让我自己发笑，但我确实深深地喜爱这种植物。它有很多令人难以置信的特点，比如生长得十分迅速，有些品种甚至一天能长一米。亚洲人很清楚竹子的特性，他们用竹竿搭脚手架。使用竹竿脚手架盖起来的建筑高度惊人，例如 1992 年建成的香港中环广场，算上避雷针，楼高 374 米。更令人称奇的是香港的另外一栋建筑——香港国际金融中心，楼高 416 米，建造的时候也是依靠竹竿脚手架。在全球最高的十栋建筑中，亚洲有五栋，全都是使用这种方法建造起来的。

我之所以格外喜爱竹子，还在于它开花非常特别。尽管竹子的花并没有令人惊艳的美，但奇特的是，只有竹子自己想开花时，花才会开放。竹子开花异常罕见，可能几年，甚至几个世纪才开一次。

竹子这种禾本植物有1000多个品种。喜爱竹子的远不止我一人。1856年，欧仁·马泽尔从他的监护人那儿继承了一笔巨额遗产，足以让他去实现自己的梦想。欧仁·马泽尔醉心于植物学，迷恋异国植物。他在昂迪兹定居下来，建造了后来的普拉法朗斯园。他可以完全致力于园艺工作，还钻研了如何改造来自遥远国度的植物以适应本地的水土。他醉心于这项工作，全然不顾花销。仔细观察过很多珍贵植物后，他建造了一个热带植物花园，里面有各种各样的树木和灌木，其中主要的植物便是竹子。为了给园里的植物提供足量的水，欧仁·马泽尔让人挖了一条长达3000米的运河，连接嘉德河与花园。他当时已经在践行环保主义理念——不允许水停滞在园里，而是让水在完成浇灌任务后返回河流。为了安放那些脆弱的植物，他建了几个非常好的温室，这些温室时至今日还很值得观览。

然而，在商业买卖和植物学研究中实现平衡是很困难的一件事，马泽尔的资产在加尔省的阳光下荡然无存。1890年，他破产了，不得不放弃所有的植物学事业。他离开了他的竹园，后来在马赛去世。临终时，他远离自己的那片土地，那片他爱得深沉、为其倾尽所有的土地。

一般情况下，园林设计师去世了，他的园子也便消失了。但欧仁·马泽尔的竹园可以算得上是一个奇迹。1902年，加斯东·内格尔购买了他的竹园。加斯东·内格尔不满足于养护现有植物，又花大力气引进了一批植物。从那以后，加斯东·内格尔家族便经营起这家可称作"植物博物馆"的花园。1945年，花园制定了门票制度。只需花钱买张门票，人们便可以尽情地观赏产自美洲的巨杉、不同品种的橡树、令人叹为观止的枫树林；当然，还有一大片竹林，其中包括20米高的毛竹，还有一种黑竹，其茎秆在生长了两年以后会变成紫黑色。

大自然有时反复无常，一旦发怒就会造成灾难性后果。1958年9月30日，花园所在的地区下了一场倾盆大雨。平时温顺的嘉德河决堤了，5米高的巨浪将所经之处夷为平地。该地区损失惨重，伤亡众多。竹园严重损毁，其未来变得难以预测。加斯东·内格尔的儿子莫里斯并没有灰心丧气，而是决定重建竹园。谁想命运又和他开了一个玩笑，洪涝后不到两年他便去世了，竹园的重建工程留给了他的遗孀。还好竹子特别顽强，花园顺利渡过了这些困境。莫里斯的遗孀雅尼娜继续发展这项家族事业，后来又将她这份激情传递给她的女儿和女婿。如今，她的女儿和女婿还在照料着这个不同寻常的花园。

昂迪兹竹园与众不同，这儿充满着浓浓的异乡感。从入口进入，我们仿佛来到了亚洲：日式花园、龙形谷地、老挝村庄和传统房屋、竹林迷宫，还有一如既往的高高的竹林。花园的异国气质是那样突出，以至于 1953 年拍摄的电影《恐惧的代价》竟以它为背景。电影根据乔治·阿诺的小说改编，导演是亨利 - 乔治·克鲁佐，主演伊夫·蒙当和夏尔·瓦内尔奉献出了令人难忘的表演。

除了将来可能面对的自然灾害威胁，竹园的未来似乎会有很好的保障：2005 年，国家将昂迪兹竹园列入"杰出花园"名录[1]，后来又将它列入历史遗迹的增补名录。现在，这个了不起的花园迎接着来自各方的游客，他们和我一样，喜欢用手指轻轻地触摸园里各色奇异植物的叶子和茎秆。通过这种方式，竹子大概可以把它旺盛的生命力传递给我们吧。

Arbre

树

1789 年之前的四百年间，法国权力的中心一直位于凡尔赛。大革命爆发后，1789 年 10 月 6 日，王室被迫迁往巴黎。被遗弃、劫掠和破坏的凡尔赛，直到最近几十年才恢复当年的

1　由法国文化部于 2004 年建立，旨在保护花园文化遗产，共有约 420 个花园入选。——译者注

辉煌，这要归功于历届政府的保护和资助者的慷慨解囊，让这个独一无二的地方重拾荣耀。如今，凡尔赛宫及其花园象征着已经覆灭的君主制。它们看起来像凝固了一般，无力从之前的那个时代脱离出来。但在花园里，生命力依然旺盛。一些老树展现着那个曾经皇恩浩荡的时代。当时，一大批园丁在这儿种植了数以千计的橡树、山毛榉和千金榆。人面已不知何处去，但年复一年，园里的植物依旧笑对春风。"太阳王"统治时期，伟大的寓言作家、诗人让·德·拉封丹（Jean de la Fontaine，1621—1695）很喜爱在凡尔赛宫花园里散步，他经常兴趣十足地观看园丁们工作。散步归来，他写下了这样一句话："他们栽种的植物将永不凋亡！"

事实证明，他所言不虚。植物的寿命有时令我们惊叹。人们在挪威北部发现了一片松树林，它们已经存活了 8500 年。

离大特里亚农宫不远处有一棵橡树。植物学家称它为"夏栎"（Quercus Robur）。它生于 1683 年，见证了历代君主制的变迁。这棵树的阅历让人叹为观止。

提到凡尔赛宫的历史，某些倔强的专家言必称"时代"。如果说在城市和农村，时间的计数单位最常是小时或天，那么在凡尔赛，时间的单位便是时代或者世纪。凡尔赛的绘画和雕塑源于路易十四时代或法兰西帝国时代，而树呢，"仅仅"是活了四个多世纪而已。

树是时间与季节的使者，枝叶飘零是在宣告凛冬即将到来。就像时钟一样，树展现着公园里生命的节奏，让人们了解将来，也让人们熟稔过去。树一旦死后，人们把它锯开，也能从它的

年轮里发现关于气候以及天气变化的珍贵信息。今天的园艺师很清楚，大特里亚农宫旁的那棵古老橡树不只是由浆液和木头组成的一个历史遗物：一棵树、一片树林就是时间本身。

我曾被任命为国家首席园林设计师，因此有机会接待当时的法国总统弗朗索瓦·密特朗。有一次，密特朗总统同我在凡尔赛宫的花园里散步，我一路陪同着他。他的这次参观给我留下了深刻印象。在上车离开之前，他转向我，提出一个问题：

"年轻人，你自己家有花园吗？"
"有的，总统先生，在奥莱龙岛上。"
"你在那儿种了一些树吗？"
"是的，总统先生，我种了一些橡树。"

密特朗总统听后，看着我的眼睛说：

"年轻人，你要知道，我们自己种了树的地方是绝对不可以卖掉的。"

我不是一个易动感情的人，但我必须承认，他的话让我怔在那里。多年之后，我还会经常想起此事。当我卖掉夏朗德省的那一小块儿地时，就像抛弃了亲人一般怅然若失。我希望这

片地的新主人能好好对待我从小养到大的橡树。

树是不同寻常的生物。我记得斯特凡娜·保利主持过一档早间广播节目，主题是建筑。我曾写过一个与这个节目直接相关的专栏。我那时的灵感来自弗朗西斯·阿莱，他是一位杰出的植物学家和生物学家，乘着木筏在亚马孙河流域的热带雨林间穿梭考察。对这位科学家来说，树是一种真正的神物，能让最有天分的建筑师感到束手无措。

建筑师能建得了一座像大树一样高 60 米、地基的直径却只有 2 米的建筑吗？

在一座地基不到 3 米深、地基所在的土壤十分潮湿甚至就在水下、高几十米的建筑的顶上，建筑师能安装得了一个巨大的结构吗？

建筑师能使用成本不过每立方米几百欧的轻便、不固定的材料吗？

我还有更多的证据证明树的神奇：树木经过自己的细胞分裂而不断长高，能够自己产生能量，可以储存很多水分（如猴面包树可以储存 100000 升水）。我相信，让读者惊讶的应该不是我说的话，而是以下这个事实：数百万年来，大自然做得永远比人类好，它是最令人赞叹的建筑师。

树是不同寻常的生物。人类暴露在阳光下的面积大概是 2 平方米，一棵正常大小的树，算上它的茎、根、树干和树叶，暴露在外的面积可达 200 公顷！当伐木工砍下巴黎林荫大道上的三棵大树，其面积就相当于砍掉了凡尔赛宫花园里的全部灌木。这太震撼了！

当我们看一棵树时，看到的是它的枝干和叶子，看不到它隐藏在土里的根。其实，根的体积绝对令人震惊：正常的根同地面上的枝叶几乎体积相当。因此我认为，估测一棵植物的高度时应当把根也算进去。在南非有一种无花果树，高 20 米，它的根可以一直延伸到地下 120 米处。所以这棵树不是 20 米高，而是 140 米高。

树根不是随便发展的，它们是去寻找水分。树根不仅给整棵树提供养料，而且牢牢地把树固定在土壤里。树枝在树干的一端纵向生长，给了风巨大的作用点，因此，风带给整棵树的力量是巨大的。一旦刮起风，一棵枝繁叶茂的树得靠根抓地才不至于折断。

在抵抗狂风时，有些树的根选择紧紧地抓住岩石或者缠绕住管道作为倚靠。在那些经常刮风的地区，树根更常缠住管道的下端而不是上端。

若想更好地了解树，知晓它们的名称是很重要的。树的名称包含很多信息，往往可以表明它的原产地。例如，以下这些树不需费功夫便能知道它们的来历：黎巴嫩雪松、美洲桦木、科罗拉多冷杉、温哥华冷杉、亚利桑那冷杉和朝鲜冷杉。但请注意，树就像人一样，名字一旦取好就不能轻易更改了。所以树名有时会引诱我们上当。在特里亚农宫花园，我命人种了一些意大利杨树，这个树种是 1745 年左右引入法国的。它们最早是从意大利运过来的，所以就以"意大利"命名这个树种了，但其实它们的原产地是阿富汗和伊朗。"意大利杨树"其实应该被叫作"阿富汗杨树"，但官方上来讲，植物学家和语言学家都不承认"阿富汗杨树"的存在。同样情况的还有"日本槐树",它实际上是典型的中国树种。杏树的植物学名称叫"Prunusarmeniaca",意即"亚美尼亚杏树",但其实杏树也来源于中国。另外,"日本棣棠花"也是彻彻底底的中国植物。就像我们前文说过的那样,法国的所有公园里都种植着"印度栗树",但其实这个树种的原产地是希腊和阿尔巴尼亚。

我们都知道,树代表着生命。它产生供我们呼吸的氧气,防止土壤流失,枝叶为数以千计的小动物提供庇护,对我们的环境有着至关重要的影响。树使人们平静。我们经常看到一些深受苦痛的人长时间地抚摸树皮。据说,这种接触有益身心健康。在一个花园里,树可以帮我们遮挡厌恶的景色。树让我们的生活更加丰富多彩。

自从懂得表达之后,人类就从未停止过对树的赞颂。在所有的宗教中,树都是被崇敬的对象。树是生命的象征,同时，秋天的落叶让人想起逝去的年华，冬天的枯萎意味着死亡，春天的复苏标志着重生。树连接着构成宇宙空间的所有元素：树根扎入地壳深处，树的主体依托在大地表面，高高伸展的树干和枝叶朝向天空。"世界之树"[1] 因其庞大的体积和长寿的特性，在所有的文明中都是一种标志性的生物，如凯尔特橡树、斯堪的纳维亚桦树和伊斯兰油橄榄树。靠近极圈附近，白桦树被看作上帝选中之物，因为它的树皮洁白无瑕。"建木"是中国上古先民崇拜的一种圣树，生长于"天地之中"。"上有九欘，下有九枸"，与九天相连，沟通天地人神。作为一种神奇的符号象征，"建木"的树下"无影"。印度的几个地区有一个传统，结婚之前，人们要让新娘与一棵树建立某种联系。这项仪式可以借助树的力量驱除邪恶的鬼神。这棵被选中的树一般是杧果树，或者至少是一棵结满果实的树，寓意子孙兴旺。

树是生命的象征，但在法国，树并不受待见。因为要建沟槽、修道路，而且有些树遮天蔽日，人们从未停止对树的折磨和砍伐。只要树变老了，人们就立刻无情地砍掉它。

如今的政客们，无论左派右派，无论是为了追逐个人利益还是试图连选连任，总之倒是越来越关注植物文化遗产的保护。但科鲁彻说过："如果想要一位环保主义者当选总统，应该让树投票。"

---

1 "世界之树"在许多文明的神话中都有提及，相传其连接天、地面和地下。——译者注

Arcimboldo

阿尔钦博托

　　1850 年左右，有人发明了油画颜料管，自那之后，艺术家们就把他们的画架支在了山脚下、河流旁和花园里。他们终于可以离开画室，到自然当中现场作画，而不再需要把笨重的颜料桶搬来搬去。但画家们没有就此放弃画静物，他们最爱的主题是水果篮和花束。朱塞佩·阿尔钦博托也喜欢画自然中的事物，不过他的绘画方式非常独特。

　　2007 年 9 月，参议院邀请我出席一个关于阿尔钦博托的展览。我很熟悉、很迷恋这位艺术家，他的画作一般是在卢浮宫展览，但我还一直无缘去看。我希望这次不会失望。很小的时候，我便乐于津津有味地翻阅画册，由此见到了很多世界级名画的图片，但这种图片一般仅有一张邮票大小。很多年之后，当我真正来到一幅在书中被人赏析了千百遍的作品面前时，经常会被其震惊到。首先是震惊于作品的尺寸：有时，我之前畅想的巨幅作品原来竟是如此袖珍；有时，情况则完全相反，比如毕加索的著名画作《格尔尼卡》。我之前见过的是邮票上只有几平方厘米的《格尔尼卡》，但当我来到马德里索菲亚王后国家艺术中心博物馆，原作的巨大尺寸使我大吃一惊——这是一幅长约 8 米的巨作。看到阿尔钦博托的画作时是一模一样的感受，除了赞叹，别无其他。

　　阿尔钦博托也常创作巨型油画。在他的所有作品里，我最

喜欢的是《四季》，这是一系列由植物组成的肖像画。

《冬季》画的是一位眼神阴郁的老者，脸部由树根组成，后面的常春藤迅速爬上，似要覆盖他的脸庞。

《春季》是由樱桃花、玫瑰花、犬蔷薇花、银莲花和雏菊堆砌成的年轻女人。画家对女子的头饰进行了精细的描绘，女子的头上有一株盛开的百合，十分突出。据说，当神后朱诺用奶水喂养传说中哈布斯堡的祖先赫拉克勒斯时，有一滴奶水降落到地面，形成了百合花。

阿尔钦博托不满足于创作奇异的人物肖像，他的画内容丰富、象征意味浓厚。

细细地鉴赏《夏季》，我们可以很容易发现当时流行的水果和它们的特点。有一点引人注目：当时的水果比如今市场上摆的水果小得多。如果知道这些水果的结果期，我们也可以计算出画家完成该作品需要耗费的时间。画家先画的樱桃，然后是甜瓜、桃子、覆盆子、榛子、李子、茄子和梨。另外，还有

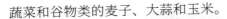

蔬菜和谷物类的麦子、大蒜和玉米。

《夏季》所描绘的女子的胸部竖着一束花生。花生的叶子上有很多小斑点，这是某种真菌病的感染所致。秋季天气潮湿，真菌病害经常肆虐。画家当时直接从花园里的作物中汲取灵感，而不是依靠自己的记忆。我们因此可以判定，完成该画作大概需要六个月的时间，即从五月到十月。专家们可以质疑我关于月份的说法，但画作的创作年份是确凿无疑的。阿尔钦博托在肖像的肩膀上慎重地标注了画作的完成年份：1573 年。

很明显，秋天不缺少苹果、梨、栗子和葡萄，这些正是《秋季》里面用到的水果。

感谢阿尔钦博托，我们不用参考专门的植物学手册，只需欣赏他的画作便知道了当时的植物收成情况。这位伟大的画家用画板完成了人们在果园和菜园里的工作。

阿尔钦博托是一位特立独行的艺术家，他极其擅长运用幽默。他画过一个盛满洋葱、胡萝卜、蘑菇和其他食物的盘子。如果我们想搞清楚这幅画为什么叫作《种菜人》，需要将画布翻转过来看。

古罗马人维尔图努斯特别用心经营自己的花园，在他死后，罗马人甚至把他列入仙界供奉。阿尔钦博托以这位神明的名字创作了一幅作品，作品一问世便吸引了周围人的目光。

阿尔钦博托在 1590 年左右完成了他的《维尔图努斯》，并将它献给了神圣罗马帝国皇帝鲁道夫二世。这幅画连同格雷戈里奥·科马尼尼创作的一首诗被一并献给了鲁道夫二世，诗是这样写的：

无论你是谁，你都在看

我的丑陋而奇怪的样貌，

看到我这个新的怪物，

在歌谣中，古人和阿波罗的儿子们

称我为维尔图努斯，

这样看我，如果你感到惊讶，

惊讶于我的丑陋，

那是因为你不知道，

所有的美丽都是丑陋的堆砌，

我有很多我，

但我又只是一个我，

很多事物成就了我，

我那千变万化的脸反映的

就是我的外表。[1]

阿尔钦博托也给皇帝写了一段话：

您最忠诚的仆人依照埃及智者们的做法，将我的心和我的作品奉献给您，并用面纱遮起您神圣的脸庞。请不要鄙视那些地位卑微的人！

1　安妮·雅各布：《阿尔钦博托》，载《艺术品》特刊第 32 期，2007 年 9 月。

阿尔钦博托承认，这幅画其实就是鲁道夫二世的肖像。画家对自己的这幅作品非常满意。鲁道夫二世也龙颜大悦，给阿尔钦博托封官加爵。

阿尔钦博托于 1593 年去世，给后人留下了数量庞大的作品。他是一个时代的象征，与同时代的大师们比肩，例如米开朗琪罗、提香和布吕赫尔。很多与他同时代的人都在赞颂神和人，例如达·芬奇、博斯和拉斐尔，但阿尔钦博托只是一位园艺画家，一位天才般的园艺画家。

Arrosoir

喷水壶

当我到了会提问题的年纪以后，就不停地想知道几乎所有事情。比如喷水壶的起源。也许这看起来很愚蠢，但我相信，很少有园艺师会去想：人们是从何时开始使用这个器具浇灌盆栽和花丛的？古罗马人用喷水壶吗？如果不用，他们是怎么浇花的？

很久很久以前，人们使用一种陶瓦制的带孔的罐子浇灌庄稼和植物。罐子的出水量全凭拇指堵住孔的多少。这种有趣的器具当时有一个可爱的名字——"能唱能哭罐"（chantepleure）。

后来又发明了"花园壶"，这种喷水壶也是陶瓦制的，灵感直接来自厨房用具。陶瓦的材质容易导致其碰撞损坏，到 16 世纪时便出现了金属制的喷水壶。

18 世纪是一个高雅精致的时代。人们在喷水壶上加入了曲线和球形设计。材质变成了黄铜或铜，一旦损坏容易修理。那时的人们尊崇工具，喷水壶同样赢得了尊重。

如今，喷水壶的境遇相当悲惨。它们都是一模一样的绿色，主要产自中国，人们只在开花期的时候使用它们。1967年，安德烈·马尔罗在他的《反回忆录》中写道："我有两把喷水壶，壶的喷头形状像蘑菇，在孩提时代，它们是我手边的玩具。"

我们这位文化部长[1]可不是唯一对喷水壶感兴趣的人。1921 年，作家弗朗-诺安写过一篇关于喷水壶的寓言。弗朗-诺安是一位风格奇特的作家，至少从他几部作品的名字就可见一斑：《让·德·拉封丹的风流韵事》《马马虎虎》《火车头看到一只奶牛走过》……这篇关于喷水壶的寓言题目起得颇为审慎，叫作《喷水壶和雨》[2]。这首寓言诗绘声绘色、准确又不失幽默地描绘了喷水壶。我相信弗朗-诺安不只是在创造故事，也是以自己的生活经历为原型，因为他描绘的场景跟我自己的经历有相似之处：

> 雨带着鄙视和嘲笑
> 看喷水壶肚子鼓鼓、筋疲力尽
> 为干瘪的生菜

1　这里指的是安德烈·马尔罗，他曾于 1959—1969 年担任法国文化部长。——译者注

2　弗朗-诺安：《喷水壶和雨》，载《寓言》。

为枯萎的豌豆

为小花园里的可怜花朵

浇灌着稍纵即逝的水。

雨说，

喷水壶热情满满，

却仅能把花草们打湿而已，

它只完成了一半的任务：

如果我不帮忙，

这些植物就要旱死了，

我真是大发慈悲！

话音刚落，雨便夹在风里，

降落了，

很快，整个花园被淹

成了水坑，

成了湖；

雨越下越大，

花园里满是水沟；

花朵和蔬菜遭受了同样的命运，

乱糟糟地挤在一起

躺在污秽的泥水里；

雨还在下，一直在下，

为自己的慈悲感到骄傲，

敲打在喷水壶上，就像敲打在鼓上：

这就是我！我是这样浇灌的！

我做事讲究的就是气派！

过犹不及，

对于这一道理，前人已经在诗和散文中说过：

水是必需的，但不要过多，

同一件事会带来好与坏的相反结果；

你慷慨的捐赠

如果没有节制和辨别，

只会带来麻烦和痛苦。

　　您认为，如果这位作家面对着橡胶制的晒褪色了的绿色喷水壶，能写得出如此优美的语句吗？

　　我还保留着我的白色金属制的喷水壶。它不贵重，喷头也不像样子，但我喜欢它。

Automne (L')

秋季

　　"我最喜欢的季节是秋天，这时，凡尔赛宫的花园就像燃烧了起来，漫山遍野尽是黄色，让人想起昔日君主制时期的烟火表演。"这是我几年前写过的一本书的结束语，在那本书中，我谈论了我的职业和我所管理的花园。我热爱秋天，因为这是一个闲适、美丽的季节。春天，我需要不断奔跑，以免大自然的脚步领先于我的计划。春天是希望和失望并存的季节。接着是夏天，它的闷热使人和植物都备受煎熬。天气潮湿时要去除杂草，天气干燥时要适时灌溉。然后终于到了美丽的秋天。花儿盛开，果树的枝丫被苹果或梨子压弯了腰，葡萄成熟，花园绚丽多姿。草还是绿色，有些叶子慢慢飘落，舒舒服服地装点着草坪。

不过，秋天也让人忧虑，因为它宣告着寒冷和黑暗不久将要到来。瑟南古（1770—1846，法国浪漫主义作家先驱）深深眷恋着秋天：

> 季节越惨淡，我与它的联系就越深；霜降时节，人们往来不便，困于乡村的家中无法出行。但远离人声嘈杂，我却感觉愈加惬意。
>
> 秋日的光景有一种精神上的意义。叶子垂落就像我们年华逝去，花飞花谢就像时光匆匆不复，云朵翩飞就像梦想幻灭无踪，星光暗淡就像智慧不再耀眼，阳光变冷就像人情变得冷漠，河流冰冻就像生活停滞不前……秋天的万物与我们的命运有着不为人知的关联。

细细思考瑟南古的这篇秋日颂歌，我们发现作者并非怀旧，而是伤感、颓丧。

瑟南古生活在一个浪漫主义者喜好举办沙龙的年代，当时，哀叹十月份的到来是十分自然的事。在浪漫主义者看来，十月的最初几天就像"秋日小提琴的呜咽"。但我不这么认为。在我看来，秋天的景色一点儿也不单调。的确，到了冬天，万物俱寂，整个世界像死了一般静止。但秋天是生命，是色彩，是暖化那些柔软植物的时候，是树向我们展示它最珍贵的东西——树皮的时候。树皮或光滑，或开裂，都向人们讲述着这棵树的历史和过去。

拉马丁的见解并未与同时代人不同，他在诗歌《小山谷》中描绘了一个病态、歪曲的秋天：

> 你的每一天都阴沉、短暂，一如秋天，
> 你日渐衰老，就像山丘斜坡上的阴影；
> 友谊背叛你，仁慈抛弃你，
> 你独自走向通往坟墓的小径。

不过，这些古往今来悲叹夏天离去、秋天到来的人，他们真的仔细观察过秋天公园和花园里的活力吗？——孩子们快乐地用脚踩踏堆起来的落叶，爱人们坐在沿路摆放的长凳上卿卿我我。瑟南古用简单而准确的话描写过秋天：

> 白霜退去时，我几乎未察觉到；春天过去了，没有给我留下一丝依恋；夏天结束了，我从来不感到惋惜。不过我喜爱在叶子落尽之前的最后几天漫步在森林里，脚踩在落叶上……
>
> 大自然的春天更美，但人让秋天变得更温柔。[1]

1　瑟南古：《信件》卷24，载《Oberman》，1804年。

塞瑞斯·德欧特伊植物园

　　从前，我经常路过塞瑞斯·德欧特伊植物园，但毫不知晓它的存在。就这样一直过了好多年。当年，我和同学们喜欢在夜间跑到巴黎取乐，尽情享受我们的青春。我们乘车去巴黎，德欧特伊门大街是必经之处。在我们来看，德欧特伊门是进入巴黎的大门。

　　我当时并不知道，在离罗兰·加洛斯网球场仅几步之遥、重重的铁栅栏后面，竟有全巴黎，甚至全法国最令人难以置信、最美的温室。

　　塞瑞斯·德欧特伊植物园建成于路易十五时期，但真正扬名是在 1895 年之后。那年，维克多·巴尔塔和让·埃菲尔的一个叫让·卡米耶·福米杰的学生设计建造了一间美轮美奂的温室。这间温室是由玻璃和金属制成的杰作，里面的喷泉由艾米·朱尔斯·达卢设计，台地装饰是由奥古斯特·罗丹制作的14个铸铁。1905年以后又新建了9个温室。1968年，环城大道的建造工程侵占了塞瑞斯·德欧特伊植物园三分之一的面积。修路对植物园造成了如此大的损坏，为何没有人抗议呢？为什么不能像圣克卢公园一样，为了保存文化遗产而开凿一条隧道呢？我不知道这其中的原因为何，但我怀疑是经济利益驱使。为了配合修路，塞瑞斯·德欧特伊植物园里的巴黎市园艺中心也搬到了其他地方。对植物园进行"截肢"的四年后，雅克·迪特龙创作了一首叫《小花园》的歌，下面是一段节选：

> 一天，有个人来到一座花园，
> 他的上衣的背面
> 画着一朵混凝土的花，
> 花园里有个声音在歌唱：
> 发发慈悲吧，发发慈悲吧，
> 建筑工人先生，
> 发发慈悲吧，发发慈悲吧，
> 请保留住这份慈悲。
> 建筑工人先生，
> 不要砍断我的花朵。

这首歌创作于1972年，当时人们还对环境漠不关心，处处都在修建柏油马路，供车辆使用。值得庆幸的是，四十年过去了，人们的观念已彻底改变。"生物多样性""可持续发展"

成为常见词汇，历届政府花费不少时间和金钱召开关于自然环境的论坛和峰会，运用一切手段保护环境。前段时间，政府甚至出台了专门针对环境的法案。这样说来，塞瑞斯·德欧特伊植物园再也不会遭受从前那样的命运了吗？并不是！如今，它正在面临威胁。为了建造一个网球场，并将座位数从 3000 提高到 7000，法国网球协会与巴黎市政府合作，共同挤占了塞瑞斯·德欧特伊植物园的土地。要知道，这个花园的一部分是被列入了世界遗产名录的。当然，项目的倡导者解释道，项目绝对不会影响到这片著名的植物园，也不会破坏园里的珍贵植物。巴黎市长贝特朗·德拉诺埃指出，建造网球场所占用的植物园的地段不在世界遗产之列，而且该地段的建筑学价值不大。

但是，该项目毕竟对塞瑞斯·德欧特伊植物园的整体性造成了威胁。巴黎市议会的绿党成员要求立刻停止该项目。巴黎市议会议员伊夫·孔塔索表示："该项目严重损害了巴黎的文化遗产。为了修建一个每年只使用两周的网球场而不可挽回地破坏一座植物园，这太过分了！"很多知名人士也纷纷响应。法兰西艺术院院士艾瑞克·欧森纳宣称时刻准备抵制网球场项目，保护塞瑞斯·德欧特伊植物园。法国自然历史博物馆馆长埃里克·若利表达了自己的愤怒之情。环保主义者尼古拉·于勒给巴黎市长写了一封信，信中指出，2003 年 11 月，巴黎的官员签署了一份章程，规定保护文森森林和布洛涅森林，塞瑞斯·德欧特伊植物园也包括在内。根据这份章程，这两处森林在任何情况下均不得遭受破坏。

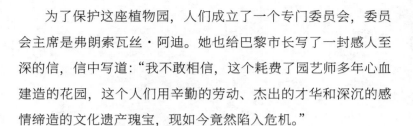

　　为了保护这座植物园，人们成立了一个专门委员会，委员会主席是弗朗索瓦丝·阿迪。她也给巴黎市长写了一封感人至深的信，信中写道："我不敢相信，这个耗费了园艺师多年心血建造的花园，这个人们用辛勤的劳动、杰出的才华和深沉的感情缔造的文化遗产瑰宝，现如今竟然陷入危机。"

Babylone (Les jardins suspendus de)

巴比伦空中花园

　　巴比伦国王尼布甲尼撒二世深爱着王妃安美依迪丝，她是米底王国的公主。然而，不管他对她如何温柔，都无法减少她对家乡的思念。只要一想到故土，她便泪眼婆娑。为了博美人一笑，尼布甲尼撒二世命人在一座台地上建造了一个非同寻常的"空中花园"。层层叠叠的设计意在让王妃回忆起幼时在高山上玩耍的时光。园里的各色珍奇花草和果树需要用很多水来浇灌，工程师们为此建造了雨水收集装置，将收集好的雨水引向园里的植物。花园的日常维护需要很多人力，奴隶们便承担起这项工作。实际上，我们对巴比伦空中花园所知甚少，大部分都是来自一些草稿和绘画。有些十分可靠的著作对巴比伦空中花园做了很详尽的描绘：第一层台地种了很多大树，第二层台地种了很多果树；其他层栽种了各种各样的花，这些花来自世界各地。

　　不过，我们面临的一个最根本的问题是：巴比伦空中花园真的存在过吗？尼布甲尼撒二世一向以自己的功绩自傲，总是赞颂自己的宫殿和其他建筑的美丽，但奇怪的是，他从未提到过位列世界第七大奇迹的空中花园。

　　我们对巴比伦空中花园的了解主要来自贝罗斯。他是一位神父，公元前 4 世纪时住在巴比伦。他关于空中花园的描述非常详尽，是后世历史学家的重要研究材料。希腊人狄奥多·德西西勒、斯特拉博，以及罗马人弗拉菲乌斯·约瑟夫都写过关于空中花园的文章。

事实上，我们连空中花园的具体位置都不知道。花园可能位于今伊拉克的南部，但专家们并未对此达成一致。英国考古学家斯蒂芬妮·达利以治学严谨著称，她研究发现，贝罗斯混淆了巴比伦空中花园和另一座城市——尼尼微的花园，后者是古亚述王国在公元前 7 世纪建造的。如果你有兴趣，不妨亲自前去一探究竟。

希罗多德记载了不少历史奇观，但从未提过古巴比伦空中花园。这位杰出的"历史之父"是在尼布甲尼撒二世去世不到一百年之后去世的。按理说，如果空中花园确实存在，哪怕只剩一些颓壁残垣，那么希罗多德必定也见过它。

不过，锲而不舍地追求真相又有何用呢？贝罗斯留给了人类一个绝美的传说。这就足够了。

Bagatelle

"小玩意儿"

布洛涅森林位于巴黎城西，与文森森林一起被视为巴黎的两片"肺叶"。白天，成百上千的人在布洛涅森林的小径上散步，暂时躲避巴黎城里的喧嚣和嘈杂。夜晚，灌木丛里依旧是熙熙攘攘的人群。人群当中有巴黎市民、郊区的居民，还有驱车数小时赶到这里的人。他们需要给自己片刻的轻松，虽然只是须臾片刻，却足以成为欢乐和幸福的源泉。

从前，这个位于巴黎西部的森林猎物众多。1936 年，最后一只鹿被人们捕获。18 世纪初，森林里建起了一座朴实无华的房子，人们可以很愉快地在那里约会。因此，这个约会圣地也引起了摄政王腓力二世的注意。1721 年 8 月 12 日，布洛涅森林主管盛情邀请摄政王前来：

> 德埃斯特雷元帅邀请摄政王以及德阿韦纳夫人来德埃斯特雷元帅的小房子共进晚餐。这个房子名叫"小玩意儿"，位于布洛涅森林边缘，临水而建。这个房子尽管不大，但花费了至少 100000 里弗尔 [1]......

1777 年，路易十六的弟弟阿图瓦伯爵获得了这片领地，他

---

1 法国旧货币单位，1 里弗尔约为 15 欧。——译者注

希望在此建造一座美妙的建筑以供他休息——至少官方文献中是这么说的。因为和玛丽·安托瓦内特的纠纷，他的这座宅邸迟迟无法建造。等待了64天之后，他终于请来建筑师贝朗热着手开始建造。

宅邸外的花园的设计者是一位刚满20岁的年轻人，叫托马斯·布莱基。这位来自苏格兰的年轻人有着丰富的植物学知识，并以工程质量高著称。他后来还重新设计了兰锡城堡和马迈松城堡。

尽管这座宅邸实际上只建造了两个月便竣工了，但花园却建造了很久，其装饰工程一直到1786年才完成。

如今，花园的设计师善于想象、创造和创新，但不可否认的是，他们从路易十六时期的绘画大师身上获取了很多灵感。"小玩意儿"受到了克罗德·洛林（原名为克罗德·热莱）和尼古拉斯·普桑的影响，您只需仔细欣赏一下他们那些戏剧化的风景画作品便可知晓。另外，路易十六时期，传教士们纷纷前往亚洲，探索其古老的土地。当时的中国闭关锁国，但传教士们并未受到排斥，因为他们出行的时候是不带兵器的。传教士旅行归来，带来了一些人们从未见过的雕刻和铜版画样式，受到了大众的热烈欢迎。于是，法国所有的大型公园里都建造了亚洲风格的点缀性小建筑物。但注意，装饰"小玩意儿"的那座小塔造于19世纪，它参照的原型是位于英国的一座塔。

虽然园里的护栏、马厩、橘园、台地、警卫室都是19世纪竣工的，但如今，每当漫步在"小玩意儿"花园，我都感觉它的建造尚未完成。尽管官方可能不乐意，但我不得不说，"小玩意儿"至少还须一百年才能真正建好。

1905 年，巴黎市政府成为布洛涅森林的所有者。自 1907 年开始，一年一度的玫瑰花盛会在布洛涅森林举办，尤为民众所喜爱。另外，"小玩意儿"花园以其丰富的植物资源闻名于世。冬天一过，水仙花和郁金香争相盛开，将草坪装点得色彩缤纷。

花园里弥漫着亲切、温馨的氛围。没有气喘吁吁的跑步者随地吐痰，没有歇斯底里、大喊大叫的人群，没有在明朗的天气还穿着雨衣的怪人。"小玩意儿"花园真的是一个适合做梦、沉思、休息、摒弃一切烦心事的完美去处。

长凳

　　狄德罗和达朗贝尔编著的《百科全书》中写道:"在大花园里，没有什么比长凳更有用了。"确实是这样。如果花园里面没有长凳，那怎么舒舒服服地坐一会儿呢？又怎么躺下、读书、看孩子们玩耍、与相爱的人拥抱呢？

　　长凳为人们游览公园提供了便利，同时又可以起到点缀作用。内行的园林设计师非常清楚：安装恰当的长凳可以大大增加花园的美感。但奇怪的是，从前，不是所有的人都这么认为。在很长一段时间内，人们都将花园看作散步和冥想的地方，逛花园时休息是不合适的。直到 18 世纪初期，花园的设计师们才真正开始对长凳感兴趣。以前，传统的做法是把屋里的扶手椅搬出来，坐在园子里享受阳光。凡尔赛宫也是一样，路易十四时期，长凳很少见。每当路易十四感到疲惫了或想让一位老侯爵夫人帮他按摩腿，他的仆人便搬来一些华丽的座椅，放在花坛前的小径上。显然，只有那些达官贵人才有此待遇。但时过境迁，花园变得平民化了。长凳成了花园里不可或缺的物件，而且是很重要的装饰物。它的材质彰显着花园主人的财富。在豪华庄园里，长凳是大理石或石雕的；稍微朴实些的花园和乡间的公园里是木制长凳；公共花园里的长凳则是金属制的。路易十五时期，长凳除了增加参观的舒适性、装饰花园之外，甚至成为人们散步的目的地。人们不再是偶然遇到长凳才休息一下，而是主动走向它、寻找它。人们还约在某个长凳见面。在极受法国人爱戴的音乐人、诗人乔治·布拉桑唱起《长凳上的情侣》之前，罗密欧与朱丽叶就已经在长凳上幽会了。

长凳是一项"慷慨"的发明，它天生就是被几个人一起分享着坐的。它有助于社交，让几个孤独的心灵靠得更近。

然而，有时候坐在长凳上要冒着弄脏衣服的风险。有些小型哺乳动物，比如狐狸，貌似很喜欢在长凳上大便；有些鸟从长凳上方伸出来的枝头上惬意地排泄。先别急着撇嘴，还有更差的情况，就像里法国作家吉斯·豪泽尔所写的："当我们看到鸽子在长凳上的所作所为，我们应该感谢上帝没有让奶牛长一对翅膀。"

Banlieue (Les jardins de)

郊区的花园

我不喜欢郊区花园里的亭阁。它们大同小异，缺乏独创性，一般位于花园的正中央。通常情况下，人们通过一个小楼梯进入，楼梯边上有一盏金属的灯，台地周围是一圈栏杆，台地上摆放着整整齐齐的天竺葵花盆。整个花园跟亭阁一样可悲。篱笆本来应该阻挡住行人的视线，但它们全都破破烂烂几乎无用了；玫瑰花奄奄一息，只剩下光秃秃的枝子。人们用自认为"时髦"的方式将正在开花的植物摆放在花丛里，比如四季豆竟然被弄成绒球的样子。

郊区的花园给人一种怀旧和哀伤之感：园里的树——主要是椴树、栗树或紫色叶子的李树——在频繁而无节制的修剪中活了下来，像一个个破旧的稻草人；小径石板上覆盖着厚厚的青苔，说明人们并不甚注重花园的维护。

我常常在想这种花园最初建好时是什么样子。一些生活条件较差的雇佣劳动者，尤其是工人，在辛苦工作了大半辈子后，终于拥有了一小块儿土地建造花园，颐养天年。令花园主人骄傲的是，绣球花茁壮生长，比女贞树篱笆的寿命多一倍。以前，城市周边郊区的土地还没有那么昂贵。如今，一平方米土地的价格惊人，房屋的主人一旦去世，其继承者便立刻转手卖掉。然后，买家就要花费一大笔钱翻修花园里的亭阁，这样一来，花园就成了牺牲品。为了节约种树成本，人们一律种上了圣诞树——冷杉。年复一年，冷杉长得越来越像马桶刷，而不再是那个高傲的阿尔卑斯针叶树。人们在花园的一块阴凉区域依然保留着铃兰花，每当"五一"节日时，铃兰花就成了送礼佳品。按照法国习俗，每当五月一日国际劳动节时，人们会互相赠送铃兰花。铃兰每年都开花，但可惜开在了节日的时候，只能沦为礼物被送来送去。

从前，这些花园里到处是欢笑玩乐的孩子。园里有一个老旧的沙箱，这里与其说是孩子用沙子建城堡的地方，不如说是猫上厕所的地方。如今，沙箱里都堆上了花盆，因为"花盆什么时候都能派上用场"……

郊区的花园几乎很少改变。每当我坐火车回到老家，眼前的景色跟四十年前我祖父看到的景色基本没有区别。

有时要砍了树才能重新种树，敢于发挥想象力很重要。一片面积不大却绿意盎然的草坪足以装饰花园的土地；无心种下几株植物，足以让狭窄的空间焕发生机。

最后，我不知道自己是不是真的厌恶郊区花园里的亭阁。或许，他们只是让我想起了那个年代：当我还是少年的时候，我在街区的路上闲逛，碰到的都是一些面目可憎的人。

尽管不大想承认，但我对这些花园的确尚有怀念。看到它们，我会想到曾在那里居住过的可爱的劳动者。这个社会亏欠他们太多了。

Belœil

贝洛伊尔

14 世纪以来，贝洛伊尔市的土地归属于比利时历代的利涅亲王。这片土地历经几个世纪而未成为各邦之间争斗的对象，首先是由于其主人所在的家族懂得与权贵结下友谊。他们有的和法国国王联盟，有的和奥地利皇帝交好，还有的同比利时国王非常亲近。因此，贝洛伊尔的城堡得以免受劫掠、摧毁或破坏。但1900年的一场大火几乎烧毁了整座城堡。幸运的是，大火未波及其花园。早在1781年，该领地的主人克洛德·拉莫拉尔亲王就表现出对花园的骄傲：

> 花园里有很多水池，很多千金榆，充满趣味，逛起来也不累，不像其他地方似的；园里有一些神奇的意大利式的绿廊，水池周围是漂亮的回廊；还有草坪、花坛、按梅花形栽种的玫瑰花园。在我的花园里，所有的道路都铺着绿色，一直延伸到树林里。[1]

显然，利涅亲王克洛德·拉莫拉尔对他的花园非常满意。经过岁月的变迁，花园依然保持了它的灵魂。另外，这位贵族非常谦逊，在专门为自己的领地撰写的一部著作中，他是这样写的：

> 贝洛伊尔的荣耀是父亲带来的。这是他书写的一部史诗。所有的伟大、尊贵、高尚、雄伟都属于他。是他提出的那些宏大的思路，我只不过添加了一些有趣和令人愉快的想法。
>
> 也许正是这样才保证了花园的传承。不要试图毁坏已

1　夏尔-约瑟夫·德·利涅：《贝洛伊尔一瞥：花园和城市规划》，H. Champion 出版社，2004年。

经存在的东西，相反，要让它更加崇高，要尽力完善它。[1]

1721 年，克洛德·拉莫拉尔亲王决定在不波及花园的情况下建造一个菜园。菜园完美地融入整片区域当中，对这一点，他相当满意：

> 菜园的面积有 20 阿庞[2]，周围是用修剪好的果树构成的"树墙"。园里有 4 个水池，均有喷泉。中间是一个纪念波摩纳的圣堂，我们可以在里面品尝水果。还有很多值得夸赞的东西：温室、瓜园还有无花果园。[3]

英式花园在法国流行起来后，贝洛伊尔跟大部分的领地一样，建起了这种新式园林。但人们并没有改造 1664 年建造的那座法式花园，直到今天它依然美丽。花园主人当时的见解非常精辟：

> 品味有好有坏，只能择其一种。我不喜欢别人说：这是法式花园，这是意式花园。在我看来，人们只需说：这是一个好花园。[4]

1　夏尔 - 约瑟夫·德·利涅:《贝洛伊尔一瞥：花园和城市规划》，H. Champion 出版社，2004 年。

2　旧时的土地面积单位，相当于 2000 至 5000 平方米。——译者注

3　夏尔 - 约瑟夫·德·利涅:《贝洛伊尔一瞥：花园和城市规划》，H. Champion 出版社，2004 年。

4　同上。

我喜爱贝洛伊尔花园，因为参观它很舒服，它跟其他很多花园不一样。园里的氛围很特别，极少见到一大群人，我们可以尽情地闲逛而不被导游乏味的叽里呱啦的解说词打搅。导游们往往不是在讲述，只是在结结巴巴地背书而已。贝洛伊尔花园的小树林、水池和小径的名字都生动地展示了它们的特点。例如"卵形池"，明显是因为池子的形状是卵圆形的；我们不需要趴在"红鱼池"的栏杆上便可知道，里面的鱼是红色的；园里有一条 600 米长的路，两旁种植着千金榆，贝洛伊尔市的教长喜欢在这里一边散步一边朗诵《日课经》，这条小路自然被称作"教长路"。

在贝洛伊尔花园的历任主人当中，我最钦佩的还是克洛德·拉莫拉尔亲王。他是一位诗人，也是一位伟大的园艺家。他才华横溢，喜欢谈论自己对园林的迷恋。他文风严谨，他的著作《贝洛伊尔一瞥》是园林艺术爱好者的圣经。在这部著作的结语中，他写到了自己未来的埋葬之所。这让我们发现，他还是一位标准的人文主义者：

> 我最爱的那个人会来我的墓地，献上几束花，洒上几滴泪。我其他的朋友们呢？他们会怎么做？一位朋友会在我的墓碑上刻上他的名字，另一位朋友会在我的墓旁种上柏树，也许还有一位朋友会种上几棵垂柳为我的坟墓遮雨挡阳。我最爱的人会为我写一首浪漫的曲子，请人演唱给我听，将这首曲子留在墓旁的草坪上。
>
> 愿那些感性的灵魂可以感受到这轻描淡写中非凡的意义。

值得庆幸的是，这个小小的墓点缀了自然，融入自然之中，更准确地说，是让人们更好地感受到了自然，更加热爱自然。大自然引领我们从自家的花园里走出来，走到更广阔的空间；我们的精神借助自然的力量而强大，我们向往美好的心可以为自然建造起最宝贵的圣殿。自然让我们的灵魂接受洗礼，真理因此常驻我们心间。正义将会离开天国回到人间，诸神在人间将比在奥林匹斯幸福百倍，他们会祈求人类接纳他们。

Berchigranges

贝尔希格朗齐花园

　　2005年4月2日星期六，我刚到达法国国际广播电台的播音室，晨间新闻的主编便找我过去，询问我这一期的节目将要探讨什么主题。我很平静地对他说，我打算介绍一下瓢虫的交配，并向大家说明，瓢虫的睾丸先天发育得很好。

　　主编直勾勾地看着我，问我有没有备用稿件，他认为这篇稿件与当时的热门事件毫不相干。从来没有人要求我修改过稿件的主题，一般情况下只让我做略微的更正。但那天早晨，我服从了他的要求。因为在那天，世界上所有的媒体都在时刻等待着宣布教皇逝世的官方声明，我偏要谈论动物交配，确实有失体统。

于是，我将主题改为介绍贝尔希格朗齐花园。我立刻联系了还在睡梦当中的贝尔希格朗齐花园的创始人，请他们直播谈论一下这个花园。

我不是随便选的这个地方。贝尔希格朗齐花园是一个当代花园，从没有国王或亲王参观过这里。它不是建立在流血牺牲或破坏毁灭之上，也没有诗人赞颂过它。贝尔希格朗齐花园没有自己的历史，但它的设计师有史可寻。

1978 年，蒂埃里·德罗内决定在沃洛格河畔的格朗热村建一个细木工工作室。格朗热是洛林地区的一个小村庄，位于孚日山脉的森林深处。蒂埃里开垦出一片土地，砍了几棵碍事的树，把这片区域打理得像模像样。1994 年，他遇到了在村舍苗圃工作的莫妮克。正是这次相遇促成了贝尔希格朗齐花园的建造。

2008 年，已结为夫妇的蒂埃里和莫妮克在一部介绍贝尔希格朗齐花园创作的专著中写道：

> 我们怀着强烈的好奇心和对植物界的热情，购置了更多的土地和极具特色的植物品种。我们改造了那些非常潮湿、非常干燥的区域，在太阳底下或林下灌木丛中安置了假山，让那些大树尽情地生长，长成巨型的伞，为树下的柔弱植物遮风挡雨。我们在地面凿出沟槽收集雨水，也铺上细砾石给潮湿的地方排水。我们将溪流的水引至池塘，修建了几个小瀑布。我们像是在玩一个激动人心的游戏。[1]

1　若埃勒卡罗琳·马耶尔，吉勒勒斯坎夫，洛里·埃戈：《贝尔希格朗齐花园》，Ulmer 出版社，2008 年。

他们就像诗人，给花园里的不同区域赋予了十分动人的名字。我们可以去"啊！大蒜"小花园沉思，可以去探索"大世界"道路，也可以在"鬼火"中出神。这里的花园迷宫被称作"电动弹子"，人们在里面迷路，就像玩电动弹子时金属弹球撞到很多障碍物一样。

雨水是园艺师的"生态黄金"，却是花园主人的敌人。丰富而免费的降雨令园艺师欣喜若狂，但开门迎客的主人却咒骂天气的喜怒无常，减少了他们的门票收入。确实，很少有人喜欢穿着雨衣或打着伞去花园散步。

不过，在贝尔希格朗齐花园，人们热切欢迎雨水的到来。龚古尔兄弟曾开玩笑说，下雨对外省的人来说是消遣的时刻；在贝尔希格朗齐花园则更甚，在这里，下雨对人们有一种吸引力。莫妮克和蒂埃里想出了一个绝妙的主意：他们设计了一个绿色植物室，并给它起了一个漂亮的名字"雨之花园"，它只在下雨的时候开放。他们的构想很简单：听雨滴打在叶子上的声音，欣赏闪着雨水水珠的绣球花，感受散发着潮湿香味的树皮（比如产自南美的假山毛榉）。这个花园吸引了诗人亨利·德·雷尼埃的注意。1908 年，他创作了一首题为《潮湿的花园》的诗：

窗户开着；雨淅淅沥沥地下，

滴滴答答，

降落到清新的沉睡着的花园里。

雨唤醒树的一片片叶子，

满是灰尘的树现在绿意浓浓；

墙上，葡萄藤懒洋洋地伸着手臂。

草儿簌簌颤动，

小砾石噼噼啪啪，

雨打在沙子和青草上，听着像是窸窣的脚步声。

花园在低吟，在颤抖，

悄悄地，秘密地；

雨一针一线将大地和天空缝在了一起。

雨还在下，我闭着眼聆听，

花园被雨打湿，

滴水在我的影子里。[1]

　　作家德罗内（Dronet）说得特别好："走进贝尔希格朗齐花园，就像走进了另外一个世界，一个花和色彩的世界，一个有着不同香味、声音和感觉的世界。"

Boirie (Le jardin de la-île d'Oléron)
波利耶花园 - 奥罗黎岛

　　1843 年 7 月，若尔热夫妇离开西班牙，启程前往巴黎。和

1　亨利·德·雷尼埃：《泥土勋章》。

其他人不同，他们想利用这次长长的假期参观法国西南部。在前往巴黎的路上，他们在桑特市落脚休息。若尔热先生决定改变预定行程，动身前往奥罗黎岛。他的这个决定很奇怪，因为奥罗黎岛上疟疾肆虐，而且岛上有很多被罚做苦役的逃兵。若尔热先生在他的记事本里写道：

> 沙滩上全是淤泥，荒无人烟，两三个风车笨重地转动着；贫瘠的牧场上有一只瘦瘦的牲畜；沼泽地的岸边是成堆的盐，盖在茎秆下面的盐是灰色的，晒在太阳底下的盐是白色的；房子的门前站着一些漂亮但面色惨白的姑娘；热病在当地各处肆虐。这就是你们进入的那个小小的悲惨的世界。[1]

他是从哪儿上岸看到这个景象的？

事实上，若尔热先生就是鼎鼎大名的维克多·雨果。为了避免引起不必要的麻烦，雨果此次出门假借了"若尔热"之名。9月9日，雨果在罗什福尔市准备乘马车前往拉罗谢尔市。在等待的间隙，他坐在一家咖啡馆的台地上浏览报纸，在报纸上得知了他的女儿莱奥波尔迪娜去世的消息。在随后的几年里，雨果经常提到他这个去世的孩子，但从未提及他得知噩耗时所在的地方。他抹去了关于这座令人悲伤的城市——罗什福尔市和奥罗黎岛的所有记忆。或许，如果没有这段悲惨的经历，他会赞颂奥罗黎岛静谧的村庄、宜人的气候和秀丽的风景。但奥

---

1 维克多·雨果：《旅行》。

罗黎岛没有得到他的任何赞美，他没有为它写一首诗、一句话甚至一个词。

皮埃尔·洛蒂[1]发现奥罗黎岛时异常兴奋，他甚至称它为"光之岛"。洛蒂十分欣赏奥罗黎岛独特的光照、潮水冲上来的海藻的味道和铺满草地香气扑鼻的花朵。对这位以塔希提岛一种植物的名字作为笔名的作家来说，所有的这一切多么有吸引力啊！按照洛蒂的遗愿，他去世后被安葬在了奥罗黎岛上自己家族的花园里："我希望人们把我埋葬在圣皮埃尔多莱龙，在我们家族的花园深处，在爱神木的树下、离大棕榈树不到两米的地方、朝向小树林的左手边……"

1980 年，我被奥罗黎岛的魅力深深地吸引了。我喜欢去那里汲取灵感，也热爱那里长长的细沙滩、连绵的松林和有成千上万鸟儿栖息的湿地。但奇怪的是，我也喜爱蒂埃里·勒塞特建造的一个名叫"波利耶"的小花园。本来我特别喜欢该地区的自然和原始风光，但这个人工小花园竟也让我驻足良久。在该地区附近的乡村，草被太阳灼得发黄，但这个花园里的草坪绿意盎然，修剪得平平整整。花园里的每一株植物都散发着自己的生命力，连盆栽都生长得非常茂盛。金鱼和青蛙在波利耶花园的水池里和谐共生。从花园出来，我们可以看到遍地生长的植物，比如在两条道路中间悄悄长起来的蜀葵。在奥罗黎岛，我喜欢欣赏大西洋的奔放和呼啸着涌向岸边的波涛。

1　法国小说家，游览过世界的很多地方，作品中充满异国情调。——译者注

我不敢傲慢地自比维克多·雨果，我对他只有敬仰。但是，我着实希望这位伟大的文学大师能用他杰出的才能颂扬一下奥罗黎岛。这样，我就可以坐在波利耶花园里兴致勃勃地阅读他的文字了。

Borja (Erik)

埃里克·博尔雅

我必须承认，我只向逝去的人鞠躬。我崇拜的那些人都已去世，给我们留下了伟大的作品。我难道已经成为一个嗜古的、该被称作"老古董"的人了？这很难说，但当代人缺少古人的才华却是不争的事实。法国电影界不存在"活化石"似的人物，法国乐坛没有人可以取代我循环听的歌手。我实际上是一个无政府主义者，不认神明不唯师尊，在我的专业领域也是一样。有些我的同行自封为"园林设计师"，但他们的职业活动仅限于设计郊区的花园，或者小市镇的几块绿地，自称"园林设计师"实在是可怕……有些自诩为"国际著名园林设计师"的人出差去国外时，明确要求入住豪华宾馆的套房！我承认自己有些夸张，但我经常对我的同行们感到失望，他们远远没有让·巴蒂斯特·德·拉·昆提涅的才华，却要求的比他还多。

不过，有一个人例外。他叫埃里克·博尔雅。这位园林大师 1941 年出生于阿尔及尔，在我出生的那一年，他已经开始学习美术。24岁时，他在巴黎的一家画廊展出了自己的画作，后于1966—1979年间展出了自己雕刻的镜子。在此期间，他修整了位于德龙的家中的花园。埃里克是一位全能的艺术家，他热爱各种景观，尤其是日本的景观。他从很早便对日本抱有浓厚的兴趣，少时痴迷于花店售卖的小型日本花园模型。这种小模型里面通常都有各类植物和小人儿，这小小的世界让埃里克着迷至今。

1977年，埃里克·博尔雅终于来到日本，彻底被奈良和京都的花园魅力所折服。在接受《讲坛与我》杂志的采访时，他提到了这次旅行：

> 我感受到一种纯粹的、不可预知的、远超于美学层次的情感。它跨越了一般花园的界限，完整地将日式风格融入其中：连最简单的日常用品都别具美感，连公共厕所这样的地方都具有艺术的崇高感。

回到法国后，他重新审视了自己花园里的全部植物，按照最纯正的日式寺庙的传统风格重新设计了花园。自那以后，他便无可争议地成了日本庭园的专家和庭园树木的大师。日本庭园将植物修剪成特定形状，颇有书法艺术的风范：园艺师有规则地横向修剪叶子，将砧木（例如树干）的末端修成云朵的样子。

埃里克·博尔雅非常有智慧。在他的花园里，石头、植物与无处不在的水和谐并存。他还设计了一些沙地，用耙子在沙地上勾出条痕，让土地焕发活力。他曾写道："空才能显出饱满，就像一点点的声响为寂静赋形，寥寥笔墨方才给予白纸内容。"他最无可争辩的优点便是有耐心。历经三十年，他终于找到了最适合砌水池的石头，他的花园终于竣工。三十年的等待，三十年的盼望，对常人来说这个时间过于漫长，但他却认为，这样的追求可以持续终生。

1987年，埃里克终于答应为私人园林做设计。他撰写了一系列杰出的著作，将他的知识传递下去，还把他对艺术的体会无私地分享给年轻的追随者们。埃里克是一位大师，是我在职业领域想要成为的那种人。

Bourdaisière (Le jardin de la)
布尔黛西埃尔花园

亨利四世特别喜欢他的情妇加布丽埃勒·德埃斯特雷。这位国王不顾礼节的约束，竟在她去世后破天荒地为她服丧。他伤心欲绝："我痛苦万分，无以复加。悔恨和苦楚将伴我终生，直到走进坟墓。我心里的根已经死掉了，不会复生了。"

加布丽埃勒·德埃斯特雷年轻、美艳、光彩照人、行事大胆，整个王国的男人都为之倾倒。路易十四的第二任妻子阿格里帕·德奥比涅（又称曼特农夫人）这样描述加布丽埃勒的美丽："这个女人倾国倾城，但没有人觉得她淫荡。多年以来，她活得像王后而不像国王的情妇，而且她几乎没有树敌。她是如何做到的？这真是一个奇迹。"

在所有的王室情妇中，加布丽埃勒最能撩动当今年轻人的心弦。有一幅画叫《加布丽埃勒姐妹》，画中的加布丽埃勒是裸体的，她的乳头被另外一名裸体女伴捏住。很多青年一看到这幅画便心思荡漾了。而且我发现了一个有趣的现象：在卢浮宫，除了《蒙娜丽莎》，游客们在此画前最经常停留，而且停留的时间最长。

加布丽埃勒很懂得享受作为"准王后"的待遇，她舒适地住在布尔黛西埃尔城堡中。该城堡是弗朗索瓦一世为他的一位情妇建造的。

我们不知道布尔黛西埃尔城堡的花园在她的时代是什么样子。花园是借助拉线修剪的吗？里面种植了很多奇异珍贵的植物吗？加布丽埃勒如果来到今天，还能辨认得出她接待过国王的那些地方吗？应该是可以的！那么，她认识今天花园里的各色植物吗？答案绝对是否定的。

花园的其中一个主人叫路易·阿尔贝·德布罗伊，人称"园林王子"。他以国家名义创建了一个番茄收藏馆。如果加布丽埃勒·德埃斯特雷漫步于培养着 650 种番茄的苗圃中，她会眼花缭乱的：番茄有圆形的和椭圆形的，有小的也有大的，除了红色，还有黄色、橙色、白色、绿色和紫色的。番茄原产于中美洲，于 1598 年传入法国，次年，加布丽埃勒便去世了。如果可怜的加布丽埃勒没这么早去世，她也会对这种奇怪的水果持谨慎态度。因为番茄在中美洲是给牲畜、野生动物和印第安人吃的。新世界的征服者并不喜欢这种植物。因此，当时的植物学家把番茄叫作"狼桃"。欧洲人警惕番茄还有一个原因：番茄长得特别像颠茄。颠茄的黑色浆果有剧毒，巫婆常用它来制造药水。直到 1731 年，人们才最终确认番茄可食用。

按照作家马克西姆·阿兰的说法，番茄是一种腼腆的蔬菜，形态多样，容易脸红。而"准王后"加布丽埃勒"有着金黄的头发，身材完美，皮肤白皙，容光焕发"。

Boyceau de La Baraudière (Jacques)
雅克·布瓦索·德·拉巴罗迪埃

历史是不讲情义的，它经常遗忘成功者。如今，谁还记得雅克·布瓦索·德·拉巴罗迪埃？除了园林艺术专家，应该没有一个人记得他了吧！然而，他的成就却是非凡的：他与克劳德·摩勒都是法式花园的先驱者以及最早的设计师。

1562 年，布瓦索出生于法国的桑通日地区。他在亨利四世的军队中当过军官，后来毫不犹豫地退役了。之后，他成为国王寝宫的内侍。1620 年起，路易十三任命他为王室花园总管。他尤其擅长设计花坛和黄杨。他设计过的地方有：枫丹白露宫、圣日耳曼昂莱城堡、杜乐丽花园、卢浮宫和卢森堡公园。布瓦索不满足于设计和维护王室花园，还热衷于研究。他曾在著作《符合自然和艺术理念的园艺契约》中定义了普通花园的原则。1638 年，布瓦索的这一著作才得以出版，而他已经去世三年了。

布瓦索也是最早对园丁表示敬意的人，他写道："没有他们的聪明才智和辛苦奉献，我们是无法完成工作的。"他明白，一名手工劳动者脑子里储存着知识，动手工作时才游刃有余。他的言论十分有趣：

> 有一个年轻、性情纯良、思维活跃的人，他的父亲是一位好工匠，身体健康、精力旺盛。我们让他学习读书、写字、绘图，因为从绘图中我们才可以了解和判断美丽的事物，才能掌握所有手艺的基础。我的意思不是让他去搞艺术创作、绘画或者雕塑，但他必须好好掌握手艺的各个特点，比如分格、叶饰、摩尔人和阿拉伯人的技术，还有构成花坛的其他基本要素——熟练地使用几何，如平面、范围、尺寸、排列。
>
> 一个好工匠还应学习建筑学知识，这样才能对测量对象的结构更熟练；还应学习算数知识，这样才能对经手的开销心中有数，买材料时才不会弄错、不会被骗。以上所有学问，如有可能，应尽量趁年轻时学习。待年龄足够在花园里工作了，他就可以开始使用铁锹铲地，学习平整土地、铲地，然后再平整土地，与周围的树木相连，形成一种立体效果：按照自己意愿或别人的要求在土地上画出印记，栽种花卉，修剪草坪，用长柄镰刀弄栅栏，还有其他让美丽的花园变得更美的东西。

布瓦索精辟地论述了学习过程中的基本原则。他尊重园丁，认识到了园丁的职业素养：他们不是乡巴佬，不是仆役，而是有修养、懂得多种学科知识的人。他的《符合自然和艺术理念的园艺契约》不仅是哲学论述，更是一部奠基式的园林艺术专著。

　　布瓦索的构思建立在一些几何图形上，有的是正方形，有的是长方形。他运用几何方法建造小路，有的小路很长，给人以笔直深远的感觉。他强调建筑的大小和规模，认为有必要拓宽建筑附近的街道。他用水池打破行道树的整齐，用千金榆围绕小路，把榆树栽种在大道两旁。他设计了不少对称结构和不同层次的建筑，布置了一些雕塑和喷泉之类的装饰物。他指出，花园里的花必须能从城堡的窗户看到。布瓦索是理论家，同时也是实践家。他与别人合作建造了路易十三在凡尔赛宫的花园，并将自己独特的理念赋予了这座花园。花园中央的小道也是他的作品，这条小道绵延很远，后来在路易十四时期成为著名的皇家林荫道。或许，布瓦索才是凡尔赛宫花园真正的缔造者？至少有一件事是无可争议的：路易十四的首席园林设计师安德烈·勒诺特尔从布瓦索的工作中汲取了很多灵感，而且吸收了他的智慧，继续了他的事业。

　　勒诺特尔是国王路易十四的朋友和宠臣。在太阳王的时代以及随后的几个世纪，他永远是人们称颂的对象。但雅克·布瓦索·德·拉巴罗迪埃已经被后世的人们彻底遗忘。这是不公平的。

布勒特伊

    与太阳争光辉实非易事。布勒特伊城堡的劣势是离"太阳王"的凡尔赛宫太近,它本来是有能力吸引更多游客的。诚然,布勒特伊城堡的花园并没有让人叹为观止之处,但园里的气氛却非常特别。这主要是因为其主人在四个多世纪的时间里,非常用心、满怀热情地维护着城堡和花园。

    布勒特伊城堡经历过一些变迁,但守住了它的灵魂。同其他建于 16 世纪并在 17 世纪扩建的城堡一样,布勒特伊城堡的法式花园在 20 世纪初得以翻修,其中的一部分被改造成了一个大大的风景公园。栽种于路易十四时期的老栗树是时代变迁的见证者,我们可以在公园深处发现它们瘦削的身影。我喜欢在秋天跑来问候它们。

    布勒特伊城堡现在的主人是布勒特伊家族的继承人亨利-弗朗索瓦·德·布勒特伊侯爵。这个家族曾出过三个部长、几个大使、很多高级军官和几个高级教士。亨利-弗朗索瓦·德·布勒特伊侯爵不满足于只给墙上的先人遗像掸去灰尘。他每天以私人的名义接待访客。作为这片土地的私人所有者，他一个人要建设这75公顷的土地实属不易，但他从未停止开发新的项目。例如，几年之前，他建造了"王子花园"。这个花园的所在处是布勒特伊城堡花园四个意式花园台地的其中一个，从前是一个菜园，四周果树环绕。园圃中央的圆水池保留了当年的风采。从前，池中的水用来浇灌作物和蔬菜，收获的粮食供城堡里的人享用。亨利-弗朗索瓦·德·布勒特伊侯爵还种了一些珍贵的植物。16世纪80年代，尼古拉·勒热将布勒特伊城堡改造成一座华丽的宅邸，成就了城堡如今的样貌。在当时的欧洲，郁金香掀起了一场花卉交易的革命。神圣罗马帝国驻奥斯曼帝国大使奥吉耶·吉兰·德·比斯贝克在奥斯曼帝国发现了这种植物，于1554年将它的球茎寄到了维也纳。他命名这种新植物为"郁金香"(tulipe)，因为花朵的样子特别像当地人戴的头巾（tulipe源于意大利语tulipano，该词的来源为tülbend，意为"头巾"）。

1593年，著名医生、植物学家克鲁西乌斯从奥地利皇家花园辞职。他种植和养护了很多珍贵的郁金香。后来他去荷兰莱顿任教，随身带着他的书、收藏的植物和郁金香球茎。他定居在荷兰后，便引领了一场荷兰郁金香的革命。养花爱好者们从没见过类似的花朵，纷纷前去求购此花。郁金香的推广取得了巨大成功，很多人为其倾倒。从1634年到1637年的短短几年间，郁金香球茎的价格便已高到离谱。一枝郁金香的价格甚至抵得上一名手工业者几年的收入。有一个叫"永远的奥古斯都"（Semper augustus）的郁金香品种打破了多项纪录。它的培育者是一位养花爱好者，无论别人出价几何，他都拒绝卖掉。一个"永远的奥古斯都"球茎需要12年的努力才能培育成。他拒绝出售，导致整个郁金花交易市场躁动不安。供应有限，需求猛涨，一个"永远的奥古斯都"球茎后来等价于12只羊，或者4头牛、8头猪、49吨黑麦、24.5吨小麦、两大桶葡萄酒、两吨黄油、4大桶啤酒，也可以用来换奶酪、衣服、家具……甚至一艘船。所有人都狂热地想要得到它。唯利是图的商人买来郁金香，然后培育出更多球茎再卖掉，以期获得高额利润。他们根本不花时间好好看看这些植物便买下来。有时候，啮齿类动物和蘑菇会给郁金香种植带来毁灭性打击，商人们垂涎的财富便付诸东流了。换走的牛和猪再也回不来了。政府发现，这一交易不仅会给商户带来巨额经济损失，还有将危机蔓延到其他行业的风险。于是，政府立刻禁止了这种投机行为。这与当今时代的经济危机简直如出一辙。当时，国王专门颁布了一项法令，用来规范人们买卖郁金香的商业化行为。

1688年，"郁金香热"降温了不少，但郁金香球茎依然昂贵。拉布吕耶尔在其著作《品性论》中提到了郁金香：

> 人们给它裹上精美的包装，放到一个漂亮的花瓶里。……他不崇拜上帝和自然，而是把郁金香球茎奉若神物，认为它千金难抵。不过，将来若是石竹占了上风，郁金香不受追捧了，那么郁金香只能被白白地送给别人，换

不来一分一毫。这个理智、有涵养、有信仰的人回到家，疲惫不堪，饥肠辘辘，但他认为，自己度过了非常幸福的一天：因为他看到了郁金香。

郁金香很晚才被引进布勒特伊城堡的花园。尽管郁金香球茎在 1645 年左右就由里尔人从康布雷引入法国，但是 18 世纪之前，只有王侯的宅邸才有权栽种它。郁金香被看作是一种神奇的植物，在园林设计师的心中取代了玫瑰而成为"花卉王后"。种植郁金香之风盛行，从未停止。法国小说家、诗人、艺术理论家泰奥菲尔·戈蒂耶也在他的《诗集》中赞美了郁金香：

> 我是郁金香，一朵来自荷兰的花；
> 我是那样的美丽，
> 若是我纯正、笔直而且个头大，
> 吝啬的弗拉芒人肯用一颗钻石买我的一个球茎。
> 我的样貌老气，
> 就像一个女人穿着肥大的长长的褶裙，
> 我的衣服上绘着徽章，
> 紫色的横带上镀着金和银。
> 神圣的园丁亲手
> 将太阳的光芒和国王的光辉
> 织成轻柔而精细的纬纱，为我做成一条裙子。
> 花园里，没有任何花能比肩我的荣耀，
> 但可惜啊！我待在中国花瓶里，

不散发一点儿香味，这是大自然没有赐予我的东西。[1]

郁金香终于来到了布勒特伊城堡花园，于初春时节盛开在王子花园里离老栗树不远的地方。

Broderie

装饰植物

我们一般说的"broderie"指的是刺绣，是女人们用灵巧的双手制成的作品。但此处的"broderie"是由园丁们种植和维护的装饰植物。

装饰植物真正出现是在路易十三时期。那时，法式花园兴起，它的主要设计者雅克·布瓦索·德·拉巴罗迪埃描绘的图景壮丽非凡，以至于我经常在想，他究竟是如何把这些图景变成现实的。在那个时代，人类的想象力引导、征服和控制着大自然。花园是一个封闭的有秩序的空间，它应该体现出其主人的权力和财富。

一望无际的行道树和用拉线裁剪的篱笆标明了领地的宽广，其主人也借此来控制植被的分布和生长。而装饰植物的存在则确保参观者见识到主人的高雅品位。所有的装饰植物都能

1　泰奥菲尔·戈蒂耶：《郁金香》。

从住宅的窗户里看到，而且尽可能地靠近窗户，这是刻意安排的。

装饰植物通常是黄杨。这种灌木如果放任生长可以长得很高，不过修剪起来极其简单。很少有植物能像它一样四季常青、全年枝叶繁茂。优质品种的黄杨寿命很长。在几个历史悠久的公园里，我们能见到一些已有几百年树龄的黄杨。

装饰植物将涡形、弧线和阿拉伯式曲线以艺术的方式结合起来。它们需要定期维护：如果园丁在一年当中有一次忘了修剪它，那他就不是一位合格的园丁。黄杨培育起来很容易，但很快就会释放天性去追求自由和空间。

那么，装饰植物里应该加入花卉吗？今天的园林设计师们为此争论不休。从历史上来看，加入花卉算得上离经叛道，因为灌木和草坪组成的双色已足以装点花园。另外，花卉经常越界，遮挡住一部分灌木丛，减弱了装饰植物的整体效果。以沃子爵城堡花园里珍贵的装饰植物为例。遵照勒诺特尔的设计，这里既没有球茎和多年生植物，也没有开花期短的花。勒诺特尔唯一发挥创造力的地方便是在地面铺设了玫瑰红色或蓝色的碎砖或碎板岩。阿希尔·迪谢纳翻修沃子爵城堡花园时也未允许在装饰植物里添加花卉。如今，凡尔赛宫花园的南花坛里种着球茎和一年生植物，但从前并不是这样。和沃子爵城堡花园一样，从前的南花坛是没有花的。19 世纪末，用花装点凡尔赛宫花园里的装饰植物成了时髦，因为当时有一位管理者认为，游客们乐于看到花。当今时代下，人们竭力恢复历史遗迹的原貌。但令人惊讶的是，每逢秋季到来，我们依然能从蓝绿色的灌木丛中发现凋零的、脏兮兮的、萎靡的花朵。眼看着翠菊、大丽花、鼠尾草或马鞭草遮住了装饰植物的轮廓，让它们不再美观，人们于心何忍呢？这些颜色艳丽的花朵与周围环境格格不入，与凡尔赛宫赭黄色的墙壁十分违和，此景真是令人痛心！既然在这里种上花卉与历史相悖，那为何还要这么做呢！习惯不是能够轻易改变的，掌管这个皇家领地命运的人还需要时间、勇气和决心去找回花园曾经的样子。

装饰植物是精美的艺术品，是园林设计师创造性思维的产物。国家已经立法保护这些艺术珍品。因此，擅自在自己家的土地上仿造别处庄园的装饰植物设计是违法的。几年前，为了推广一个著名的珠宝品牌，达维德·拉沙佩勒曾在沃子爵城堡花园的灌木丛中给一位舞者拍照。设计师阿希尔·迪谢纳的一位后人向法院申诉，抗议该珠宝品牌侵犯其先人的权益。法院站在了迪谢纳家族这边。此事或许可以告诉我们一个道理：花园是其设计者的合法财产，也是其养护者和爱护者的共同财富。

Brouette

独轮车

我是聪明工人的忠实伙伴

每日陪他来到地里把活儿干

人们通常认为帕斯卡发明了独轮车，其实并不是。这位著名的数学家、哲学家经常有夸大自己功绩的嫌疑。另外，据伏尔泰说，帕斯卡的大脑在讷伊桥上的一次事故中受了伤，思维变得紊乱了。其实，独轮车是由教堂的建筑工发明的。起初，它只是一个安装了两个扶手的大盒子。随着时间的推移，人们改进了这种担架式的搬运工具，给它加上了一个铁箍轮子，我们可以称之为"大担架轮车"。在诺曼底，人们叫它"bérouette"；在勃艮第，人们叫它"bourotte"；阿尔卑斯山区的人叫它"baroueto"；多菲内地区的人们叫它"béroueto"；瓦尔省的人们叫它"barjolo"；利穆赞地区的人们叫它"bouréto"……很快，独轮车成了花园里的必需品，每一代园丁都在使用它。注意，不要混淆园丁们的独轮车和挖土工人的独轮车：前者是木制的，后者是金属制的。实际上，不同行业的独轮车也各不相同，例如洗衣妇、葡萄种植者、养路工人、酸醋酿造者的独轮车都有各自特定的样式。

同修枝剪和喷水壶一样，独轮车也是帮助园丁工作的重要工具。没有这件宝贵的运输工具，园丁怎么运送土壤、清走落叶、将花卉或灌木带到栽种地点？19世纪，官方认定独轮车为"车辆"，因为它配有轮子，而且由人力或畜力牵引。滥用独轮车是要受法律制裁的。一位农民就为此付出了沉重代价。在清除农场里堆满的植物垃圾时，他用独轮车把垃圾拉到森林里倒掉了。法律是严厉的。依据《森林法》第 199 条规定，任何人不得擅自驾驶"车辆"进入森林。他被传唤至法院并接受了判罚。法国最高法院于 1828 年和 1830 年确认了这次判决。

独轮车用途十分广泛。在 19 世纪，它帮助运送戴着镣铐的犯人。后来，把一位酩酊大醉的朋友送回家也可以借助它。甚至《欲经》里记载的一种性爱姿势都以它命名。

Buttes-Chaumont (Les)

柏特休蒙公园

拿破仑三世死后并没有得到他应有的名声。我认为，在所有的执政者中，他为改善人民的生活品质做出了最多的努力。但历史是忘恩负义的，它只记住了拿破仑三世政治上的失败——色当战役惨败被俘以及流亡英国。

鲜有巴黎人知道，他们的生活环境之所以如此怡人，其实要归功于拿破仑三世。19 世纪，巴黎富裕阶层生活在一个舒适、遍地葱绿的环境中。很多私人宅邸就建在巴黎的花园或广场周围。富人住在巴黎市中心和城西，散步、看戏和谈生意构成他们的日常生活；巴黎的城东和城北则住着工人，或者称之为"劳动阶级"。他们的工作条件十分艰苦，生活条件也好不到哪儿去。唯一关心此事的便是拿破仑三世，他下令立即为这些可怜的人开辟出一大片区域，供他们居住，为他们的生活增添些许舒适感。负责该工程的奥斯曼男爵写道：

> 皇帝陛下有旨，在改造布洛涅森林和文森森林的同时，在整个巴黎城里建造一些小型公园、广场和绿地。工人们可以在这些卫生的地方暂停工作、休息一会儿。所有的家庭，无论贵贱，都可以让孩子们在这些干净、舒适的地方嬉戏玩耍。[1]

柏特休蒙公园的所在地并非偶然选择的。那里曾是巴黎市及法兰西岛大区最肮脏、最危险的区域。13世纪，这片不洁之地上聚集的净是贫苦之人和有罪之人。维克多·雨果笔下恐怖的鹰山绞刑架便在这里：

> 大家可以想一下，在一座石灰石的小山丘顶上，有一座平行六面体的砖石建筑物，高十五尺，宽三十尺，长四十尺，有一道门、一排外栏杆和一个台地；台地上耸立着十六根粗糙的大石柱，每根高三十尺，从三面环绕；石柱排列成柱廊形，柱子顶端之间架着坚实的横梁，横梁上每隔一段距离悬挂着铁链；铁链上吊着一具具骷髅；台地旁边屹立着一个石头十字架和两个较小的绞刑架，看上去像是从树干上长出来的两个枝桠；在这一切之上，天空中

1　引自帕特里斯·德蒙康和克里斯蒂安·马乌：《奥斯曼男爵的巴黎——第二帝国时期的巴黎》，SEESAMRCI 出版社，1991 年。

一直有乌鸦在盘旋。这便是鹰山。[1]

有多少罪犯曾在这里丧生？又有多少无辜者在这里含冤而死？此地为污秽之所，乌鸦、喜鹊和其他不祥之鸟纷纷聚集于此。开发这里需要勇气，甚至要足够疯狂。

法国大革命期间，鹰山变成了露天采石场。人们开采了大量的石膏和磨石粗砂岩用于建造房屋。鹰山以前也被叫作"秃山"，但开采过后，其形状却更像汝拉地区产的干酪了。山上被开采出巨大的洞穴，给盗匪提供了安全的隐蔽场所。

1814 年，普鲁士军队兵临巴黎城下，拿破仑一世率军奋力抵抗。光秃秃的鹰山上血流成河。

《巴黎和约》签订后，鹰山成为倾倒城市垃圾和埋藏动物尸体的理想场所。鹰山所在的"美丽城"镇喧嚣嘈杂、尘土飞扬、臭气熏天，而且依然不断吸引着本地区的可怜、可恨之徒。

1860 年，"美丽城"镇并入巴黎市，成为巴黎市的一个街区。

1863 年，拿破仑三世决定整改这片区域，他毫不犹豫地命令建筑师和园林设计师将这片"可恶之地"改造成了一个 25 公顷的迷人公园。项目的总工程师为让 - 夏尔·阿尔方，建筑师加布里埃尔·达维乌和巴黎市公园处首席园林设计师让 - 皮埃尔·巴里耶 - 德尚给他当助手。植被栽种工程负责人为年轻的风景设计师爱德华·安德烈（他日后取得了非凡的成就）。该项目进展飞速。国家修建了一条铁路，以排出成吨的贫瘠土

1　维克多·雨果:《巴黎圣母院》。

壤，并运来同等数量的优质土壤。每天，一列蒸汽机车在公园里进进出出。人们栽种了大批植物，开通了几条运河引来附近的水。1867 年 5 月 1 日，还没有彻底竣工的柏特休蒙公园于世界博览会开幕之际正式向公众开放。

园林设计师充分利用此处地势的高低起伏，建造了一些陡壁，从陡壁上垂下几条瀑布，为陡壁下的湖提供了水源。他们还种了成千上万棵乔木和灌木，其中有些名副其实的珍贵品种。这并不令人意外，因为风景设计师爱德华·安德烈是个植物迷，也是当时在引进外来植物品种方面贡献最大的人。

今天，漫步在这个花园里是一种难得的享受。我们可以听到鸟儿啁啾、孩童嬉笑，万紫千红的繁花和修剪整齐的树丛让人流连忘返。我们不妨在众多的长凳中选择一个坐下，全身心地体会那份宁静；也可以温柔地抚摸老树的树皮，尽情地想象它们见证过的沧桑岁月。

我上一次参观这个花园是在一个秋天，园丁们刚刚砍倒了一棵栗树，正在费力地拔出它的树桩。有一台挖掘机深深地钻入土里。

我记得，在西伯利亚，有些民族相信地球的深处住着一些魔鬼，只要地面被掘开，魔鬼就会逃脱出来在人间作恶。我不敢想象这个花园的地下是什么样的，里面又沉睡着多少不幸的灵魂。

古斯塔夫·卡耶博特

很少有画家以园丁为主人公作画。诚然，园丁确实在几幅画作中出现过，但我们需拿着放大镜才能辨认得出。画家们喜爱花园，但若让他们将园丁画在作品里，他们还是颇为犹豫的。他们对农业领域更感兴趣，比如让-弗朗索瓦·米勒，他热情地赞颂拾穗者、簸谷者、纺线者和其他农民；也有画家描绘那些在田间和树林里散步的人、在草地上吃午餐的人。艺术家古斯塔夫·卡耶博特是一个例外。他热爱出身卑微的人、体力劳动者以及所有那些让我们的日常生活变得更美的人。19世纪末，画所谓的"下层人民"是需要勇气的。1875年，古斯塔夫·卡耶博特把自己的《地板刨工》送交给官方沙龙展出，但这幅伟大的作品竟然被拒绝了，理由令人难以置信：主题太平庸，没有任何意义。卡耶博特没有气馁，继续坚持作画。画家莫奈喜欢描绘花卉和花坛，卡耶博特也从园艺中汲取灵感。在其作品《园丁们》中，卡耶博特把园丁置于画作的中心位置。1877年，《园丁们》创作完成，批评声如潮水般涌来。在所有的印象派绘画中，我最爱的便是这幅画。它不仅赏心悦目，还蕴含着丰富的知识和园艺技巧。

我们能从画中看到什么？两个人在一个维护得几近完美的菜园里忙碌着，给蔬菜浇水。他们站着，每只手提着一个喷水壶，姿势非常优雅。其中一人在给类似菠菜的植物浇水，他的伙伴帮他装满喷水壶送过来。菜园十分干净，井然有序，没有一棵杂草。高高的墙把菜园围起来，葡萄藤依附着墙生长。远景中，有一些温床保护着秧苗不受冰冻，还有一排如军人般排列得整整齐齐的钟形玻璃罩，罩里应该是一些正要发芽的脆弱种子。卡耶博特没有遗漏任何细节。通常情况下，画作中园丁的形象要么是一个驼背的老头儿，要么是一个穷苦人，更甚者是一个仆役。而在卡耶博特笔下，园丁是美的、可敬的。只需仔细地观察浇花者的优雅姿态，我们便对园丁的美深信不疑。我们能看到、感受到浇花者的专心、耐心和认真。他们穿着园丁特有的制服：头戴草帽，身穿洁白的衬衫，系着厚厚的蓝色围裙，防止脏东西溅到身上。为了不弄湿裤子，他们将裤腿卷到膝盖，而且光着脚。在富贵家庭，赤着脚在花园里工作是很常见的，因为木鞋会在精细的土壤上留下太大印记，长靴在天热时穿着不舒服，贵重的皮鞋沾上水容易坏掉。

这幅作品独一无二，绝无仅有。从未有艺术家能如此完美、

准确地描绘园丁。卡耶博特画的就是他们本来的样子。爱弥尔·左拉评价这幅画为"现实的重现"，是"一丝不苟"的杰作。需要指出的是，卡耶博特也是一位园艺家，他的园艺专业能力是有目共睹的。莫奈甚至在建造吉维尼的自家花园时专门咨询卡耶博特的意见。

人们从未批评过卡耶博特的园艺才能，却一直批判他的绘画作品。1876 年，他打算把自己的画作捐赠给国家，但学院派的人竟试图阻挠。经过一番激烈的讨论，法国最高行政法院终于批准将卡耶博特的几幅画收藏进法国的国家级博物馆里。法兰西艺术院非常愤怒，指责这项决定"触犯了法兰西艺术院的尊严"。画家、艺术院院士热罗姆甚至认为，绝对不可以在博物馆展出这种"丧失理智的画作"。部分议会议员也加入了批评队伍，例如参议会议员埃尔韦·德·赛西，他不希望让这些"有争议的画玷污卢森堡宫"。最终，国家级博物馆里只收藏了卡耶博特的部分画作，有 27 幅画被拒绝了。《园丁们》现由一位私人收藏家收藏。

Camélia

山茶花

见 Pillnitz (Le château de) 皮尔尼茨宫。

黎巴嫩雪松

如果你在散步时发现一棵黎巴嫩雪松，那么一定是在花园里，因为针叶树类在法国这样的气候下是无法自然生长的。黎巴嫩雪松原产地是黎巴嫩，其木材坚硬、美观，黎巴嫩人很早便栽种了这个树种。在古埃及，船只和丧葬用品（如棺材）都曾以黎巴嫩雪松为原料；凯尔特人曾用其树脂制作防腐香料，保存被打败的敌人的头颅，以此奖励奋勇杀敌的将士。

所罗门王建造了耶路撒冷第一座圣殿。工程历时七年，搭建屋架耗费了大量木材。据史书记载，为了获得足够的木材，所罗门王将 30000 名伐木工派往黎巴嫩各地砍伐了数百棵树木。后来，乱砍滥伐的现象持续不断，对森林资源造成了严重破坏，损失十分惨重。到了公元 125 年，罗马皇帝哈德良对森林的未来忧心忡忡。他颁布了一些法律来保护森林，控制滥伐行为。但滥伐行为并没有因此停止，对森林造成的损害已无法挽回。

公元 3 世纪，希腊神学家俄利根说："雪松不会腐朽。用雪松建房梁可以使人们的灵魂免于沉沦。"黎巴嫩的森林继续遭受过度砍伐，雪松越来越少。拜占庭帝国皇帝查士丁尼（483—565）甚至宣称，黎巴嫩雪松已经很难找到了。

1734 年，著名植物学家贝尔纳·德·朱西厄把黎巴嫩雪松引进法国。不过，这批雪松不是从黎巴嫩引进的，而是从英国。

对植物学极感兴趣的银行家皮
埃尔·柯林森买下了它们，然
后送给了贝尔纳·德·朱西厄。
据说朱西厄是用帽子装着雪松
的两个幼苗运来的，这并不准
确。他只不过是快到巴黎植物

园时，不小心把装有幼苗的罐子打翻了。罐子碎了一地，他只
能用自己的大帽子护着这些幼苗，走完了这趟长途旅行的最后
一点儿路。朱西厄在巴黎植物园种下的第一棵雪松现在还活着，
而且健康状况不错。

到了 18 世纪，浪漫主义的花园和崇尚自然风光的公园都
纷纷种上了雪松。拿破仑时期，雪松十分受欢迎。拿破仑的皇
后约瑟芬在马尔梅松公园栽种了不少雪松，以庆祝拿破仑在马
伦哥战役的胜利。资产阶级和贵族纷纷效仿她，直到现在我们
还能在一些大庄园里看到雪松的高大身影。因此我们可以判断，
雪松的流行大概就源于那个时代。

雪松令人着迷，让人惊叹。诗人拉马丁去东方旅行时看到
过雪松，他赞叹道："黎巴嫩雪松是历史和自然的圣物，是宇宙
中最有名的自然遗迹。它们比土地自身更清楚土地的历史。"

黎巴嫩的森林已经失去了光彩，但黎巴嫩雪松仍是这个国
家的象征。1920 年，大黎巴嫩的《成立宣言》中这样写道："雪
松常青，就像人民经历过残酷的过往依然意气风发。人民尽管
被压迫，但从未被征服。雪松就是人民团结的象征，团结可以
粉碎一切攻击。"

两千年前的老普林尼曾写过，雪松木可保存千年。或许他真的没说错。很多雪松木制成的小雕像历经千年，直至今日还几乎完好无损，而其他木材制成的工艺品很多都已经消失不见了。黎巴嫩雪松可以活三千年甚至更长时间，然而人类愚蠢的行为、不断地城市化和大风的摧残已经且还在持续地伤害它们。

纽约中央公园

有一个公园我从未去过，但我自认为已经对它非常熟悉了。我大部分的空闲时间都是在影院里度过的，怎么可能不熟悉这个公园呢？

1976 年，我 19 岁。我很欣赏电影《霹雳钻》里达斯汀·霍夫曼为了备战纽约马拉松比赛而训练的样子。电影中，他每天都在中央公园的大人工湖——"水库"旁的大道上气喘吁吁、大汗淋漓。美国人不像欧洲人这么复杂。他们给地点起名字的方法很简单，要么能让人们立刻理解它的来历，要么能毫不费力地知道它的方位。"水库"开凿于 1858 年，当时是从其他地方调水过来，储存在这里，并为城里的街道和建筑提供水源。这就是"水库"名称的由来。就像"中央公园"一样浅显易懂。

　　三年之后，达斯汀·霍夫曼又来到中央公园拍摄，这次是为了影片《克莱默夫妇》。电影根据艾弗利·科尔曼的同名长篇小说改编。达斯汀·霍夫曼以其精湛的演技赢得了奥斯卡最佳男主角奖，剧中的梅丽尔·斯特里普夺得奥斯卡最佳女配角奖，而该电影的导演罗伯特·本顿也获得了奥斯卡最佳导演奖。当时，超过 1 亿观众观看了这部影片，中央公园里的树木和灌木也因此名声大振。

　　1989 年的影片《当哈利遇到莎莉》中，主角们谈情说爱的地方也是在中央公园。梅格·瑞恩当时多美啊！可惜后来整容手术让她面目全非。

　　电影是一种神奇的艺术，它带人旅行，引人遐想，震撼人心。1985 年，查尔斯·布朗森在《猛龙怪客 3》中扮演了纽约的一个正义之士。我深深记得他夜间在这座特大都市的小树丛间逃跑的场景。没有一片灌木丛和荆棘丛可以藏得下他那张凶神恶煞般的脸。影片中，中央公园不再是一个公园，而成了一个容纳纽约及其周边地区所有精神病患者的精神病院。所幸，电影并不等同于现实。中央公园是美国第一个建于大都市正中心的花园，占地面积 340 公顷，众多候鸟迁徙时选择在此落脚。数以万计的人每天来这儿散步，享受宽阔的草坪。这或许就是"美国梦"吧——在曼哈顿的高楼大厦里工作，然后跑到市中心的这片草坪上睡一两个小时。

Chaise longue

躺椅

    一间客厅里有很多可以坐下的家具：凳子、扶手椅、沙发、无扶手的矮椅、墩状软座，当然还有其他椅子。在花园里，座位的选择比较受限，除了长凳便是椅子了。当然，有些椅子的样式更适合花园。我承认，我曾一度以为花园里的椅子应该是可以活动的，随花园的景致变化而存在。走累了就找个椅子休息片刻，选择一个自己喜欢坐的地方，而不是总坐在冰冷、笨重、无法移动的长凳上，我觉得这是很符合逻辑的事情。根据个人意愿坐在阴凉里或阳光下，按照个人喜好选择看房子还是看花草，或依照个人需要选择是否离人群远一点儿，我觉得这再正常不过了。然而，在花园诞生后的几个世纪里，椅子从未出现在园中，只是在室内使用。路易十四时期人们才开始想到在园里放上椅子，这已经很晚了。在一部出版于 1650 年的著作中，有一段这样的描写：

开始，人们对花园里的座位很满足，不管是石头的还是木头的长凳；富人们在长凳上加上了靠背，后来为了更方便，也出于能任意移动座位的考虑，人们在花园里放置了可移动的椅子。如今，人们对舒适性的要求更高了。人们希望坐在花园里跟坐在客厅里一样舒服。于是又出现了深蓝呢绒或其他布料的椅子，椅子框架用木雕刻并涂成绿色，椅背和椅座衬以马毛，覆以提花布。椅背的底部叠合进去，有效减缓风对布的损害。我们可以在热尔韦先生那里买到这种配备齐全的椅子，每把8里弗尔。或许，软座圈椅很快又会替代这种椅子，到那时，每一个小树丛都会有舒服的土耳其式长沙发了。

花园里的椅子可以让我们舒服地阅读、慢慢品尝冷饮或者放松一下双腿。很快，喜爱睡午觉和晒太阳的人希望能在椅子上躺得更舒服些。于是出现了躺椅。20世纪60年代，躺椅的发展达到顶峰。当时，人们叫它"transat"，意为"折叠式帆布躺椅"，是按照豪华游轮上椅子的样式改良来的。花园发展了几百年，躺椅才出现；但只用了几十年，它便几乎销声匿迹了。这主要是由于躺椅存在几个缺点：搬动时容易夹到手；布料脆弱、损坏很快，不能承受太大的重量；有时候没有别人的帮忙很难从躺椅上坐起来。现在，躺椅的角色正被花园床取代，这又给懒散的人带来了福音。

Champ de bataille (Le château du)

战场城堡

　　路易十四晚景凄凉。在曼特农夫人[1]的鼓励下，年老的国王变成上帝的忠实信徒。凡尔赛宫成了死气沉沉的养老院，在这里大笑或者微笑都成了不合时宜的事情。剧院门可罗雀，低领裙再也无人问津。宫里的生活变得无聊、黯淡、悲惨。当路易十四挣扎了很久才终于去世后，人们狂喜欢呼。路易十四的灵柩当晚就被人们从主宫殿移到了圣丹尼教堂。这位君主进行了54年的专制统治，他死后，人们需要重新找到生活的乐趣。自由之风也在园林设计领域吹起。园林设计师们再也忍受不了这片象征着绝对权力的领地，凡尔赛宫花园再也不被看成园林的典范，相反却备受诋毁。18世纪上半叶，勒内-路易·德·吉拉尔丹用辛辣的笔触写道："勒诺特尔先生设计的花园真是一个悲剧，花园里人们踩的最多的路就是通往出口的那条。"诚然，这话非常风趣，甚至有些过分。但这至少证明，路易十四死后，人们对法式花园不再那么尊重了。当然还有几位领主坚持建造规规矩矩的法式花园，但这样的人并不多。幸运的是，之前的领地依然保存完好。人们只是经常整修它们，目的是让花园显得不再像之前那么庄重。

　　路易十五上台后，可以说勒诺特尔式的花园已经死了。这

1　路易十四的第二任妻子，在宗教事务方面对路易十四影响很大。——译者注

种花园直到今天也没有复苏，人们不愿再建这样的花园，因为它的设计太过挑剔，需要很大空间，而且维护的费用过于高昂。

不过，园艺领域和其他领域一样，总有例外。这个例外就是战场城堡及其花园。

战场城堡建于 1651 年，城堡及其花园的存在是一个奇迹。战场城堡曾饱受岁月侵蚀，而花园也曾一片荒芜。1992 年，雅克·加西亚买下了这块地。这位著名的室内装饰家是一个多面手，对建筑有着独到的品位。他翻修并重新布置了战场城堡，又建造了一个法式花园，种下了数千棵黄杨、千金榆、紫杉和椴树。作家让·德·拉·瓦朗德在 20 世纪 50 年代曾这样描写过战场城堡："这里土地广阔，要想在这里造园，请先发表一个关于经济实力的声明。"雅克·加西亚在报纸上发布过几则声明，宣称正是战场城堡的广阔使他决心买下这片土地。真是太疯狂了！重修城堡和花园是一个巨大的挑战。挑战主要来自政府。之前，政府对荒废的城堡不闻不问，如今却埋怨雅克·加西亚的工程不符合国家的文物修复政策。但雅克·加西亚最终建好了这座现代花园，同时保留了以前园里大台地上的装饰植物设计，整个规模也完全遵照勒诺特尔当年规划的那样。雅克·加西亚一心要"立下高远目标，完成伟大创举"。他写道："我一直以来的梦想在这里得到了最完美的实现。"他还借用达尼埃尔·布朗热对于装饰的定义："装饰，便是绝处逢生，超越自我。"

人们不是在参观战场城堡花园，而是在探索它，探索的过程中惊喜不断。王室所用的蓝色栽培箱和人们常用的白色或绿色截然不同。栽培箱的旁边是棕榈树。棕榈树怎么能在这个本应是 17 世纪的花园里呢？没关系，这一点儿也不违和。这大概就是战场城堡花园的魔力：在传统的布景里引入一种看似出跳的元素，最终却契合得天衣无缝。比如花园里有一段两千年前希腊弗凯亚人修建的台阶；还有一座壮观的古罗马风格的庙宇，庙宇墙壁的一部分石头是从鲁昂市的一堵建于 13 世纪的墙上拆下来的。这都是雅克·加西亚发挥想象力的杰作。

雅克·加西亚和他的园林设计师帕特里克·鲍狄埃都是才能出众的人，这当然是毫无争议的，但他们更是疯狂的人。雅克·加西亚曾说："我不是单打独斗，我和帕特里克·鲍狄埃并肩作战，我们就像两个疯子一样。"如果不是因为疯狂，谁会有胆识和勇气运来 100 立方米的土壤铺到 45 公顷的地面上，又为了让花园看上去更美而开凿了一条 550 米长的运河？

就像我说的，这个花园的灵感来自传统花园，却又推翻了传统法式花园的理念。园里的运河比花园地势高，所以在运河的一侧是完全看不到花园的，只能看到城堡倒映在水中。雅克·加西亚理应对他的作品感到骄傲，而且应该庆幸活在这个时代。如果他生活在四百年以前，路易十四会感觉自己受到了羞辱：一个"小小的"室内装饰家竟然把城堡建成只有国王才配有的气派！太阳王想必会把雅克·加西亚和富凯一起关进法国南部阴暗潮湿的监狱里吧。

Chantilly

尚蒂伊

1689 年，在寄给英国皇家花园总监威廉·本廷克勋爵的一封信中，安德烈·勒诺特尔提到："您还记得您在法国看到过的花园吧？比如凡尔赛宫花园、枫丹白露宫花园、沃子爵城堡花园、杜乐丽花园，特别是尚蒂伊城堡的花园。"由此可见，安德烈·勒诺特尔应该对他创造的尚蒂伊城堡花园极为骄傲，甚至比给路易十四以及当时的财政总管尼古拉斯·富凯建造的花园，更是有过之而无不及。

寄这封信的时候，勒诺特尔已经 76 岁了。他思索自己的一生，回想起最初设计这个花园的情景。1662 年，孔代亲王请他设计一座最纯正的传统花园。勒诺特尔不是一个孤僻的人，他喜欢和家人一起工作，当然，这也有可能是为了更好地"分享蛋糕"。在尚蒂伊镇，他与自己的姐夫皮埃尔·德高、儿子克劳德和侄子米歇尔·勒布特共同建造这个花园。他邀请整个国家最优秀的艺术家加入他的团队，其中有皇家园艺师让-巴蒂斯特·德·拉·昆提涅、著名水利工程师雅克·德·芒斯、军事工程师沃邦和国王首席建筑师儒勒·哈杜安·孟萨尔。

勒诺特尔的工作没有任何限制，他自由地发挥了自己的才能。在所有的法式花园中，尚蒂伊花园的水域面积最大。另外，花园的中轴线不穿过城堡的中央，而是正对着一尊雕像，雕像的主人公是陆军统帅安内·德·蒙莫朗西。这个花园是独一无二的。

1659 年，孔代亲王路易二世·德·波旁很幸运地重获他的领地尚蒂伊。要知道，他曾在"投石党运动"中与路易十四的首相马萨林作对，国王没收了他的领地以示惩戒，七年之后才还给他。路易十四借此表现了自己的宽容大度，但我们可以想象得到，若不是因为自己是一国之君，路易十四大概已经搬到尚蒂伊城堡去住了。路易二世·德·波旁官复原职后，想要建造一个配得上他的身份和他的城堡的花园。他要向全世界宣布自己已经东山再起了。

由于经费充足，勒诺特尔可以随意改造整片领地。他按照土地的自然起伏进行设计，并充分利用水源，将水牢牢地关在为数众多的水池里。尚蒂伊镇不乏水资源，因为瓦兹河的一条支流诺内特河横穿这片土地。勒诺特尔目标远大，他需要很多空间来完成他的作品。孔代亲王满足了他所有的要求，把周围的土地也买了下来。在那个残酷的年代，人民只有一个权利，那就是沉默。村民们本来在此安居乐业，此时却像狗一样被赶走了，他们的小村庄也被拆毁了。勒诺特尔从不在任何事情上退缩，他又把工程推向了附近的森林。他在树林之间开辟出大路，建了很多星形广场。尚蒂伊城堡的大花坛也于 1665 年动工。勒诺特尔采用透视法进行造景，在这方面，他是无可争议的大师。

2009 年，我写过一本关于尚蒂伊城堡花坛的书。在书中，我致敬了花园的设计师勒诺特尔：

> 从南向北的中轴线将大花坛分成两块几乎对称的方形土地。不过，训练有素的人可能会发现，西边的土地比东边的土地小那么一点儿。另外，花坛是梯形的，由于透视法中的压迫效应，梯形产生了一种放大的效果。这不是勒诺特尔特意选择的设计，而是自然环境强加于他的。但他懂得利用这种地势上的不完美，通过透视法弥补了自然方面的不足。[1]

1698 年 7 月 11 日，勒诺特尔去世前两年，他又给威廉·本廷克写了一封信。他在信中表达了将尚蒂伊城堡花园的水疏浚完成后的喜悦："看到落差巨大的河流乖乖地流入运河，这种感觉真是太美妙了！此运河的水来之不易啊。"他认为工程很成功，事实也的确如此。孔代亲王对自己的花园相当自豪，一有空便欣然跑去逛一逛。他常常不假思索地撸起袖子给花坛里

---

1 阿兰·巴哈东：《勒诺特尔的尚蒂伊花坛》，Nicolas Chaudun 出版社，2009 年。

的数千棵植物浇水，这对一个贵族来说是很难得的。尚蒂伊的一位常客史居里女勋爵经常看到孔代亲王浇花，她为此写过这样一首小短诗：

> 一位立下赫赫战功的军人
> 用打赢战争的双手浇灌花朵
> 既然连光明之神阿波罗都修建过墙
> 那么战神玛尔斯也可以当一回园丁了

如今，来到尚蒂伊城堡的游客立刻会被其花园征服，惊叹于花园的美丽和广阔。不过，尚蒂伊城堡的花园也曾经历过磨难。18世纪，园里的一部分花坛被移除了，勒诺特尔设计的直道也被草坪替代了。

尚蒂伊城堡后来的主人要么没有孔代亲王的激情，要么没有他的财富，所以有一部分领地一直荒废着。

我上次到尚蒂伊城堡参观时，发现这片区域正慢慢地恢复

昔日的风采。我登上了勒诺特尔引以为豪的"大阶梯":

> 大人,这就是我竭尽全力为您装饰的大阶梯。我对它很满意,希望您也一样……
>
> 您的卑微而忠实的仆人勒诺特尔敬上我猜想,路易十四于 1671 年造访这里时肯定是强压着怒火的。

孔代亲王喜欢在尚蒂伊城堡花园的小径上同莫里哀、拉封丹、博须埃、拉布吕耶尔等人交谈。当然还有膳食总管瓦德勒,他发明的美味的"尚蒂伊奶油"便是以这座可媲美王宫的城堡命名的。

Chapeau de paille et tablier

草帽和围裙

我曾经主持过一档电台栏目,这让我好像成了一个媒体人。在做节目的时候我结识了一对母子,这位母亲想让自己的儿子以我为榜样,追寻我的足迹,学习园艺。对此,我感觉很欣慰,甚至很骄傲。

我希望自己能成为园艺行业的代表,并给这个行业树立积极的形象。我还记得那些 20 世纪 70 年代关于园艺的电视节目。那时节目里的园丁都是些中年男人,留着络腮胡或小胡子,戴一顶草帽，系一个大围裙。这群不知道忧伤的家伙无论天气多么糟糕都要在花园里工作。外面下着大雨，他们踩着长长的靴子，一脸幸福地从污泥里拔出大葱。我当时还年轻，被这个场面吓坏了。看到这种夸张的装束，年轻人怎么会向往这个职业？人们为什么要把园丁描绘成如此夸张讽刺的形象？如今，虽然没有多少人既是园艺师又是作家，但是这种人还是存在的。每当书展时，园艺师作家在落座之前，都会被活动主办者鼓动着穿上围裙、戴上帽子，一定要看起来像一个"真正的园丁"。民众便立刻被吸引过来！

尽管有些人不乐意，但我还是要说：园丁不是小丑。我遇到过很多记者，他们希望我穿成那个样子拍照。我也碰到过一些访客，他们惊讶于我竟然穿着正常人的衣服，既不像小丑也不像仆役。

但请注意，我不想引起混淆。我批评的并不是节目主持人雷蒙·蒙代（又名"园丁尼古拉"）或米歇尔·利斯，他们都是法国知名园艺电视节目主持人。他们非常有创造力，懂得让广播和电视的观众熟悉并喜爱他们。他们需要在节目里穿上园丁的服装突出自己的特点，这与"小丑式"的园丁截然不同。

我并不厌恶围裙，只是感到吃惊：在很多人眼中，它是园艺行业的标志，但实际上，园丁很少系围裙，也很少戴草帽。为了抵挡太阳强光照射，园丁通常会戴一顶鸭舌帽或其他帽子，有时候也会是草帽，但戴草帽的频率跟其他在户外工作的职业差不多。只有

在植物或种子手册上，我们才看得到正常的园丁形象。另外，花园里稻草人的打扮也比较符合园丁的本来形象。

舍农索城堡

香波城堡、雪瓦尼城堡、于塞城堡、瓦朗塞城堡、朗热城堡、阿泽勒里多城堡、维朗德里城堡……每一座城堡都是一个奇迹！一代又一代的国王在卢瓦尔河上修建了如此多的城堡，为我们留下了无与伦比的建筑宝藏。我们很难一次参观完所有的城堡，除非把所有的假期都用上。

我很久之前参观过舍农索城堡，而且经常会回去看看。在法国所有的城堡中，我最喜欢的便是它。这座建于谢尔河上的城堡美到令人窒息，它的故事也值得讲给人听。

弗朗索瓦一世的财务大臣是个奸诈的小人，他把国库里的很多钱放入了自己的腰包。1535 年，弗朗索瓦一世判了他的罪，没收了他的舍农索城堡。后来，弗朗索瓦一世的儿子亨利二世继承了王位。亨利二世跟他父亲一样，喜欢女人。为了讨好情妇黛安·德·波迪耶，亨利二世把舍农索城堡送给了她。黛安一入住便找来当时著名的园林设计师帕尔赛罗·达·梅尔科利亚诺，请他建造一座花园。工程整整持续了五年。新花坛的周围是高高的墙，可以防汛。宽阔的矩形花坛分成八个铺了草皮的三角形区域，边缘种着薰衣草棉（又称棉花薰衣草）。花坛的中央是一个比较朴素的水池，里面的喷泉也比较简单。花坛的整个风格节制、和谐、优雅、令人身心愉悦。

黛安·德·波迪耶生活得很幸福，充分享受着城堡和花园带给她的乐趣。1559年，国王在一次马上比武中身负重伤、不治身亡，王后凯瑟琳·德·美第奇摄政，借此时机驱逐了黛安·德·波迪耶。王后当时权倾朝野，一手遮天。她住进了舍农索城堡，然后立刻要求扩建城堡，并在横跨谢尔河的桥上建造了两个长廊，成为城堡里极为奢华的两个会客室。

我喜欢从花园望向城堡，仔细端详它，想象它经历过的历史性时刻：有权势的女人互相争宠、钩心斗角；君王的权威遭遇危机，只能通过建造巨大的宫殿来树立威信；城堡的继承者无力承担维护费用，被迫将它卖掉……

我还想到，"二战"期间，3000名伤员在舍农索城堡的客厅里疗伤。伤势较轻的士兵在树荫下散步，紧紧地抓住护理人员的胳膊，大概只有这样他们才能感觉到自己还活着。我来到河的一边，看着城堡横跨河流的整个景象，想到"二战"时，法国被德国占领，国土被分成占领区和自由区两大块。人们以参观城堡或探望病人的名义，大步穿过城堡中间的长廊，从河流这边的占领区走到另一边的自由区。舍农索是那样简约而精致。它既是一座城堡、一个花园，又是一段历史、一个奇迹。

雪瓦尼城堡

1977 年，我在书上看到了穆兰萨尔城堡的花园，是的，就是《丁丁历险记》中虚构的那座城堡。尽管城堡的两翼被漫画家去掉了，但我还是立刻认出了他取材的原型——雪瓦尼城堡。《丁丁历险记》我看了无数遍，已经对这个城堡了然于胸，丁丁的很多故事都是在这座城堡里发生的。

我对丁丁再熟悉不过了。我第一次去电影院是在 1969 年，当时放映的电影是《丁丁历险记之太阳的囚徒》。影院的灯一熄灭，我便进入了丁丁的世界。我终于在银幕上看到了心目中的偶像在移动、说话、生活。我对穆兰萨尔城堡没什么兴趣，但喜欢那个花园里的老雪松林，说不定在那儿可以邂逅著名的哈达克船长[1]呢！

---

1 《丁丁历险记》的主要人物之一。——译者注

1999 年，我来到穆兰萨尔城堡的原型雪瓦尼城堡。这座城堡位于卢瓦尔河上，以其建筑和围猎活动而闻名。我个人对围猎活动深恶痛绝。

七百年来，雪瓦尼城堡的所有权属于同一个家族，该家族的后人一直守护着这份资产，不参与任何蛊惑性的地产投机行为，这是很值得钦佩的。当然，这个家族的人肯定从没在他们的领地上碰到过哈达克船长。

很明显，埃尔热笔下的城堡肯定是以雪瓦尼城堡为原型创作的。我注意到，漫画中城堡脚下的花园基本上复制了雪瓦尼城堡花园的样子：宽阔的空地，周围是草坪和一条平行侧道，一条小径从中穿过，延伸向远方。我感到失望。既然作者有绘画的天赋，他为何只满足于照搬现实呢？创造性、想象力和对艺术的狂热去哪儿了？如果我有埃尔热那双巧夺天工的手，我会画出奇异怪诞的花园、不可思议的树木和从未有人见过的景观。不过，埃尔热笔下的雪瓦尼城堡尽管没有创新，但他画的《丁丁历险记》毕竟是高质量的艺术作品。多亏了他，谢韦尔尼才有了今时今日的名声。尽管围猎的狗吠声让我不快和担忧，但我承认，这是一片令人赞叹的土地。

Chinois (Le jardin)

中式园林

　　18 世纪，造园师非常向往异国情调。中式风格盛行，所有的大领主都在自家的领地建造亭子、塔或亚洲风格的桥。

　　在 21 世纪的中国，北京的亿万富翁们几乎全都喜欢法式花园，他们在自己的宅邸修建方方正正的花园，以此来炫耀他们的财富。

　　在离北京不远的地方，有一位富豪依照拉斐特城堡建造了一个复制品。他可能觉得原来的拉斐特城堡有点儿寒酸，于是添加了两翼；他又让人依照梵蒂冈圣彼得广场上的圆柱，仿造了几乎一模一样的柱子，围着中央广场竖立了一圈。这位富豪高瞻远瞩，为了修建一个法式花园而购买了 200 公顷的土地。我对这里非常熟悉，已经去过几次了。土地的主人向我咨询花园养护方面的建议，我给他指出了几个错误，也帮他对花园进行了改造，强化了其中的"法式"元素。毕竟，纯正的法式花园有很多讲究，只有笔直或者规矩是远远不够的。

　　我经常忙里偷闲跑去看北京的花园。在法国，很多公共花园禁止狗入内，即便是被人牵着也不行。在中国，在树林间呼吸新鲜空气的不是狗，而是鸟。到了夜晚，数以万计的居民（大部分是老人）出来乘凉，把鸟笼挂在低矮的枝头上。这一场景十分有趣。金丝雀的叫声婉转悦耳，但沿着小路放的痰盂又让我恶心反胃。有些中国人很爱吐痰，为了避免他们随地乱吐，人们在路边放置了这种容器，每天晚上有人专门负责倾倒它们。

跟世界的其他地方一样，中国也有一些没有特定风格的公共花园，供人们日常休息和散步。这种公共花园往往被称为"绿地"（多么糟糕的称呼）。不过，也确实有一些花园是真正按照中国传统风格设计和建造的。

最初，中国的造园师不是建筑师，甚至不是园林设计师，而是僧人、诗人和读书人。造园师需要有很高的修养，能够通过文字和绘画表达出精妙的设计。他们在画布上描绘出理想中景观的样子，然后根据这幅绘画实施具体的建造工程。因此，要想理解中式园林的哲学，必须细致地研究画家的作品。

在中国儒、道、佛这三大思想流派中，大自然都是宏伟、崇高的存在。园林中应当再现高山、峡谷、河流、湖泊和森林等自然景观，当然，园林中的景观要比实际的袖珍很多。中式园林里单株的植物往往没有象征意义，但景致的组合却暗合自然之道，这与日式庭园不同。例如中国园林中流动的水，在形态上像河流或瀑布，其实在园林的整体结构中担任人体血液循环系统一样的作用。中式园林与日本庭园的另外一个不同点是：日本庭园是整个风景的小模型，而中式园林只取自然风景的一部分。即便是中国的大型园林中也少有完整的风景，而是一系列风景片段，共同组成一个象征性的整体。智者一叶知秋，足不出户便知天下，就像老子说的，"其出弥远，其知弥少"。在中式园林里，细节具有举足轻重的地位。如果要在水流中间放一块岩石，那就真的要去大自然中找一块泡在溪流里的岩石。

植物也一样。忽必烈（1215—1294）皇宫的后花园里有一座假山，他想在假山上栽种一些珍贵奇异的树种。为了实现这一愿望，他派人到全国各地搜集那些最美丽的植物品种。一旦找到好的树种，不管树有多大，人们立刻将它带着土块连根拔起，然后用大象运送到皇帝的后花园，有时中间的路程可达数百公里。

　　花园无论什么风格和年代，总会与"性"有着些许关联。还有什么比小树林更适合两人悄悄嬉戏呢？中式园林也一样，皇帝在里面可以尽情享受生活的乐趣。作为最早来到中国的欧洲人之一，马可·波罗的游记中就有关于皇家园林景观和风俗习惯的珍贵记载。根据他的描述，忽必烈的花园里有很多水池，还有宽广的树林和长着各色水果的果园。马可·波罗喜欢看园里的年轻女人裸身在河里洗澡。事实上，除了皇帝，这座花园本来是严禁男性进入的。

　　与欧洲一样，在 17 世纪，园林艺术也盛行于中国。计成是明代一位声名卓著的造园师。他于 1631 年创作了一本著作《园冶》，系统地说明了造园的几个步骤。阅读这部写于四百年前的著作令人心旷神怡。他写道：

　　　　……架屋蜿蜒于木末。山楼凭远，纵目皆然；竹坞寻幽，醉心既是。……梧阴匝地，槐荫当庭；插柳沿堤，栽梅绕屋。

　　计成非常细致地解释了自己对园林的设计，"看山上个篮舆，问水拖条枥杖"，我读之会心一笑。

　　要是法国的园林设计师们能像计成一样把知识和激情用文

字传承下来该有多好！那样的话，我深信会有更多的年轻人进入园林设计行业。计成不只是一个传递知识的好老师，更是一位妙笔生花的诗人，他这样形容自己理想中的花园：

> 夜雨芭蕉，似杂鲛人之泣泪；晓风杨柳，若翻蛮女之纤腰。移竹当窗，分梨为院；溶溶月色，瑟瑟风声；静扰一榻琴书，动涵半轮秋水。清气觉来几席，凡尘顿远襟怀。

前不久，有人请我去中国为园林设计师们讲授法式园林艺术。我不能也不愿拒绝这个邀请，能有此机会我不胜荣光，而且我可以借此向亚洲同行们讨教一些秘诀。尽管他们经常翻修花园，或在花园里重新栽种植被，但他们总有办法保留花园和设计师的灵魂。每当我们坐在中式园林里的某一棵老梓树下、一座宝塔下或水流的岸边，总会心荡神驰，思绪万千。我们会想到孔子，他比其他人更懂得观察自然。他曾说过这样的话："岁寒，然后知松柏之后凋也。"这句话让人回味无穷。

Cimetière

墓园

墓园是唯一自由的空间，在巴黎，墓园的面积几乎超过了花园的面积。死去的人可以比活着的人呼吸更多的氧气，这样的城市值得尊敬。

让·季洛杜

确实，法国所有的城市和乡村都有墓园，其面积一般都大于花园的面积。墓园是一片神圣的土地，是静心之所。它通过一堵墙与人世间隔离，这堵墙保护着它和里面安息的人。任何人都可以参观墓园。到了十一月份，墓园甚至是一个城市里花开得最盛的地方。

传统的墓园分为三种。富人的墓地有的非常壮观，墓穴用大理石砌成，墓碑上的字是镀金的。一般人的墓地成排分布，墓碑上面仅仅刻着名字和生卒年月，有时贴着一张照片。公墓里则埋葬着无名氏、被社会抛弃的人和迷失的人。但时代在变化，墓园逐渐变得平民化了。为死者竖立的纪念性雕像被简单的小坟墓取代，现在，人们只有在拉雪兹神父墓还能看到去世名人的半身像。

新式墓园已经成了休闲性公园，只有通过墓碑和十字架，人们才会看出它们与普通公园的不同。新式墓园里，花不多见，但到了夏天，园里枝繁叶茂的橡树、山毛榉或枫树为坟墓提供了阴凉。我认为，在墓园栽种树木是一个很好的主意。由此，我想到幽默家皮埃尔·多里斯说过的话，他的冷幽默让

人忍俊不禁："墓园里的树太美了，就像一个个茁壮生长的棺材板。"

在墓园中，有两种树最引人注目：塞纳河以北是紫杉，塞纳河以南是柏树。

紫杉生长很慢，但长势稳定，寿命惊人。很多民族视它为永恒的象征。凯尔特人把它当作丧葬之树，因此在一些祭祀场所和墓园都可以看到它。在凯尔特人的神话中，"末日之轮"便是用紫杉木做的，只有祭师德鲁伊可以靠近它。听到这个轮子"咕噜咕噜"的转动声，人就会变聋；看到轮子，哪怕只是瞥到它，人就会变瞎；被轮子轧到，人就难逃一死了！

在爱尔兰，从古至今，人们都崇拜针叶树。战士奔赴战场时，用针叶树的木头雕刻盾牌和长矛。伊巴尔斯可拉特是一位著名的战士，受到所有爱尔兰人的爱戴。他战斗时永远要手持针叶木的武器。他的辉煌战绩是民众的骄傲，民众乐于赞颂他，称他的盾牌为"紫杉之盾"。

在英国的克利夫登森林，有的紫杉树甚至已经存活了三千年。但是，看到这个树种和许多类似树种时，我们要保持谨慎。尤其是在布列塔尼，这些有着巨大躯干、皲裂外表的树木会给人错觉，让人高估它们的年龄。但我们不必对英国的克罗赫斯特紫杉的年龄心生怀疑。根据人们 1630 年测量的数据，有一棵克罗赫斯特紫杉树干的周长已达 9.15 米。如今，这棵古老的紫杉依然守护着旁边的一座教堂。几百年过后，它的周长并没有增长很多，现在刚刚超过 10 米。专家们经过研究和激烈的讨论，估计它的年龄为 1500 岁。在英国的汉普郡东有一棵塞尔伯恩紫杉，关于它的数据比较令人信服。1789年，它的直径达2.23米。到了1984年，它的直径仅增加到2.51米。1990年，一场风暴将它连根拔起。它活了1400年。

许多人认为建筑和植被很难和谐共存。要反驳这个说法，你只需要去看看英国斯托昂泽沃尔德镇的小教堂即可。几百年前，在小教堂哥特式风格的大门前，人们栽种了两棵紫杉。如此搭配美不胜收，石头和树木好像永恒地共生了一起。在法国，最壮观的紫杉生长在诺曼底地区。拉艾埃德鲁托镇位于诺曼底大区的厄尔省，离布罗托纳森林不远。镇上的墓园里种着两棵大紫杉，树干周长分别为14米和15米。较大的那棵树的树干是空的，里面安放着一座小祭台。这两棵树的年龄估计在1300岁到1700岁之间，在法国是相当古老的树了。在奥恩省拉朗德帕特里镇教堂前的广场上有一棵古树，树干周长达11米。它抵抗住了时间的摧残，顽强地面对未来。它的树洞可以容纳二十几个人。

对法国北部的人来说，紫杉象征着永恒，人们经常把它栽种到墓地旁，陪伴着逝去的人。然而，在法国南部，尤其是普罗旺斯地区，人们喜欢把紫杉种在自家庄园的门口，迎接八方来客。南法沐浴在地中海的阳光下，这里的墓园不种紫杉，而是柏树。

柏树原产于爱琴海地区（克里特岛和希腊）和小亚细亚，在这些地方它完全是自然生长的。这个树种非常漂亮，吸引着

园丁们不断把它推广到遥远的地方。两千年前，中国引进柏树，这个古老的帝国很快便对柏树充满敬意。中国注重传统和信仰，将柏树看作长寿的象征。中国人深信，柏树籽有祛病抗邪之功效，食用它便可以和柏树一样长寿。北京有一棵700岁的柏树，坐落于北京国子监的中央。

孔子说，"岁寒，然后知松柏之后凋也"。不过他不是唯一喜欢松柏的人。庄子也曾对松柏发表过评论："天寒既至，霜雪既降，吾是以知松柏之茂也。"

人们不仅欣赏柏树的美，也推崇它的力量。在人们眼中，柏树拥有不同寻常的功效。但我们无须具备专业知识便可以看得出，这些所谓的神奇功效值得怀疑：谁会相信，把柏树的树脂涂抹到脚踝上就能在水上行走？谁又会相信，烧一些柏树籽，借着火焰的光芒可以找到金和玉？

在欧洲，人们把象征永恒的柏树种在墓园里。今天依旧如此，法国南部几乎全部城市的墓园里都种着柏树。这个传统由来已久，来源于古代的神话传说。柏树（cyprès）之名有可能来自库帕里索斯（Cyparissos）。他是一位美少年，光明之神阿波罗非常喜欢他。有一天，库帕里索斯用长矛误杀了他最爱的动物——一头神鹿。他哀恸不已，希望与神鹿一同死去。神明答应了他的请求，把他变成了一棵柏树。后来，柏树就成了忏悔、忧伤和死亡的象征。

古人认为，柏树与地狱里的神有关联，尤其是冥王普路托。因此，人们在坟墓旁栽种柏树陪伴死去的人。此外，神学家俄利根认为，柏树散发的香味是圣洁的香味。年轻的古罗马人参加葬礼时，都会把柏树的枝叶缠起来戴在头上。不过，柏树还象征着希望。每当女儿出世，古罗马人总要种下一棵柏树。传说爱神丘比特会把箭射到柏树上，因此，人们希望这棵种下的柏树可以给他们的女儿带来一位富有、健壮、生育力强的男人。等到女儿出嫁的那天，柏树的任务就完成了，人们便把它砍掉。

如今，人们还是习惯把柏树种在墓园里，或种在花园的门前迎接参观者。

墓园里栽种的大部分是针叶树，当然，这其中不仅仅是紫杉和柏树。乔治·布拉桑曾创作了一首歌，他想把松树当作永久的伴侣：

> 我有一个要求：在我的小小墓穴上，
> 请种下一棵松树吧，
> 就种一棵五针松，
> 帮我遮住炽热的阳光，
> 我的好朋友来到我的墓前，
> 深情地鞠躬。

Clément (Père et Gilles)

克莱芒神父和吉勒·克莱芒

如果两个人姓氏相同、职业相近，我们就很容易把他们联系起来，甚至认为他们是一家人。不过，要是吉勒·克莱芒宣称是克莱芒神父的后裔，我应该会很诧异的。克莱芒神父培育出了小柑橘，小柑橘的法语"clémentine"就是从克莱芒（Clément）神父的姓氏演变来的。1902年，在瓦赫兰，克莱芒神父创造性地把橙子嫁接到一株橘子树上。因此，很可能是他"发明"了小柑橘。我之所以说"可能"，是因为有几位非常严谨的科学家认为小柑橘原产自中国。不过，克莱芒的神父身份毋庸置疑，因此与吉勒·克莱芒肯定不是一个家族的人。

吉勒·克莱芒生于1943年。他是一位园林设计师，也是一位园林工程师。他既设计园林，又在凡尔赛高等景观学校任教。如今，在所有立志从事园艺业的年轻人心中，吉勒·克莱芒绝对是楷模。你若问一位年轻的学生他对未来的规划，以及谁是他的偶像，他一定会提到这位杰出的园林设计师。吉勒·克莱芒每天都在传播他的艺术，传授他的知识。他的形象与人们对园林设计师的印象大相径庭，他的穿着十分时髦——不穿工作服而穿皮衣。他也介入政治，而且直言不讳，口无遮拦。2007年法国总统大选后，他斥骂当选的萨科齐，并取消了与国家签好的所有合同。

吉勒·克莱芒是一位艺术家，但园林设计对他来说是一个政治行为。他是生物多样性的积极捍卫者，也是一位笔耕不辍的作家。2002年，他出版了《流浪者颂词》一书，他在书中说自己"厌恶那些所谓的'绿色大队'[1]，他们就像一群雇佣兵一样，

1　源于法国的一档电视节目，节目中有一个团队，专门批判污染环境的行为。——译者注

遵循他们自己的信条，时刻准备着牺牲所有去保护自然。他们像是在遵守教规"。他还在书中哀叹现代化带来的消极影响：

> 人类极度渴望征服自然，尤其渴望控制自然朝自己预想的方向发展。为此，人类发明了一整套装备和相应的词语——炮、喷射器、焚化炉、破碎机、截断机等；在行话中，"冲锋枪"其实是"杀菌剂喷洒工"。园丁同时也像是军人，他们戴着头盔，防止天敌的袭击；他们戴着面具，进入被杀虫剂污染的空气。他们吸气，呼气，磨碎，截断，烧毁；他们像是在战场上作战。

如果你想知道吉勒·克莱芒的生命历程，那么了解他的作品是最直接的方法。他一生设计了很多花园：盖布朗利博物馆的花园、滨海赖奥尔花园、雪铁龙公园……但我认为，他的风景哲学比他创造的花园更重要。

他对景观的构思令人瞩目：

> 在好与坏之间，我们应该尽可能去除客观化的美。但有时候，出于社会方面的原因，景观会沦为一个物品，它必须符合纯主观制定的规则契约，并符合当时人们的情绪。例如，人们之所以欣赏油菜花的美丽，是因为其色彩艳丽，但同时这也是人类控制的结果；人类种植它，证明人类不断与大自然的力量进行抗争。若成千上万的亮黄色的月见草形成同样的一片地，人们肯定觉得这片地很糟糕、很丑

陋。因为没有人种它们，它们是自然生长起来的。我觉得这样是不对的。有的诗人看着这么一大片月见草，可以从中发现幸福的真谛。诗人通常对批评不以为然，而且腰杆很硬。他们可以自由表达自己的想法而无须对谁负责。

吉勒·克莱芒首次提出"动态花园"的理念，即"一个让各物种自由发展的生命空间"。他还为此撰写了几篇文章和几部著作。后来，他开始关注"地球花园"[1]和"第三风景"[2]。自由的理念一直引导着吉勒·克莱芒，他自由地说话、做事，自由地爱。

Coccinelle

瓢虫

瓢虫、刺猬和知更鸟都是园丁的朋友。

小时候，我以为瓢虫背上有几个圆点就代表它有几岁了，但其实完全不是这样。它们背上的圆点数目不同，表明它们属于不同的品种。世界上存在着4000多种瓢虫，有红色的、橙色的、黄色的，它们背上的圆点有黑色的、黄色的，圆点的数

1　意思是把地球看作与花园一样，是一个封闭的、完善的、可测量的空间，所以人类要像一个好园丁对待花园一样对待地球。——译者注
2　即被人忽视或未开发的空间，比林业空间和农业空间更具生物多样性。

量有三个、四个、五个和七个。我
家玫瑰花上有一只瓢虫，背上有七
个圆点，尽管看着十分弱小，但它
可不是省油的灯。瓢虫是一台战争

机器，可以飞上两千米的高空，它亮红色的壳是为了吓唬敌人。
为了自保，瓢虫可以排出一种恶臭的气体来驱赶不速之客，如
果不管用，它还会释放毒气。这种昆虫机灵得很，它知道鸟儿
喜欢吃活着的虫子。为了避免沦为鸟儿的盘中餐，它会使诈装
死。园丁们很喜欢瓢虫，因为它可以帮助我们消灭一些不受欢
迎的来客，比如蚜虫。瓢虫喜爱吃蚜虫，每天最多可以吞掉
三百只。

瓢虫既是一台战争机器，又是一种性欲旺盛的昆虫。

雌性瓢虫在性方面十分贪婪，它会与一堆雄性瓢虫进行交
配，向众多雄性瓢虫贡献身体，以此获得它们的精子并储存在
腹部的一个精囊中。因此它可以很方便地让自己的卵细胞受精，
随意地产出几百个卵。但是"处处留情"的雌瓢虫并不是合格
的母亲，因为孩子们一出生，它便抛弃了它们。

关于瓢虫有一段历史故事：中世纪的时候，一个巴黎人被
杀害了，杀人的罪犯被判处死刑。当刽子手正要砍下罪犯的头
时，他发现在罪犯的脖子上停着一只瓢虫。瓢虫的出现中断了
刽子手的行动，只见他放下斧头，小心翼翼地赶走瓢虫。他重
新捡起斧头，举起来，但发现瓢虫又飞回到罪犯的脖子上了。
他坚信这是上天的指示，瓢虫就是神明派来宽恕这名罪犯的使
者。于是，这名罪犯被赦免了。从那以后，瓢虫就赢得了"上

帝之虫"的称号。

　　瓢虫有时在人身上爬来爬去，很多人不仅不厌烦，反而饶有兴致地看着它们。花园里的大部分昆虫可没有这等待遇。但瓢虫有时也会给人带来烦恼，让它的可爱度失分不少。1830 年，维克多·雨果大概就遇到了瓢虫的麻烦，他写了一首不失幽默的诗：

　　　　她告诉我，

　　　　有个小东西让她难受。

　　　　我在她雪白的脖子上，

　　　　看到一只玫瑰色的小昆虫。

　　　　我正值十六岁的年纪，

　　　　胆怯而不知所措，

　　　　我本应吻向她的嘴唇，

　　　　而不是看到她脖子上的昆虫。

　　　　它有点儿像一个贝壳，

　　　　背是玫瑰红色，上面有黑色斑点。

　　　　莺透过树叶，

　　　　看到我们。

　　　　它坦然地说道：

　　　　我飞向这位美丽的姑娘，

　　　　捉走她脖子上的昆虫，

　　　　但这个吻也不复存在了。

　　　　年轻人啊，你要知道，

瓢虫就是天空之虫，

它属于上帝，

而愚蠢属于人类。[1]

Courances

库朗塞镇

1866 年，儒勒·勒克尔、雷诺阿和西斯莱一块儿来到库朗塞镇，看到这片领地破败不堪，他们十分难过。2 月 17 日，勒克尔写道：

> 我们乘马车去了库朗塞镇。这里有一座城堡，它的主人德·尼古拉侯爵抛弃了它。它四面临水，无人养护，像一块糖被遗忘在一个潮湿的角落，渐渐地发霉。

的确，领地的主人抛弃了它，但我们很难因此责备他。1830 年，路易-菲利普登上了权力巅峰。查理十世的支持者夏尔-艾马-玛丽-提奥多·德·尼古拉侯爵决定离开法国。他永远不会忘记，法国大革命期间，自己的父亲和兄长被民众谴责然后绞死。后来，他的这片领地就被查封了，很多年之后才

1　维克多·雨果：《瓢虫》，载《沉思集》。

重新还给他的家族。

艾马·德·尼古拉侯爵很有修养、心地善良。他为民众做了很多事情，比如鼓励发展教育。他甚至说过要自掏腰包为教师们支付工资。他后来定居瑞士，于1871年去世。他从未想过卖掉自己的领地，可能是为了让自己铭记家族成员悲惨的命运。

艾马·德·尼古拉侯爵去世几年之后，阿纳托尔·法朗士（1921年诺贝尔文学奖的获得者）创作了小说《波纳尔之罪》，他将故事背景设置在了库朗塞镇。我不知道阿纳托尔·法朗士为何要把库朗塞重命名为"卢桑斯"（Lusance），但他准确地描绘了库朗塞的环境氛围。那是在1874年8月9日：

　　我们在露天座喝咖啡，周围的栏杆上爬满了常春藤。栏杆的石柱被常春藤拥抱着、裹挟着，就像诱拐妇女的半人马抱着那些慌乱的色萨利妇女一样。

　　城堡经过多次整修后已经丧失了本来的个性。它变成了一座庞大的令人敬畏的建筑物，仅此而已。这里荒废了32年，但外表看起来损坏并不明显。但是，走进一楼的大客厅，我们看到的是另外一番景象：天花板鼓起来了，基柱已经腐朽，细木护壁板开裂了，窗间墙上的绘画变黑了，画的大部分从画框中脱离出来悬在半空中。镶木地板上长出一棵栗树，向着没有玻璃的窗户伸展着它的枝叶。看到这种景象，我焦虑不已，想到旁边的房间是奥诺雷·德·加布里先生的书房，长时间在这种环境下生活肯定受害不少。但凝视着客厅里这棵年轻的栗树，我又禁不住赞叹自然的神奇力量，这一力量难以抗拒，促使所有的萌芽尽情生长。[1]

城堡衰败成这样，不难想象，花园肯定也难逃厄运。阿纳托尔·法朗士很少提及花园，但他的一句话足以显示花园的破败："要想参观花园，起码得有路才行啊！"

普法战争结束后，萨米埃尔·德·阿贝成了库朗塞领地的主人。花园终于重获新生。这位男爵同时是一位富有的银行家，他花费一笔巨资重新整修了城堡和花园，恢复了它们在路易十三时期的样貌。他一入住便下令翻修花园：排出土地里的积水，清除沟渠的淤泥，恢复之前的池塘。臭水沟被整齐的黄杨取代，水利系统修复后，水又流动了起来。从这片领地建立的那天起，水就是极为重要的构成部分。此处水资源丰富，十几眼泉水滋养着这里，但人们仍然需要对水流进行疏导。17世纪时，库朗塞的水池管理员十分注重平整土地。在这里，人们最看重的就是平整，因此没有必要建造喷泉，把水柱喷向空中。水池里的水安静而清爽。库朗塞的花园并不过分奢华，这证明，法式的花园设计也可以是浪漫的。

阿纳托尔·法朗士把库朗塞改名为"卢桑斯"，而阿尔弗雷德·雅里把它叫作"卢朗斯"（Lurance）。

这位古怪的作家在自己1902年出版的小说《超级男人》中，

1　阿纳托尔·法朗士：《波纳尔之罪》。

也选择库朗塞的城堡和花园作为故事的背景。雅里非常熟悉库朗塞镇，经常来这里散步。他着迷于库朗塞镇的水力发电小磨坊，曾连续几个小时待在那里出神。库朗塞的花园设计在当时很超前，花园的小径上挂着一些灯笼，晚上灯火通明，这可是前所未有的奢侈设计。《超级男人》是一部幻想小说，故事情节发生在1920年。故事的主人公叫安德烈·马休耶，他深信电力这种新能源可以改变人们的爱情。马休耶不相信情侣之间的忠诚，他宣称性行为只是一种身体活动，根本无关紧要。为了向周围人证明他的理论的正确性，也证明电力可以增强他的性能力，他邀请七位年轻的女子来到城堡，准备与她们发生性关系。但其中一位叫艾伦的女子为了独占马休耶，使用诡计把其他的竞争者关了起来。不过，马休耶还是欣喜万分，他英雄式的表现超过了自己的预期。但出人意料的是，有一天，这位"超级男人"突然丧失了激情，再也没有任何欲望。艾伦的父亲——一位美国科学家向他推荐了自己的一项最新发明"爱情启发机"。但这台机器也在马休耶的巨大魅力之下失灵了。这时，事情变得复杂了，这位"超级男人"自己开始发电。他想迅速逃离这里，一边逃离一边寻找拯救自己的办法。一场好戏上演了：

　　马休耶奔下楼梯……当那三个人也跑到楼梯上时，他们只看到一个奇怪的、因痛苦而扭曲的身影，以超乎常人的速度一会儿跑到这边，一会儿又跑到那边。他铁灰色的手紧紧抓住栏杆，只想要逃跑和挣扎。他弄弯了栏杆的两根铁条……安德烈·马休耶的尸体横在那里，裸着，浑身呈赤金色，身上缠绕着铁条。

超级男人死了，和铁条扭在一起。

树是有生命的，它们默默地见证了库朗塞超过四百年的历史。尤其令人印象深刻的是通向城堡的小道上种植的 140 棵悬铃木。它们是艾马·德·尼古拉侯爵在 1782 年种下的，是一段段历史的见证者：艾马·德·尼古拉侯爵在法国大革命爆发时逃往意大利，又勇敢地回到法国为玛丽·安托瓦内特做辩护；后来他被处以绞刑；侯爵的儿子夏尔 - 艾马 - 提奥多得知孙女被凌辱后哭得痛不欲生……

这些老树还保存了"一战"时的记忆：当时，城堡成了医院，伤员们经常在花园里散步。库朗塞城堡几经易主：德国人占领这里后将其原来的主人赶到外面去住，再后来，美国人把这里改造成了监狱。幸运的是，他们都没有破坏花园里的悬铃木。直到 1955 年，加奈家族掌管了这片土地。花园终于重归安宁。

Courson (Le parc du château de)

库尔松城堡花园

库尔松植物展在园艺界的地位，就像在罗兰·加洛斯球场举办的法国网球公开赛在网球界的地位一样。库尔松植物展每年举办两次，分别在春季和秋季。数以万计的植物爱好者慕名而来，来自全欧洲的苗木培养工在这里展览和出售各类植物。这是同类型当中最精彩的展览活动，组织该展览的是库尔松领地的主人——埃莱娜·菲斯捷和帕特里斯·菲斯捷。他们把库尔松植物展办成了花园爱好者们心驰神往的盛会。不过，来这里的游客很少真正花时间好好参观库尔松城堡的花园。他们可能没有注意到，库尔松城堡花园的周围是一大片水域，花园里栽种着引人注目的大树和灌木。起初，库尔松城堡花园是典型的法式花园，随着时间的推移，花园逐渐衰败。后来，著名建筑师、风景设计师路易 - 马丁·贝尔托（同时也是约瑟芬皇后的支持者）将它改造成一座浪漫式花园，这种风格在当时非常流行。他以植物在生叶期时的颜色、植物的形状或树皮的美观度为标准，对植物进行筛选。贝尔托于 1823 年去世。他栽种的树木抵抗住了病患和风暴，也经历了必需的修剪，顽强地活了下来。因此，人们无须竖立石碑纪念贝尔托，这些树便是他荣耀的丰碑。

贝尔托不在了，但他的后代依然勤勤恳恳地养护着这片土地。1880 年，有一位园丁种下了一棵矮小的巨杉。它逐渐长大，到了今天，它已经成为全法国最壮观的树之一。其他巨杉一般不长矮枝，光秃秃的树干笔直地高耸着，这样可以有效防止森林火灾。而这棵巨杉不一样，它像压条繁殖一样长出来很多枝干，令人叹为观止。我喜爱巨杉的红色树干，也欣赏它迅速长高的能力和它的超长寿命。这种可以存活超过 2500 年的树种怎能不让人惊叹呢？每年开展时，我都会从人潮和数百个展位当中抽身出来，走到这棵老树前，坐一会儿。我闭上眼睛，脑海里浮现出约翰·比德韦尔的身影。

约翰·比德韦尔是一个美国人，生于 1819 年。他什么都喜欢搞一点儿。他以做一些小活计为生，虽然没法致富，但好歹足以过活。后来，他发现了一个肥缺：陪同来到美洲的欧洲人在当地顺利定居下来。他陪着他们从东海岸到西海岸，是他们不可缺少的向导。1841 年，比德韦尔横穿加利福尼亚州时，进入一个阴暗的、树木茂盛的针叶林森林。要知道，他可是一位见多识广的探险家，也是一位无所畏惧的冒险家。但来到这片森林，他不敢相信自己的眼睛。在他的面前，一棵棵大树高耸入云。他相信这是一个伟大的发现，于是毫不迟疑地写信给美国的科学协会告知此事。尽管信中言之凿凿，但科学协会的专家对此事的真实性仍持怀疑态度。他们认为，如果真如比德韦尔所说，这些树的高度超过 100 米，重量可达 1300 吨，人们肯定早就发现它们了。比德韦尔对此十分恼怒，转而写信给英国的植物学家。他认为，英国的植物学家具有渊博的知识和认真的态度。但他们做出了同样的反应，更糟糕的是，有几位专家还公开嘲笑他。幸好，1853 年，两名英国探险家——约翰·马修和威廉·洛布听说比德韦尔的事迹后，决定沿着他的足迹去寻找这片森林。他们严格按照比德韦尔给出的路线前行，最后找到了这些大树。但困扰他们的是如何把大树的种子甚至幼苗带回去。他们面临一个严峻的问题：这片区域为印第安民族中的切罗基人所控制，他们虔诚地崇拜这些大树，绝对不允许砍伐、拔出和挖掉这些神圣的树木。这两名英国探险家和当地人进行了无休止的谈判，几个月后，终于谈妥。他们顺利将树运回英国，专家们这才承认自己的错误。接下来的任务就是给这个新树种命名。

马修和洛布想到了乔治·吉斯特。他们没有见过吉斯特，他在他们踏上美洲的十年以前已经去世了。但马修和洛布非常熟悉他的经历。

乔治·吉斯特生于 1776 年，他的父亲是一位白种人，母亲是一位印第安人。他睿智而有修养，发明了切罗基语字母表，而且积极地促进移民与印第安人的交融。然而，美洲的新移民无法接受这样一个"野蛮人"能读会写，还疯狂地热爱科学。他们无法接受这个"红种人"敢跟他们交谈。后来，吉斯特和他的族人被新移民屠杀了。为了纪念吉斯特、缅怀切罗基民族，马修和洛布把这种巨大的树命名为"Shiwo-yé"，这是乔治·吉斯特的印第安语名字。后来逐渐演变成如今巨杉的名字"séquoia"。

远离库尔松植物展人来人往的喧嚣，我坐在那棵大树下静静地思考。这棵树真真切切地见证了种族歧视和人类的愚蠢。

帕斯卡尔·克里比耶

Cribier (Pascal)

2011 年 8 月 1 日的《世界报》用一整个版面介绍了一位园林设计师——帕斯卡尔·克里比耶。我要谈一下这个简单而又可爱的人，与他相识是一件令人高兴的事。《世界报》告诉读者，克里比耶向公众开放了他的"非正式花园"。了解一个园林设计师最好的途径不就是去探索他设计的花园吗？看他栽种了什么植物以及如何栽种这些植物，我们便知道他是什么样的人。克里比耶的护照上显示的出生年份是 1953 年，出生地是诺曼底地区的一个小镇。他非常喜爱诺曼底地区，希望定居在这里。作为一位旅行家和园林设计师，克里比耶在美国的蒙大拿州和英国的汉普郡都设计过花园。他还像探险家保罗 - 埃米尔·维克托一样前往太平洋的小岛上工作。克里比耶浪迹天涯，开垦荒芜的土地，重整工业用地，用园艺为昏暗的地方带来色彩。他性格急躁，容易冲动发怒。我曾经见到他在会议上大发雷霆，原因是有些项目可能会破坏当地的宁静或植被的健康。只要他在场，人们休想破坏自然。

滨海瓦朗热维尔镇的花园是克里比耶的杰作。那是一片面朝英吉利海峡、占地 8 公顷的花园，建造于 1972 年。从花园的建造之日起，克里比耶便一直同他的伙伴一起对它进行改良。他称这个花园为"实验室"。他每次在法国境内或到国外出差时，总会买来一些植物装点这个花园。园里的植物分成三层，排列看似杂乱，但实际上有章可循。克里比耶曾说过："当我看到排列整齐的花坛时，我会立马逃走。"他喜欢植物的无序状态，尊重环境和地势的起伏曲线，鼓励当地植物与外来植物和谐共生。他与自然相伴，但不会被自然左右。他会毫不犹豫地砍掉一些树枝，可能是为了有更好的视野，也可能是为了防止该地区的狂风吹断整棵树。我们不要误会克里比耶，他不是一位被吹捧过高的完美主义者。他善于适应各种情况，能够毫无困难地整修杜乐丽花园这样的大花园，也可以轻松地设计私人花园，满足花园主人对生活质量的追求。他常说："设计一个花园首先是与资助者和场地的一场邂逅。"另外，绝对不要跟他提信息技术。他在图纸上做设计，与实物相接触。克里比耶想做一位纯粹的园林设计师——他的确做到了。

Curé (Le jardin de)

神父花园

从前，神父花园就在教堂或教士住宅旁边，它们的主要作用是为神父提供蔬菜、为祭台提供花卉。后来，人们把种植着多种植物面积很小的花园都叫作"神父花园"。然而，在一小块儿土地上栽种几类植物，就宣称自己拥有了一个"神父花园"，这是不对的。我这样说，我的很多朋友可能会很失落。但神父花园遵循一些简单的准则，皮埃尔·加斯卡尔在他的《神父花园》(*Un jardin de curé*) 一书中做过精彩的描述：

> 园里植物的种类如此丰富，可媲美标本收藏和植物图册。这可能才是"神父花园"中宗教含义的所在。这种花园像一个避难所，一个庇护所，汇集了各种迷失的植物，里面盛开的花朵如天国的福音。尽管花园的面积很小，但园里的每一小块土地都是一个小小的植物保护区，好比诺亚方舟里分给动物的区域。神父花园是一个微型的生存基地，其作用跟诺亚方舟也非常相似。人们从主要的植物种类里挑出两三个代表种在园里，像是为了让它们能延续下来一样。[1]

皮埃尔·加斯卡尔还指出："神父花园强调人们的内心活动、梦想乃至幻想，而不是美学和艺术。"

欣赏这类花园没必要拥有宗教信仰，但有些纯粹主义者会在园里种植具有浓厚宗教意义的植物。这类植物有很多。

我们只要看到这些植物的名字便知它们与宗教有关：荷包牡丹（也叫"圣母玛利亚之心"）、圣灵降临节石竹、圣母树、上帝菌盖、基督荆棘、圣周五之花、耶路撒冷十字架树。

当然，有些果树也有明显的宗教意义，如圣卢西亚樱桃树、圣人约翰杏树、红衣主教油桃或圣安托南李子树。

但我有一个建议：应当把犹大树从这里面排除出去。因为

1　皮埃尔·加斯卡尔：《神父花园》，Stock 出版社，1979 年。

犹大出卖耶稣后，就是在犹大树的枝头自缢而死的。

Cyprès

柏树

见 Cimetière 墓园。

Désert de Retz

雷茨荒漠花园

　　2009 年 9 月 24 日，我被邀请参加雷茨荒漠花园的正式开放仪式。这个花园终于逃脱了荒废的命运。它位于马利森林中央，离路易十四的皇家领地不过几里地之隔。它是最离经叛道的英 - 中式花园，由园林设计师弗朗索瓦·拉辛·德·蒙维尔设计建成。18 世纪末，弗朗索瓦·拉辛·德·蒙维尔建造了这个崭新的花园的世界，园里点缀着 21 个小建筑，其中最有名的是一根柱子。当时，这根柱子吸引了游人们的目光，其中就包括美国前总统托马斯·杰斐逊，他在 1786 年 10 月 12 日给玛丽亚·科斯韦写的一封信中写道：

　　　　哦，我亲爱的朋友！您又重新勾起我对往日的美好回忆。一切都历历在目！……我还记得马德里、"小玩意儿"花园、邱园和荒漠花园。
　　　　荒漠花园的那根柱子真是绝妙的构思！螺旋形楼梯同样令人印象深刻……

　　就在这根石柱旁边，法国文化部前部长弗雷德里克·密特朗曾发表过一个高水准的讲话。
　　他谈到荒漠花园的历史，也谈到保护其中的建筑遗产和植物遗产的紧迫性。后来，国家对它进行修缮，这个工程持续了相当长一段时间才竣工。

　　另一位叫"密特朗"的人——弗朗索瓦·密特朗总统曾给一本关于雷茨荒漠花园的著作写过序，在序中，他热情地赞扬了这个花园。密特朗总统写道："雷茨荒漠花园获得了新生，这令人宽慰。民众终于可以参观这份宝贵的文化遗产，体会这个神奇的地方所散发出来的别样魅力。"密特朗总统极为重视文化遗产保护。他欣赏雷茨荒漠花园，用文学化的语言抒发了自己对这个花园的感受：

　　　　荒漠花园表达的东西很丰富，远远不止生活的艺术这么简单。花园的设计并非简单地模仿、控制和润色自然，也不是为了彰显人类与造物主抗衡的能力。它的设计体现了一种哲学思考。

　　　　情感追求和理性价值在此并不是对立的，而是有机地结合在一起。另外，雷茨荒漠花园还像一个沙龙，人们在此高谈阔论，任由思想碰撞。[1]

1　朱利安·桑德尔，克洛艾·拉迪盖:《雷茨荒漠花园的景观》，Eclat 出版社，2009 年。

国家元首奋力挽救文化珍宝的行为并不多见。大部分元首会针对损坏文化遗产的现象提出抗议，但仅仅停留在口头层面，很少落实到行动上。法国拥有数不胜数的一流建筑遗产，由于缺少经费和政府支持，其中的很多建筑遗产面临着破损坍塌的危险。这真是令人悲痛。雷茨荒漠花园是那样独特和珍贵，长久以来，负责建筑遗产的官员一直对它赞赏有加。1966年，时任法国文化部长的安德烈·马尔罗全力拯救处于毁坏危险当中的历史遗迹。12月8日，他向国民议会提交了保护历史遗迹的法律草案。马尔罗是"护民官"一样的人物，他善于运用语言的力量。在国民议会的大会上，他毫不留情地批判那些"故意拒绝参与遗迹保护工作的遗迹所有者"。他列举了雷茨荒漠花园的例子，"它是全欧洲最重要的18世纪中式建筑遗迹"。他斥责这片区域的所有者"任它荒废在那里，虽然不至于坍塌，但早已破败不堪"。雷茨荒漠花园的所有者对文化部长的指责充耳不闻，继续不知廉耻地砍伐园里的老橡树。确实，向一个只关注自己腰包鼓不鼓的人解释保护文化遗迹的重要性无异于对牛弹琴。更何况，雷茨荒漠花园建造时的宗旨就是让建筑看起来都像是未完成的、近乎废弃、随时有可能倒塌的，花园的所有者因此对它更不管不顾了。

弗朗索瓦·拉辛·德·蒙维尔在设计之初想要建造一座超越时间的花园。他打破所有约定俗成的规则，设计了一座没有灵魂的花园，但它的存在引人思考。花园落成以来吸引了一大批知名人士欣然前往，如玛丽·安托瓦内特、本杰明·富兰克林等；离我们的年代更近的参观者有小说家科莱特，她在其作

品《花事》中这样描写雷茨荒漠花园:

　　我参观了雷茨荒漠花园。那是晴朗而炎热的一天,最适宜午睡或想入非非。我不会再回去参观它了,因为我担心这个让人做噩梦的花园会失去它的魔力。喜悦而不安的水在亭台脚下沉睡,亭台里安放着破损的写字台、无脚的凳子和其他废弃的不知名的家具。我还记得有一个不完整的塔楼,塔顶是斜的,建造风格十分粗犷。塔楼内部由一些小室构成,围绕着中央的旋转楼梯而建,每一个小室都呈梯形。

　　这个世界真是奇妙又令人不快!竟然还有雷茨荒漠花园的塔楼这种不讲几何学、无法描述的存在!在如今的雷茨荒漠花园里,我们再也难觅来自五大洲的珍贵树木的踪迹,花园本身也因为被挤占而丢失了很大面积。它好像慢慢衰老了、被遗忘了。1989年,有人慷慨解囊,捐助翻修了园里的鞑靼帐篷。有朝一日,我们会看到园里的中式房屋、凉亭或乡间雅居重生吗?

一大批名人为了挽救荒漠花园的建筑而大声疾呼,若弗朗索瓦·拉辛·德·蒙维尔泉下有知,想必会十分欣慰吧。当时,他想赋予这个花园一种世界末日的感觉,如今他的愿望成真了。

Dialogue avec mon jardinier

《与我的园丁对话》

　　一位画家厌倦了巴黎的生活，迁居至位于科尔雷兹镇童年的住所。他想远离城市的聒噪，静下心来休息，也想借此机会改造自己的住所。他找到之前在市立学校上学时的一位同学。这位同学是一名园丁，他们自从毕业后就再也没有见过。一位是出入上流社会沙龙的常客，另一位是面朝黄土背朝天的劳动者，但他们之间却产生了某种深沉的、诚恳的、无私的默契。表面上，他们两人看起来截然不同：画家很富有，园丁视金钱如粪土；画家寻求认同和地位，而园丁却对此漠不关心。他们之间的对话关于生活、爱、荣誉，耐人寻味。

　　这是让·贝克于 2007 年执导的电影《与我的园丁对话》的主要剧情。这部令人称奇的电影改编自亨利·古柯的同名小说，影片中两位主演丹尼尔·奥特伊和让 - 皮埃尔·达鲁森奉献了精湛的表演，剧本和对话也都堪称绝妙。影片讲述的这个故事简单而美丽，园丁在里面是一个智者、哲学家式的形象。我对此十分欣赏。有多少电影把我的同行们描绘成蠢人、乡巴佬或色鬼的形象！在很多作品中（如阿加莎·克里斯蒂的作品），杀人狂魔都是园丁，他们大多是由于愚蠢而不是出于某种动机成了杀人犯。银幕上的园丁往往不是一个好职业。然而，我们的"第七艺术"忘记了一件事：电影史上的第一位演员弗朗索瓦·克莱尔正是一名园丁。历史上第一部以

人物为主角的电影是路易·卢米埃尔于 1895 年拍摄的黑白无声喜剧片《水浇园丁》。影片中，园丁弗朗索瓦·克莱尔正在给草地浇水，一个爱搞恶作剧的人把脚放在了他的水管上，而后把脚松开，水溅了园丁一脸。在真实生活中，弗朗索瓦·克莱尔正是导演路易·卢米埃尔的园丁，负责养护他家里的花坛。然而，弗朗索瓦·克莱尔并没有留名后世，美国好莱坞的"星光大道"上没有一颗星星是属于他的。

在我们的社会，园丁是一种无等级、无辨识度的人，通常既不大富大贵，也无荣誉加身。这可能是由于他们天生谨慎、腼腆，一旦远离熟悉的自然环境就会变得无所适从。

园丁并不惹人注目，也并不与众不同。

当然，我也意识到，人们的思想正在发生变化。园丁这个职业在人们心中究竟是什么样子呢？我们不妨来看一下阿尔代什省洛拉克镇小学的教材中关于园丁的描述。这些文字读起来甚是滑稽，但有很强的教化作用。这本教材的使用年份是 1920 年，人们刚从"一战"中走出来。这段话是这样写的：

园 丁

这是一个美好的职业，非常有益身体健康，而且挣得也足够多。暴力的罢工活动和暴动中从来不见园丁的身影。他们是爱好和平、有分寸的人。你们什么时候看到他们浪费时间去到处演讲或者听演讲？谁又在街头碰到过他们举着跟爱国毫不相关的旗子、唱着跟和平相悖的歌曲、宣扬着跟博爱相去甚远的思想？我们应该向他们致敬——他们从未出现在法国动荡日子里的黑名单上。

园丁们有更重要的事情要做：他们要生活，要培育和推广这个世界上最美好的事物之一——花朵。多亏他们，花儿才开放在我们的窗台上，越高的楼层花开得越盛；开放在我们的街道上、桌子上、纽扣或上衣上、帽子上以及城市的小花园里；开放在人人共享的大花园里，每个人都可以欣赏美景、呼吸新鲜空气、思考人生真谛，从前国王拥有的花园也不过如此。如果没有园丁，我们会成为什么样子？如果城市里只有尘土、石头、钢铁和人，没有一丁点儿绿色，我们的生活又会变成怎样？是他们让我们意识到：在人造的事物之间还有大自然，在嘈杂之中还有僻静处。

事实上，这个世界不能缺少花朵。那些居住在狭窄地方的、生活悲苦的人更不能缺少花朵。你们有没有注意过，是谁从巴黎街头推着小车卖花的人手中买下一束束紫罗兰、石竹和木犀草？是一些工人，他们牺牲了用来买甜点的零钱，买了一束花；还有一些年轻的女人，她们显然不是贵妇；还有一些家庭主妇，她们满脸皱纹、芳华已逝，明显并不富有。这些人们买下几十枝花，脸上洋溢着满意的笑容。这些绿叶、鲜花，这些美丽的颜色、沁人心脾的香味，一起构成他们生活的一部分，为他们的生活增添了活力、优雅、精致和感动。

Dictons, maximes et autres proverbes

谚语、名言和其他格言

我们生活在一个好时代，园丁在做任何决定之前都可以参考天气预报，看起来没有任何失误的风险。不过我认为，天气预报并没有那么靠谱。很多时候我会遇到突如其来的大雨；或者听信天气预报而多给植物浇了水，但预报中的干旱却没有到来。

从前的园丁并没有此类天气信息，他们依靠的是祖祖辈辈传下来、数量众多的谚语。相关的谚语太多了！我验证过这些谚语的可信度，很多谚语跟天气预报的准确度真的是差不多。

与天气预报不同的是，这些谚语往往充满趣味，有的则闪耀着智慧的光芒。我遴选了一些列在下面：

一月

——苍蝇在一月跳舞，请整理仓里的稻谷。

——如果没有面包块可吃，那就好好享受红酒和洋葱吧。

——一月干旱，乐了农家汉。

——来了阳光和温暖，但我们还在冬天。

二月

——二月顺风顺水，一年无忧无虑。

——二月来如猛狮，去如绵羊。

——二月狼来家里，好过人穿衬衣。

——二三月太热，春天不见了。

三月

——三月下雨长杂草，今年收成必减少。

——三月里开花不算数，不羞的姑娘靠不住。

——三月热如夏季，四月穿上大衣。

四月

——四月开花，五月享福。

——四月开花弱如丝。

——四月不减一根线，五月任你乱穿衣。

——四月来如羊羔，返如公牛。

——四月下冰雹，今年可吃饱。

——晨雨淹不了磨坊。

五月

——五月种下了四季豆，备好大篮子好丰收。

——五月的雨，奶牛的奶。

六月

——六月的阳光不杀人。

——六月牧场不长草，可知问题少不了。

——花和灌丛中，蜜蜂采蜜忙。

七月

——七月种萝卜，一定好收获。

——七月无暴雨，农民多饥荒。

八月

——杆子打得下胡桃，叉子挑得起肥料。

——八月下雨，松露收获，栗子结果。

——八月果实未成熟，拖到九月更难熟。

九月

——九月懒人可上吊。

——九月湿润，酒桶不空。

——猫挠耳朵，好天即来。

十月

——来到十月结了冰，葡萄酒产量少几瓶。

——十月冰冻，跳蚤颤抖。

——种子要多种，不然无甚用。

十一月

——红果收获，秋天过完。

——十一月来临，树木都扎根。

——十一月结冰，嫩草难成活。

十二月

——十二月里太阳升，苹果梨子都高兴。

——农民捡木柴，冬天才好捱。

——圣诞潮湿天，谷仓酒桶都难满。

花园给很多伟大的作家带来了灵感，他们给我们奉献了很多名言警句，这些语句很有趣，常常蕴含着道理，而且总是能一语中的。

阿尔冯斯·卡尔

"植物学就是用吸墨水纸吸干植物的水分，然后用希腊语和拉丁语咒骂植物！"

维克多·雨果

"人类从未停止赞颂花园。"

"教师是人类智慧的园丁。"

"如果上帝没有创造女人，他就不会创造花朵了。"

罗曼·加里

"画家和雕塑家为她的姿态着迷，她向他们郑重地解释道："多看看花，这些姿态自然而然就具备了。""

保罗·克洛岱尔

"为了了解玫瑰花，有的人用几何学方法，有的人用蝴蝶。"

鲁米

"玫瑰花本身就像一个花园，里面藏着树。"

儒勒·雷纳尔

"试想一下，如果现在才有人刚刚发现第一朵玫瑰花，他该会是多么惊奇啊！他会不知道该给它起一个怎样不同寻常的名字。"

罗贝尔·萨巴捷

"散文（prose）中的字母'p'是多余的，这是玫瑰花

（rose）从诗（poésie）中借来的字母。"

西尔万·泰松

"下雪时，应该会有人为树担忧、想把它们搬到室内吧？"

埃克托·比安西奥蒂

"花园是梦的样子，就像诗歌、音乐和代数。"

安妮·斯科特-詹姆斯

"造一个花园的乐趣胜过凝望天堂。"

安德烈·莫洛亚

"幸福就像不能摘的花朵。"

路易-厄斯塔什·奥杜

"如果我们想要设计出一条英式花园的小径，只需灌醉一个园艺师就好了。"

布莱兹·帕斯卡

"人类在自然中是怎样的存在？是虚无之于无限，是所有之于虚无，是介于所有和无有之间。"

皮埃尔·加马拉

"我祝愿你一天当中有天鹅绒包裹的鸢尾花、百合花和长春花，点缀着绿叶和枝桠，我祝愿你每天都是如此。"

波斯谚语
"建造花园的人是光的盟友，绝不会有花园是从黑暗中产生的。"

苏格拉底
"我们住在地球的一隅，周围是海洋，就像蚂蚁和青蛙临水塘而居。"

威廉·莎士比亚
"我们的身体是一个花园，我们的意志是花园的园丁。"
"吾人是花园，吾心养护之。"

让·德·拉封丹
"花园和阳光的纯美让我的人生变得美丽动人。"

费迪南·迪普拉
"政府可以通过创建花园城市解决目前的大部分社会大问题，因为在花园城市中，人类与自然紧密相连，这会让人类变得更好、更强大。"

柏拉图
"人是一株向天生长的植物，像一棵倒着的树，根伸向天空，枝叶弯向大地。"

阿尔弗雷德·德·缪塞

"诗人啊，拿起你的鲁特琴，给我一个吻；
犬蔷薇花的芽在蠢蠢欲动，
今晚，春天就要诞生，风儿振奋激动。"

"我们闻一朵玫瑰花，然后扔掉它，
它一边下落一边死去。"

尚·阿诺伊

"还没有为人类着想的花园是美丽的。"

保尔·魏尔伦

"这是水果、花朵、树叶和枝丫；
这是我的心，它只为你跳动。"

比埃尔·德·龙沙

"趁着青涩时光
采摘吧，采摘你青春的花：
因为岁月会侵蚀你的美
就像它凋谢了这玫瑰。"

斯特凡·马拉梅

"八月的花坛，
实现愿望是那样的艰难。

太阳让花开放，也让花枯萎。该如何是好？

那就借助不同的颜色和季节让花坛换上新装。"

伏尔泰

"'说得不错，'甘迪德说，'但我们应当培育自己的花园。'"

"比起制造悲剧，我更喜欢劳作、播种、种植和收获。"

卡雷尔·恰佩克

"我们有一百种方法建造一个花园，其中最好的方法是请一位园艺师。"

儒勒·雷纳尔

"我在我的灵魂里建造一个花园。"

"每朵花都吸引属于它的蜜蜂。"

雅克·拉卡里埃

"缺少一棵山毛榉，

就像少了一片森林。"

埃里克·奥赛纳

"花园就是看得见的哲学。"

"花园是生活观念的自然延伸。"

"所有的园艺师首先都要把握好天气和时间，如雨、风、太阳，以及四季更迭。"

米歇尔·巴里东

"所有的花园都是短暂的盛宴。"

勒内·佩歇尔

"花园是在生活颤动之中的韵律和形式。"

阿纳托尔·法朗士

"我们在书本中生活了太久,在自然中生活得不够。"

安托万·德·圣-埃克苏佩里

"园丁死了,对树是一种损失。但如果你剥夺了树的生命,就相当于把园丁杀了两次。"

马塞尔·艾梅

"失乐园里面的一部分是森林。上帝不想让人类的第一个花园因原罪而消失。"

让-皮埃尔·勒·当泰克

"事实上,还有什么艺术比园林和景观艺术更称得上包罗万象呢?"

塔木德

"地下的每棵草对应天上的一颗星,星星照向草,对它说:'快快长大吧!'"

提奥多·莫诺

"采下一朵花，便打扰一颗星。"

诺瓦利斯

"只有一个安静、敏感的灵魂才能理解植物的世界。"

乌贝托·帕索里尼

"按照我们的经验，所有的花园都是美的，前提是里面的植物都生活得很快乐……"

佚名

"如果你想拥有一小时的快乐，请喝一杯吧。如果你想拥有一天的快乐，请结婚吧。如果你想拥有一辈子的快乐，请成为园丁吧。"

米歇尔·福柯

"花园是这个世界上最小块的土地，不过，它本身就是一个完整的世界。"

塞内卡

"我的花园不会引发饥饿，而是消除饥饿；它不会让人口渴，而是通过自然方法给人止渴。伊壁鸠鲁说，我就是在这种快乐中变老的。"

Duhamel du Monceau (Henri Louis)

亨利·路易·迪阿梅尔·杜·蒙索

　　启蒙运动中涌现了一大批博学之人。他们去世后，国家非常感激他们的贡献，经常以他们的名字命名学校、街道或建筑物。然而，有几位伟大的人物并未获得这份荣耀。有没有以迪阿梅尔·杜·蒙索命名的街道我没有调查过，但我知道，这个人在去世后不久便被公众遗忘了。

　　亨利·路易·迪阿梅尔·杜·蒙索于 1782 年 8 月 22 日去世。他曾担任法国科学院的院长，毕生为了人类的福祉而奋斗。孔多塞侯爵对迪阿梅尔·杜·蒙索的描述非常准确："他毫不犹豫地投身公共事业，尽管这不会给他带来多少荣耀。"迪阿梅尔·杜·蒙索希望自己的葬礼办得简单一些，人们也确实遵照了他的遗愿。葬礼上只有一些鲜花，没有颂词，冷冷清清，也没有几位知名人士前来吊唁，报纸也几乎全部噤声。这个人曾给森林管理带来了革命性变化，重组了海军并培养了一批最优秀的军官，进行了多次农业试验，在研究动植物生长的领域做出了重要贡献……而对这些，报纸上只字未提。

　　到了今天，关于迪阿梅尔·杜·蒙索的研究少之又少，几乎没有著作提及他的经历和成就。要知道，他在法国科学院写了不少于 130 封信件，而且还创作了 35 部著作。

　　他研究过"铁砧的锻造、烟斗的制造、盖屋顶的技术、修锁的技术、制陶器的技术"，我不懂相关知识，因此没有资格评论。不过，我对他的兴趣之广泛和某些研究成果深表钦佩，比如"对钢条采用特殊方式进行磁化，将平时的磁力增加三倍"，甚至还有"对狐狸头的解剖研究"！

我是一名真正的园丁，也一直以此为人生信条。我和我的同事之所以能够培育好从其他地方引进来的植物，并深刻地了解植物界的秘密，我认为主要原因在于我们不满足于在实验室里做实验，而是穿上靴子走入田间。

我若自比迪阿梅尔·杜·蒙索就显得有些自负了，不过我和他确实存在很多共同点。和他一样，我的记性有时候也不太好，而且说外语时不自在，对数学也提不起兴趣。好了，我俩的对比就到这儿吧。他是一位科学家，而我呢，只是一个知识的掠夺者，我尽最大努力去传播别人已经发现了的知识。

迪阿梅尔·杜·蒙索对园林艺术的思考和理解是让我最感兴趣的部分。他于 1755 年出版了《树木和灌木论》一书。在书中，他试图劝说园艺家和花园的所有者，栽种植物时要注重多样化。他认为，花园里的植被如果仅限于千金榆、椴树、榆树、紫杉和黄杨，这就太令人遗憾了。他支持栽种针叶树木，它们的颜色更加深沉，"这与其他树木的明快颜色形成了鲜明的对比"。为了让这种颜色对比更舒服，他建议"用栅栏略微挡住绿色灌木丛，避免这两种绿色的对比让人感到不适。在夏季，房间中必须要看得到这些绿色。在晴朗的冬日，我们很乐意去这些灌木丛中散步，那里风侵扰不到，而且枝叶繁茂，鸟儿啁啾"。

然而，改变人们的习惯谈何容易。从前就有人主张让冬天的花园穿上绿装。英国哲学家弗朗西斯·培根在出版于 1597 年的散文中提出过精辟的见解：

> 我认为，在设计皇家园林时，起码应当考虑到在房屋周围栽种不同的花卉，从而拥有四季如春的美好时光。也就是说，一年四季里面的每一个月，我们都可以在房屋旁边看到各式各样的时令花木。它们在不同的季节展现各自不同的美丽。例如十一月末、十二月和一月份，园里需要种植长青的树种：冬青、常春藤、月桂树、刺柏、柏树、紫杉、松树、冷杉、迷迭香、薰衣草、白长春花、紫长春花、蓝长春花、常绿水生鸢尾、橘子树、柠檬树、香桃木（种在温室里）和墨角兰（种在温度高的环境里）。

18 世纪中叶，法式花园衰落，景观设计思想涌现，但迪阿梅尔·杜·蒙索对很多风景设计师的作品感到忧虑。他提倡简洁，不主张铺张浪费，建议园林设计师遵循土地的自然曲线进行设计，而不是大刀阔斧地重新塑造景观。他认为应当"去除小屋子、迷宫等所有无价值的东西……移动和大规模平整土地都是很荒谬的"。迪阿梅尔·杜·蒙索不想当一个说教者，他将这些理论真正地应用到了实践中。他以自己的亲身经历告诫人们："只要动脑筋，我们不需要花费如此高昂的代价便可以做出优秀的设计：我是根据我自己的经验才这么说的。"

他的家族地产在德南维利耶镇（Denainvilliers），离奥尔良不远。他和他弟弟一起在这片土地上建造了一个花园，在这里种树种花。他们栽种的植物品种主要包括：玫瑰花、丁香花、接骨木、山楂树、向日葵，还有很多果树。他热爱这些植物，而且亲自观测气候条件是怎样影响这些植物的生长和开花的。他的朋友贝尔纳·德·朱西厄非常鼓励他做研究，还在1743年送了他一棵雪松。

后来，迪阿梅尔·杜·蒙索的侄子们继承了家产，他们在1822年决定修葺这个花园。他们希望让这些见证过叔叔光辉科学生涯的植物重新焕发光彩。按照迪阿梅尔·杜·蒙索近一个世纪以前的愿望，他们修剪了整个灌木丛，夏季时，人们可以"从房间看得到"园子里的榉木、银杏、臭椿和花楸树。然而，反复无常的气候、破坏性的大风和花园主人的资金问题导致花园和植物的质量都严重下降。迪阿梅尔·杜·蒙索当年留下的遗产基本已荡然无存，只剩下了他的著作，还有科拉多于1774年创作的一首诗：

> 迪阿梅尔，在未来的日子里，
> 你的侄子们不去你的陵墓前哭泣，
> 而是想象着，
> 你的灵魂在灌木和大树中游荡，
> 你亲手栽下了它们，大地养育了它们，
> 看着它们，你的灵魂才能获得慰藉。

不过，我们要对一些事情抱有谨慎态度。包括上述诗歌在内的这些书信体诗，实际上是作者赠给迪阿梅尔·杜·蒙索的弟弟的，作者自己曾声明过：

> 法国科学院迪阿梅尔·杜·蒙索先生的作品太有名了，
> 我不需要再提醒读者他的地位，不需要再表达我对他的崇
> 敬。我的这部作品主要献给他的弟弟迪阿梅尔·德·德南
> 维利耶。他的弟弟不为人所知，但他的人品和学识绝对值
> 得同样的盛名。正是他每天的工作给迪阿梅尔·杜·蒙索
> 先生的研究创造了必要条件。

现在，贝尔纳·德·朱西厄赠送的黎巴嫩雪松还在巴黎的
天空下生长着，迪阿梅尔·杜·蒙索种在德南维利耶镇的雪松
则在人们的漠不关心中死去了，他自己的结局跟这棵树一样。

Echenilloir

高枝剪

　　勒诺特尔为建造凡尔赛宫花园忙得不亦乐乎，路易十四却对工程的缓慢进度感到失望。国王急不可耐，让他龙颜不悦可不是一件好事。为了加快树木和土壤的运输速度，伟大的园林设计师勒诺特尔设计了一个装置——手推车，下面有一个轮子，推起来非常方便。他对自己的发明十分得意，将它展示给路易十四看。路易十四惊呼："勒诺特尔先生，您简直就是个魔鬼啊。"后来，这种手推车就被命名为"魔鬼"（diable）。

　　无独有偶，高枝剪的发明与手推车颇为类似。当时，园丁们基本上是按工作量领取工资的。因此，他们绞尽脑汁在最短的时间内完成最多的工作。17 世纪，食叶害虫大规模袭击了花园里的树木。为了最大限度地控制它们的繁殖，凡尔赛宫专门雇用了清除害虫的人员。他们从树枝上取下数以千计的害虫巢穴，然后将它们集中烧毁。这项工作并不简单，因为要爬上树去。有一位聪明人想出了一个主意：在一根长杆的一端安装上整枝剪，用一根绳子拉动剪刀，切断树枝，最后收起掉落在地上的害虫的巢穴即可。就这样，高枝剪诞生了。

　　您可能会说，这并不是一个革命性的发明。确实，但世界不就是在不断改良中进步的吗？文人们观赏花的开放，赞颂春天的到来；而园丁呢，他们也乐于观察和思考，并研究花的种子，培育出花的改良品种，供人们欣赏。

伊甸园

> "上帝把人造成园丁，因为他知道，花园里的一半工作都是要跪着完成的。"
>
> 鲁德亚德·吉卜林

　　我们无法证明亚当和夏娃是不是善于养护花园（当然，伊甸园这个繁茂的花园似乎不太需要养护），但他们绝对是最早欣赏到花园魅力的人。伊甸园这个人间天堂总是令我心驰神往。不过，可怕的蛇是园里最早出现的动物，而偷吃一口苹果就会犯下原罪，从这个意义上说，伊甸园真的是一个"乐园"吗？关于伊甸园，我要问的第一个问题便是：夏娃吃的水果真的是苹果吗？

　　随着植物学知识日渐增长，我对此事的质疑也越来越深。苹果之前并不是我们今天熟知的样子，它们经过几个世纪的演变才成了拳头大小的体积。最初，苹果只有樱桃这么大（尽管有些人不同意这个观点）。另外，拉丁语中的"pommum"一词不是法语中"苹果"（pomme）的意思，而是"水果"的统称。没有任何证据证明这个引起诸多麻烦的水果是苹果。我查阅了很多资料，得出的结论是：夏娃吃的其实是无花果。

　　我们假设夏娃采摘下来并吃掉的水果确实是苹果。伊甸园是世界起源的地方，当时，苹果树肯定是伊甸园所特有的。

因此，只需找到苹果树的原产地就能找到伊甸园的所在。很多专家探讨过这个问题，他们的成果十分引人注目。专家们认为，苹果树源于亚洲，更确切地说，是源于哈萨克斯坦。专家们在天山上的山地森林里找到一大片十分茂密、难以进入的林地，里面的苹果树高达 30 米，可以存活 300 年左右。这些苹果树长出的果实味道鲜美、颜色多样，而且它们有很强的抗病能力。比如它们可以抵抗黑星病，这种由真菌引起的病害会给苹果树带来毁灭性打击，正因如此，现在的苹果树必须打杀虫剂。好，我们现在再回到伊甸园的问题上来。

很明显，这些研究结论与之前的记载并不符合。一些考古学家认为，伊甸园位于伊朗北部；而宗教学家，尤其是研究《圣经》的专家一口咬定伊甸园是在小亚细亚。最近，借助卫星拍摄的照片，我们可以清楚地看到注入波斯湾的两条河流——幼发拉底河和底格里斯河干枯的河床。这让人们很困惑，因为按照《圣经》里的说法，有一条大河在伊甸园中淙淙流淌，滋润大地。它又分成四道，分别叫希底结、伯拉河、比逊和基训。比逊和基训已经消失了，难道在卫星上看到的那两条河就是希底结和伯拉河？

在希伯来语中，"伊甸"（éden）的意思是"快乐的地方"；而在已知最古老的人类文字苏美尔语中，"伊甸"的意思是"沙漠"或"荒原"。我更倾向于第一种意思，尽管不一定是对的。如果伊甸园真的存在，它里面肯定是有植物的，因为若是没有树，哪儿来的果子呢？根据《圣经·旧约·创世记》记载，"上帝照着自己的样子创造了亚当，并把他安置在东方的伊甸园"。

虽然苏美尔人可能会不乐意，但我还是认为伊甸园所在之处不可能是沙漠，而是一个长满树的地方，那里美妙绝伦，"树木美丽动人，果实甘甜可口"。

英国诗人约翰·弥尔顿于 1667 年写道："伊甸园位于一个迷人的原野中间，那里满眼葱绿。原野在一座高山的山顶上，像是给高山戴上了一个皇冠，由此形成了一个与世隔绝的空间。"弥尔顿以一种貌似熟知此事的笔触继续写道："在这个美好的原野中间便是绝美的伊甸园，上帝亲自创造了它。"弥尔顿接下来又描绘了我们已知的那些事情：园里长着生命树和分辨善恶的树，人类因偷吃了禁果而造成了许多灾难。

几乎所有的作家都谈到过伊甸园。不只是作家，很多天才画家也描绘过他们设想中的伊甸园。小彼得·布吕赫尔心中的伊甸园是宁静的、梦幻的：动物们或沉睡，或嬉戏玩耍，不同颜色的鸟儿栖息在树梢，好看的花朵在树旁生长……这是一个天堂般的地方。

离我们的时代更近的有乔治·穆斯塔基，他于 1971 年创作了一首歌曲，获得了很大成功，歌名叫作《从前有一个花园》。歌词是这样的：

> 这是一首写给孩子们的歌，
> 他们出生和生活的地方，
> 都是钢铁、柏油和混凝土，
> 他们可能永远不会知道，
> 大地曾经是一个花园。

接着，穆斯塔基描写了人类摧残之前的大地是什么样子："有一条小溪，青苔铺地，盛开的花儿还没有名字。"伊甸园就应该是这样的：宁静、安详，人们在满是青苔的地面上做爱。

在所有讴歌伊甸园的人当中，我认为弗朗西斯·培根的描述最准确、最令人信服：

> 在人类起源之时，万能的上帝创造了一个花园，
>
> 它给人类以最纯净的愉悦；
>
> 花园最能让人类保持精神的清醒，
>
> 没有它，所有的高楼和宫殿都是粗糙的作品。
>
> 高雅的时代终将来临，
>
> 人类的建筑物会造得更宏大，
>
> 但花园依然会保持精致，
>
> 好似园艺是至高的艺术。[1]

伊甸园肯定是所有花园中至美、至净、至上的那个。不过这个天堂一般的地方也会让我辗转难眠，或从梦中惊起。我经常会做这样一个噩梦：我穿着一身白衣来到一扇壮观的大门前，留着大胡子的使徒彼得在门口迎接我，他同样穿着白色的衣服。我立刻认出他来。他朝我微笑着，请我进去。我们并排往前走，一同来到一个雄伟壮丽的花园。但圣彼得显得有点儿难堪，他为没有养护好花园而道歉。他走到一个池塘前停了下

1　弗朗西斯·培根：《论说文集》。

来，小天使们和鸭子在池塘里嬉戏。他告诉我，由于缺少合适的人手，花园的正常维护难以进行。他说道："有很多事情需要做，非常高兴由您把这里整顿好。"这时，我便大汗淋漓地从梦中惊醒过来——莫不是真要因此而留在梦中、长眠不醒了吧！

伊甸园毫无疑问是最美的花园，但我最好能晚点儿再参观它。

Eden Project (Saint-Austell, Grande-Bretagne)
伊甸园工程（英国圣奥斯特尔镇）

我清楚地记得孩提时期看过的漫画书，也记得报刊上关于取得重大创新和发明成果的文章。对 20 世纪 60 年代的人来说，2000 年看起来那么遥远。新千年既让我们着迷，又让我们担忧。上小学时，我们已经设想，将来会有一种可怕的电话机，上面有一个屏幕，我们可以通过它看到通话的对方；汽车肯定是在高耸入云的大楼之间飞行；我们的午餐和晚餐就是富含维生素的药丸；植物将会从城市里消失，人们住在吵闹的、由矿物构成的城市里。小时候的夜里，我在床上读鲍勃·莫拉纳的故事。鲍勃·莫拉纳是一个超级英雄，他的冒险故事数不胜数。在以鲍勃·莫拉纳为主角的《少年隐士》丛书中，作者笔下的森林里长着很多奇特的植物，有的甚至会袭击人类。在《绿地》中，鲍勃·莫拉纳迎接了自然的挑战，"由于人类经常破坏大自然，大自然怒不可遏、奋起反抗"。这部作品于1962年出版，其作者亨利·凡尔纳在那个年代已经对地球的明天感到忧虑了。当时，人类梦想征服宇宙，甚至计划在遥远的星球上建造巨型罩体，人类和植物在里面自由呼吸。我不知道"伊甸园工程"的实施者有没有跟我一样读过那些书，但当我进入这个令人难以置信的花园时，我好似在重温我的童年，甚至忍不住想，会不会在里面见到鲍勃·莫拉纳。

"伊甸园工程"的构想来自蒂姆·斯米特丰富的想象力，并由杰出的建筑师尼古拉斯·格里姆肖操刀设计。

为了庆祝千禧年的到来，人们在英国康瓦耳郡建起了这座世界上最大的温室，在里面栽种了几乎全球所有的植物品种。这座花园独一无二，非常现代化。它在一座废弃的采石场上，沿深坑而建，高60米，由5个大型穹隆组成。"伊甸园工程"的规模前无古人，可以容纳十几座大教堂，有35个足球场那么大。

工程的目标是在巨大的钟形罩内为成千上万的植物创造最佳的生存环境。当走进这个世界上最大的温室的内部，我们会立刻被它的美所震撼，潮湿的环境会让人以为走进了热带。形形色色、大小不一的植物形成了难以闯入的丛林，一条条急流从中穿梭。我们仿佛来到了几千年前的地球。我还有一个感觉：这个"现代伊甸园"像一个保护罩，我们可以在此躲避外敌的袭击。或许，它预见了这个星球的未来：到时候，城市里的空气已经无法呼吸，人们不得不戴着氧气面罩生活。对蒂姆·斯米特来说，"'伊甸园工程'不在别处，就在我们的心里"。他想要"建造这样一个地方，它不仅可以鼓励我们去理解和赞美我们生活的世界，而且让我们行动起来"。几年之内，"伊甸园工程"就成了英国游客最多的景点之一。我坚信，如果将来我们要去另一个星球生活，这个花园的钟罩形就是最有可能的建筑形态。如果那一天真的来临了，我宁愿住在一个与世界隔离的花园里，也不愿住在一个没有花园的世界里。

Editeur (Le jardin de l')

出版人花园

这个花园在任何地图、任何旅行指南上都找不到，它不对外开放。有幸被邀请去参观它的人会发现，这个花园非常迷人——草地修剪得非常整齐，上面巧妙地栽种着一些美丽的树木。园里的房子是木筋墙构造，简约而漂亮，很有当地特色，而且房子还有一些附属的小建筑物。

小径曲曲折折，线条优美，通向一个菜园，篱笆围绕着它，以免兔子跑进来；有一个车库，里面的书比汽车零件还多；还有一个池塘，鹅和鸭在水中游来游去，岸上的母鸡和小鸡惊讶地看着它们。我爱这个花园里的一切：香味、植物的品种、周围乡村的景色，还有 1900 年款的木制手推车。这片土地也是猫的领地；如果你接近鸟儿栖息的枝头，它们会蛮横地盯着你、打量你。

　　然而，尽管这座花园有如此多的动人之处，它还是令我感到恐惧。下车走到它的大门前对我来说相当困难，因为我知道，在大门的另一边住着园子的主人，那是一个可怕的人，比那些萦绕在心灵最黑暗处的妖魔鬼怪还要可怕。园子所在的村庄叫拉罗谢尔，位于诺曼底地区。园子的主人是我的出版人——让 - 克劳德·西蒙恩。让 - 克劳德十分风趣，对人彬彬有礼，他还拥有惊人的学识。不过，他有时候疯疯癫癫的，除了我，不止一个人见过他"发疯"——无论是什么地点，什么场合，什么氛围，他总会忍不住问我们写作的进度如何。这个问题看起来无足轻重，但对我这种敏感的人来说，这足以让我火气上涌、面红耳赤。

　　我上次到他家时，他骄傲地向我展示花坛里的老鹳草。必须承认的是，照这棵老鹳草的蓝色来看，质量绝对属于上乘。在接下来的一个半小时里，让 - 克劳德向我异常详细地介绍他是怎样在三月份的时候种下了它们，而当时的天气又是多么糟糕，他有多么讨厌在花园里杂乱地种一些颜色鲜艳的植物，又怎样借鉴了克劳德·莫奈晚年创作的油画。在我对他的说法提出反对意见之前，他突然直勾勾地看着我，问我《花园词典》的写作进展如何。

我本来想编谎话，告诉他这本书我在写着，而且进展迅速，但我感觉，他肯定察觉到了我短暂的沉默，一定会识破我接下来的谎话。于是，我转而同他谈起花园外面的田地里慢悠悠走过的绵羊，以及使他忧虑不已的弗吉尼亚鹅掌楸。几个月以前，他发现鹅掌楸的树干有创口，这可不是一个好兆头。我首先跟他讲了一下这种来自北美洲的植物的历史，然后很遗憾地告诉他，这棵树活不成了，肯定要砍掉。植物学是我唯一能与他平等交流的领域。

1640 年，一位叫小约翰·特雷德森的博物学家（后来，他成为法国国王查理一世的御用园林设计师）从"新大陆"引进了最早的一批鹅掌楸。几十年间，来自全欧洲的植物学家为了一睹鹅掌楸的芳容，纷纷跨越英吉利海峡前去观赏。在法国，弗吉尼亚鹅掌楸最早是由拉·加利索尼耶元帅直接从美洲带回来的种子培育成的。1732 年，人们把它们种在了特里亚农宫的花园里。后来它们长成了树，又带来了新的种子。鹅掌楸在当时非常受追捧，因为它是一个极佳的树种：树干粗壮而笔直，树的高度可达 40 米，树叶的样子独一无二，树荫的形状从侧面看像一株漂亮的郁金香。它 20 年才开一次花，花也长得极像郁金香。

1999 年的一场暴风雨让鹅掌楸声名远扬。狂风过后的第二天，凡尔赛宫花园超过 20000 棵树被摧毁。世界各地的记者来到凡尔赛宫，拍摄这些被连根拔起的树木，尤其是爱神庙旁边为了玛丽·安托瓦内特而种的鹅掌楸。这些被摧毁的鹅掌楸的照片在全世界流传，成为近 200 份报纸的头条。后来，有几位擅长培育鹅掌楸的苗木培养工甚至因此飞黄腾达。

让 - 克劳德喜欢诺曼底地区，他的很多时间都是在这里度过的。除非万不得已，否则他一步也不会离开自己心爱的花园。在他的一本著作中，他引用了科莱特的母亲写的一封信。有一次，科莱特的丈夫邀请他的岳母到他们夫妇家小住，但他的岳母却婉言相拒了，原因是无法离开自己的花园太久：

> 先生，你邀请我来你们家住一周，我非常高兴。因为我能见到我心爱的女儿，你跟她住在一起，而我则很少见到她。你可能无法想象我见到她会有多开心！我很感激你邀请我过去。但是我无法接受你的盛情邀请，起码现在是不行的。因为我的仙人掌就要开花了。这是一个很珍贵的品种，别人把它送给我时告诉我，在我们这里的气候条件下，它四年才开一次花。但我已经老了，如果在你们那里居住的时候仙人掌开花了，我可能就等不到它下次开花了……
>
> 先生，请接受我诚挚的谢意、敬意和歉意。[1]

1　科莱特：《白日的诞生》。

埃尔芒翁维尔镇

E

　　我们经常见到建筑物的墙上挂着一个牌子，上面标明一位名人曾在此出生、生活过或去世。我们也常见到公共场所以一位杰出的、划时代的男性或女性的名字命名。通常情况下，花园的名字与其所附属的城堡或所在城镇的名字相同。当然，例外肯定是有的，但基本上都是新近修建的场所，人们不得不给它们另起名字。

　　埃尔芒翁维尔镇的"让 - 雅克·卢梭花园"之所以叫这个名字，是因为卢梭在此度过了他短暂一生当中的最后几周。纪念一位哲学家是值得称赞的，但我认为，用他的名字命名这里让人不解。的确，卢梭是一位哲学和文学大家，但难道不应该以其造园师勒内 - 路易·德·吉拉尔丹之名来命名这个花园才更合情理吗？

　　勒内 - 路易·德·吉拉尔丹生于 1735 年，依照家族传统，他成为一名军人。在七年战争期间，他立下赫赫战功，赢得了人人羡慕的上校军衔。退役后，因为有侯爵的爵位，他住在了斯坦尼斯瓦夫一世位于吕内维尔市的宫廷里。他当时是一位风流倜傥的青年，与洛林地区军队元帅的女儿塞西尔·布丽吉特·阿代拉伊德·贝特洛喜结连理。他们总共生育了六个孩子，其中大女儿的教父便是斯坦尼斯瓦夫一世。

吉拉尔丹对国王斯坦尼斯瓦夫一世的艺术品位相当欣赏，但对他的哲学理念难以认同。他不能接受国王在宫里接见剧作家夏尔·帕利索·德·蒙特诺。德·蒙特诺经常侮辱和嘲笑卢梭，而卢梭又是吉拉尔丹非常尊崇的一位哲学家。吉拉尔丹不能忍受德·蒙特诺在戏剧中把卢梭描绘成一头牛的形象：四脚走路，以青草为食。他以此为理由离开了吕内维尔市。接下来的三年里，他遍访德国、意大利、瑞士和英国，亲眼见到一种新的重塑自然的园林设计方法。但他对此很失望，对这种新式花园提不起任何兴趣。他认为，这种花园美则美矣，但跟卢梭倡导的"回归自然"相去甚远。需要说明的是，吉拉尔丹认为园林设计是一个重要的政治行为，他甚至宣称"花园要体现对自由的追求"。

回到法国后，吉拉尔丹定居在了埃尔芒翁维尔镇。他从祖父那里继承了一大笔遗产，因此终于有条件实施自己的计划——把城堡周围的沼泽地改造成可以吸引画家前来的美丽风景。这项工程持续了很久，终于在1776年竣工。当时，卢梭已经成为他的朋友，他的这个花园明显受卢梭的影响；同时，他还在设计当中引入了一些新的理念。吉拉尔丹对自己设计的花园非常满意，于次年发表了一部著作。著作的名字很长，叫《关于实地设计景观和美化居住地附近的自然的方法——将舒适和实用结合在一起》。在著作的前几页，他批判了传统花园的思维，对以前的权威和因循守旧的习惯提出了质疑：

著名的勒诺特尔在20世纪名扬天下，他让大自然的一切都臣服于园林设计师的圆规，他杀掉了自然；设计师沿着尺子画出笔直的线，建筑物的门窗都是横平竖直；栽种植物完全遵循拉线拉成的冰冷的对称性；人们按照测量平面学，花大价钱平整土地；树被修剪得支离破碎，水被困在四面墙里，视野被可悲的花坛囚禁；房子的周围是分割成棋盘一般的乏味的花圃，花花绿绿的沙子让人眼花缭乱。离出口最近的那条路很快将会变成人们走得最多的路。

读到这段话，我们肯定会被其讽刺和滑稽的意味逗笑。但书中随后论述的原则和道理十分严肃，让我们受益良多。

书的第一章论述了如何看待花园、区域和风景的关系。作者一上来就指出了大致方向，认为不能单纯地分成"古代花园或现代花园，英式花园、中式花园或交趾支那式花园，也不能分成花园、公园、农场、风景区……"

他接着从宏观上指出："美丽的大自然和如画的人造景致只有一个区别：一个是真品，一个是赝品。"

很少有园艺学著作能做到如此精致、巧妙、充满智慧。阅读吉拉尔丹的文字是一种享受，而且可以深刻了解 18 世纪下半叶人们的精神面貌、时尚风俗和政治生活。吉拉尔丹强调与自然建立联系的重要性，这也是我今天向愿意听我讲话的人不断灌输的概念：切忌粗暴地对待环境，与自然为伴而不是以自然为奴。他是这样写的：

被损坏和限制的自然是可悲的、讨人厌的，混乱的自然只能产生乏味的风景，畸形的自然就像一个魔鬼。所以，如果要创造既美观又愉悦心灵的景观，建筑师或园林设计师要像诗人和画家一样。

吉拉尔丹是一位智者，也是一位人文主义者。他在书中谈到，自然风景有着强大的力量，可以影响我们的观念，进而影响我们的灵魂。他在书的结尾通过有效的方法将舒适和实用有机地结合在一起。

一位杰出的理论家并不一定是出色的工匠，类似例子屡见不鲜。但吉拉尔丹既是理论大师，又是能工巧匠。为了完成花园的建造工程，吉拉尔丹雇用了 200 名伙计、园丁和挖土工人，还聘用了一个苏格兰人领导这个团队。尽管如此，吉拉尔丹依然是工程的核心人物，他指挥、估算、命令、规划、评价。他不满意的地方必须重来，直到他满意为止。他将自己的理论付诸实践，而他自己从理论家变成了工匠，又从工匠变成了艺术家。他的花园不是把植物排列起来这么简单，而是表达了一种新型的社会形态，在这里，人类的福祉是一切的中心。吉拉尔丹并不仅仅满足于栽种树木、开凿水池，他还修建了很多小房子，让周围的农民住进去，而且尽可能地减少各家各户之间的藩篱，由此形成了一个崭新的、完美的村庄。

当吉拉尔丹得知卢梭生病后，建议他来埃尔芒翁维尔养病。卢梭接受了他的邀请，于 1778 年 5 月 28 日来到了埃尔芒翁维尔。卢梭是和自己的医生一起来的，后来他的女伴玛丽 - 泰蕾兹·勒瓦瑟尔也来了。吉拉尔丹热情地招待了他们。在这里，卢梭可以享受树荫下的宁静，远离城市里的污浊空气。卢梭刚到的时候，从敞篷马车上一下来便拥抱了他的朋友，感慨道："我的心向往这里已久，而现在看到如此美景，我再也不想离开了。"没想到他竟一语成谶。7月2日，卢梭突感身体不适。他立刻被送往专门为他腾出的小房子里，他的医生给他开了一些药，但没能阻止他的病情继续恶化。夜色笼罩了埃尔芒翁维尔的花园，22点，卢梭与世长辞。吉拉尔丹泣不成声。

两天之后的午夜，卢梭被葬在了埃尔芒翁维尔镇的杨树岛上。他的坟墓很朴素，而坟墓前的纪念碑在近两年后才修好。

建好的埃尔芒翁维尔的花园非常符合吉拉尔丹的预期，它是除英国以外的欧洲第一个英式风景花园。吉拉尔丹吸收了卢梭关于回归自然的思想，卢梭在《新爱洛依丝》中对此有过非常完美的论述。我们可以肯定的是，吉拉尔丹是法国英式花园的第一人。然而，花园总是脆弱的，一次反常的天气变化足以破坏它。1787年12月26日，一场暴风雨袭击了这个地区，埃尔芒翁维尔镇下起了倾盆大雨。雨无休止地冲刷花园里的草地和小径，园里处处是烂泥。吉拉尔丹绝望了，他的经济状况每况愈下，他不得不更精打细算。埃尔芒翁维尔花园开始衰败，而且持续衰败了下去。

法国大革命爆发时，吉拉尔丹并没有感到不安，或许他记得他的朋友卢梭反复说过的话："在自然状态下，人性本善；只有在人被社会腐化了之后，才变成邪恶。"他不失幽默地指出，这场革命"如果只限于反对宫廷，那就是很好的革命"。但革命的态势迅速扩大，超出了他的预期。吉拉尔丹为了躲避麻烦，决定低调生活，鲜少出行，再也不接待外人。他担心自己的安全问题，害怕自己的城堡跟其他许多城堡一样遭到破坏。1793年，他被人告发，被软禁了起来，靠各种关系才免于更糟糕的结果。次年，他离开了埃尔芒翁维尔镇，前往韦尔努伊莱镇的朋友那里避难。过了几年，人们决定把卢梭的骸骨迁到位于巴黎拉丁区的先贤祠，这让吉拉尔丹悲伤不已。他也对自己家园的破败备感痛心，决定重新修葺它。但他已时日无多，于1808年9月20日在韦尔努伊莱镇去世。

后来，这片土地又遭受了各种历史变动、洪涝灾害，直到被分块出售。土地的主人更换频繁，城堡和花园没有被完全破坏真是一个奇迹。

如今，这片区域被分成了三个独立的部分，每一个部分各有其主。第一部分是一家高端酒店；第二部分是一个光秃秃的、遍布岩石的花园，从前卢梭喜欢在这里遐想，现在归法兰西学会管辖；第三部分是卢梭公园，隶属于省政府。

卢梭长眠于先贤祠，那是镌刻国家荣耀的地方。但吉拉尔丹也该赢得他应有的名声。在卢梭常待的一间小屋旁，人们可以看到一块牌子，上面写着"卢梭永垂不朽"。但很少有人或几乎没有任何人提醒游客，这片迷人之地的创造者是谁，他又是怎样让植物挣脱园林设计师的枷锁的。不知道将来某一天，这个花园会不会重新以吉拉尔丹的名字命名，我认为希望非常渺茫，但希望，终究是要有的。

Escarpolette

〜 秋千

20 世纪 70 年代，电视上最受欢迎的是音乐节目。人们观看流行歌手的演出，上了年纪的人喜欢听马迪·梅普莱吊嗓子，赞美雅克·朗捷的优雅，为马塞尔·梅凯斯和波莱特·梅尔瓦尔而疯狂。我当时是一个热血青年，这种音乐让我目瞪口呆。我喜欢的是国外的乐队，不管是流行乐队还是摇滚乐队，我听的都是那些"吵人"的音乐。我不明白人们为什么会喜爱叼着烟的蒂诺·罗西，或者观赏一个跟我母亲一样年龄的女人打扮成公主的样子，被另一个人推着荡秋千，同时还在唱歌，与电影《茜茜公主》的情节如出一辙。推动秋千的男人穿着可笑的制服，咧着嘴大笑。他不满足于只是推着这位"小姐"，他也在唱歌，更确切地说是在吼叫。更糟糕的是，这位"小姐"还给他回应道：

> 推吧，推动我的秋千，
> 推吧，让我坐得更平稳，
> 如果我有点儿晕了，
> 那也无妨，请再继续推吧。

　　如今，秋千（escarpolette）已经基本从电视和我们的话语中消失了。如果您去问问年轻人 escarpolette 是什么，就会发现，他们可能根本不知道这个词。人们更喜欢用另外一个单词"balançoire"来代表秋千。这很令人心痛。说到秋千（escarpolette），我自然而然地想到了画家弗拉戈纳尔于1767 年创作的那幅同名作品《秋千》。这幅画是圣 - 朱利安向弗拉戈纳尔定制的。圣 - 朱利安是负责教士税务的官员，喜好收藏有情色意味的画作。起初，他向一位叫杜瓦扬（Doyen）的画家定制这样一幅作品，但杜瓦扬害怕遭到上天的谴责，拒绝了他。后来，弗拉戈纳尔接受了这一任务，并严格按照圣 - 朱利安的指示完成了画作。圣 - 朱利安的指示是这样的："我希望您画一位贵妇人在秋千上，一位教士摇动这个秋千。我要能够看到这位美丽贵妇人的腿，如果您能再修饰一番就最好不过了。"这幅画在当时引起了很大争议，上流社会的贵妇人指责弗拉戈纳尔为了金钱而出卖自己的才能。但如果我们仔细地观察一下这幅画，会发现事实并不是这样。画里面的场景发生在一个花园里。画家清楚地描绘了群花点缀的灌木丛和一个丘比特的雕塑，秋千下面的浪子身旁还有一些园艺方面的工具。荡秋千的场景还能怎么画呢？荡秋千是一项室外活动，只能在花园里进行。人们不可能在森林里的大树上荡秋千，因为那些大树的枝头太高了。

词源学

在凡尔赛宫工作的人很难出名。当然，有三个叫"勒××"的人例外——路易十四的首席画师勒布兰，"路易十四"建筑风格的缔造者之一勒沃，以及大名鼎鼎的勒诺特尔。我曾经在课上向学生提问，让他们任意给我列举自己所知道的、在路易十四的宫殿和花园工作的人，可以是雕塑家、园林设计师、建筑师、画家，镀金工，或者是水池管理员。知识面较广的人可能知道儒勒·哈杜安·孟萨尔，他的作品被认为是法国巴洛克建筑的先端，他确实有些知名度，不过我相信大部分年轻人肯定不熟悉这个名字。学习园艺学的学生可能知道拉·昆提涅，因为很多学校是以他的名字命名的。凡尔赛宫的博物馆管理员可能会提到拉尔德·范德·肯普，不过这位博物学家在晚年却备受同僚的诽谤。他成功唤起了国家对凡尔赛的重视，主持了对凡尔赛的第一次大规模翻修工作。拯救凡尔赛的人并不多，拉尔德·范德·肯普是其中一个。维克多·雨果对他的评价很中肯:"他的生命终结了,但他的声名愈发显赫了。"

提乌德里克四世、亨利一世和腓力六世都当过法国国王,但他们没有像达戈贝尔特一世或查理大帝一样被赞颂,没有一首赞歌是献给他们的。一般来说,如果一个君王死得比较凄惨(如亨利四世),或者建造了一些城堡(如弗朗索瓦一世和路易十四),他就会被历史铭记。国家领导得好不一定能青史留名,但有时候杀了人就可以了,比如刺杀法国国王亨利四世的凶手弗朗索瓦·拉瓦莱克和法国最臭名昭著的连环杀手朗德吕。

不过,植物学界是很神奇的,很多树、灌木或花的名字让我们记住了一些历史上知名的人。植物新品种的培育者或发现者往往以人名命名这些植物。例如,当我们在春天欣赏盛开的连翘(forsythia)时,可能会想到苏格兰园艺家威廉·弗西斯(William Forsyth)。很多园丁可能知道米歇尔·贝贡(Michel Bégon)这个人,他是海地法属圣多明戈的总督,也是一位植物收藏家。他的朋友——博物学家夏尔·普吕梅耶为了纪念他,便以他的名字命名了秋海棠(bégonia)。要注意,贝贡其实并不是秋海棠的发现者或引进者。这跟皮埃尔·普瓦夫尔(Pierre Poivre)与胡椒(poivre)、阿梅代-弗朗索瓦·弗雷齐耶(Amédée- François Frézier)与草莓(fraise)的关系差不多,两人都跟相应的植物无直接联系。

把自己的名字赋予一种植物是一种光荣。当然我指的并不是那些每年新出现的玫瑰花品种。为了谄媚某个电影明星或歌星,新品种以他(她)的名字命名。这种花只盛开一季,很快就被更年轻、更漂亮的花取代了。

　　除了植物学家，有些政治家、科学家或艺术家也有幸能把自己的名字赋予某种植物，但这种情况极少。"华盛顿扇叶葵"的名称就来自于美国第一任总统乔治·华盛顿，但他显然不需要靠这种植物来名垂青史。法国前总统亚历山大·米勒兰（Alexandre Millerand）也获得了这项特权，人们用他的名字形容"果实僵化的葡萄"（millerandé），大概是因为法国人记得他担任总统时的风格吧。

Eyrignac (Le jardin d')

埃里尼亚克花园

　　2003 年 8 月，一场酷暑让整个法国大汗淋漓。为了逃离炽热的阳光，我决定跑到清凉的地方避暑。暑假期间，我去游览了多尔多涅省的名胜古迹，如史前洞窟拉米考克、拉马德莱娜、勒穆斯捷，以及拉斯科洞窟壁画。我走进了地球的脏腑——岩洞，走到树荫底下，观赏时间、水和人类雕刻而成的奇迹。我仔细地欣赏跨越千年的壁画，岩石上的手绘线条令我瞠目结舌。彼时，这里的主人住在一个满是珍奇动物的花园里，他躲在岩洞里惬意地把它们都画了下来。他既狩猎动物，又采摘植物。他清楚地了解植物的功能，擅长使用它们制造颜料。与植物颜料相比，泥土颜料或木炭笔的颜色则要逊色得多。

　　我在参观佩里戈尔时，发现了一个之前并不知道的地
方——埃里尼亚克庄园的花园。它是一个惊喜。多尔多涅省到
处是山谷、茂密昏暗的森林、葡萄树、林中空地和田野。风景
形态各异，穿梭其中的河流弯弯曲曲。但在埃里尼亚克，所有
东西都是规规矩矩的。植物用拉线修剪得整整齐齐，小径上不
见一根杂草，黄杨和紫杉平整得像雕塑一般，每一棵小灌木都
被修剪过。在这里，规矩至上。为什么要在这种环境里设计一
个如此循规蹈矩的花园呢？它其实一直是这样的。在亲王投石
党运动[1]中，这个庄园及其花园被夷为平地（人民可不是跟马
萨林开玩笑的）。运动后，庄园的新主人安托万·德·科斯特·
德·拉卡尔普勒内德于 1663 年在废墟之上重建了庄园。一个
世纪之后，他的孙子路易·安托万-加布里埃尔从凡尔赛宫和
沃子爵城堡汲取灵感，修建了一个法式花园。

1　17 世纪巴黎人民反抗红衣主教马萨林的运动。——译者注

19 世纪，花园发生了变化。当时流行英式花园，埃里尼亚克花园也被改造、简化成英式花园。但它没有抵得过岁月的侵蚀，庄园主人也没有足够的资金来维护它了。花园一点一点消亡，直到 20 世纪 60 年代才有所改观。庄园如今的主人帕特里克·塞尔玛迪拉的父亲吉尔·塞尔玛迪拉让庄园重新焕发生命力，并赋予了它与众不同的特点。据帕特里克·塞尔玛迪拉说："我的父亲相信，法式花园的三个基本要素——线条、透视、节奏，比英式花园的浪漫更适合埃里尼亚克。"帕特里克·塞尔玛迪拉从他父亲那里继承了这个庄园，他已经是塞尔玛迪拉家族的第 22 代人。这个庄园及其花园已经在塞尔玛迪拉家族手里掌管了 500 年。

我在某一个下午来到这个漂亮的花园，愉快地躺在草坪上仰望天空。我相信，那位在洞窟里画下美丽图案的遥远的祖先肯定也躺过同样的草坪。他描绘了动物和鸟类，但遗忘了植物——那些壁画里面没有花草和树木。但不管怎样，他若是发现人类可以像现在这样征服自然，想必会非常惊讶。他会喜欢这样的征服吗？这值得怀疑。我只知道，埃里尼亚克庄园和花园养护得极好，参观起来非常舒服。而且这座非比寻常的花园证明了一件事：即便在园林设计师的规划之下，大自然依旧可以如此壮丽。

巴西法曾达·马拉姆巴亚花园

很多城里人苦于离自然太远，他们希望能在将来的某一天拥有一片田地，哪怕这块地很小，他们也真正成了这个星球上某个部分的主人。既然这样，巴西的园林设计师们是怎么想的呢？巴西这个国家本身就像花园一样，而他们却依旧设计出了令人叹为观止的花园。巴西的国土面积是法国的 16 倍，其植物资源和动物资源异常丰富。在巴西，很多人试图重新思考人与自然的关系，例如罗伯托·比勒·马克思（Roberto Burle Marx，1909—1994），他在一片巨大森林的边缘修建了一个花园。这片森林里的动植物和谐相处，而这个花园也取得了惊人的、了不起的成功。

我热爱巴西这个国家，但震惊于无法杜绝的乱砍滥伐现象。

我还记得巴西有一位叫郝倪的印第安人大酋长来凡尔赛宫的情景。当时，他遍访欧洲首都，与不同国家的首脑会晤，动员民众关注亚马孙流域的森林破坏问题。郝倪不止一次远渡重洋来到欧洲宣传他的理念。2000 年 6 月 30 日，应时任凡尔赛宫主席于贝尔·阿斯捷（Hubert Astier）之邀，郝倪来到凡尔赛宫，在花园里种下了一棵树。这位对森林砍伐问题极为敏感的印第安人来到法国，在刚刚被风暴破坏的凡尔赛宫花园里栽种了一棵树木，此事的象征意味可谓极其浓厚。

这位大酋长的"唇盘"给我留下了很深的印象，而且他穿的衣服极少，在凡尔赛宫的走廊里走过时很难不被注意到。

不知郝倪知不知道法曾达·马拉姆巴亚花园？如果知道的话，他又作何评价呢？他会喜欢花园里井井有条的植被和小路，以及定期修剪的嫩绿草皮吗？法曾达·马拉姆巴亚花园好像不存在被破坏的风险，郝倪会因此感到心安吗？

法曾达·马拉姆巴亚花园是由风景设计师比勒·马克思为他的朋友奥黛特·蒙泰罗（Odette Monteiro）设计建造的。毫无疑问，奥黛特·蒙泰罗在美学方面也造诣颇深。这座花园是艺术的瑰宝，比勒·马克思充分利用地形条件，将自己的创作融入周围极美的环境当中。花园中央是一个湖，湖的边缘曲曲折折，旁边壮丽的高山映入湖中。每一棵树木和灌木都在自由地生长，而且彼此保持合理的距离。蔚蓝的天空下，繁花竞相开放。这里的太阳尽管毒辣，却常躲在云朵后面。

有些评论家批评比勒·马克思缺少独创性。这种责难非常滑稽，英式花园最纯正的传统风格便是精致典雅，而比勒·马克思的设计极好地体现了这一点。

路易十四建造凡尔赛宫花园时，法国人，特别是法国的农民，不喜欢这种娱乐性的花园。他们生活中的自然是自由的，自然中被驯服的只有种植的农田和砍伐的森林。而在凡尔赛宫花园，树木都像立正站好的士兵一样，园丁们把它们修剪得过于整齐。看到这，他们只得感慨或震惊于君王的无上权威。我认为，这跟巴西人对花园的感觉是类似的。在他们的国家，树和树几乎紧贴着生长，树根和枝叶纠缠交错，但是，花园里的植物却有充足的空间自由生长。在巴西人心中，花园的主人尽管不是人类的君王，却是自然的统治者。

　　然而，比勒·马克思并没有按照这个思路设计法曾达·马拉姆巴亚花园。他强烈地谴责破坏自然、人为修建景观的行为。他是一位人文主义者，重新把"人"放在自然的中心，而这个自然是按照人类文明的需求进行改造和重组的。他尤其支持保护自然空间，保证其完好无损。

　　他一生当中在全世界各个角落创造了数不胜数的花园。他是一位彻彻底底的艺术家，也是一位哲学家。巴西人以他为榜样，时至今日，他依然在巴西人中享有盛名。

Florilège personnel (Petit)

个人收藏小集锦

　　西塞罗认为，幸福的真谛在于拥有一间书房和一个花园。

　　作家们深知这一点，那些最杰出的作家热情地讴歌自然——无论是"纯正"的自然还是"重造"的自然。花园是放松和学习的好去处。要想找一个地方细细地品味书籍，或欣赏作家们对花园、玫瑰和树林的赞美之词，最好的选择就是去一个花园里。文学史上的很多大师都描写过花园这个主题，我仔细地记下了其中最漂亮的表述和最优美的句子。我在此向读者们展示一下这个"个人收藏小集锦"。话不多说，接下来请静静地欣赏这些句子吧。

水果篮

芬芳的草莓、朱红色的樱桃、黄澄澄的杏、甘甜可口的桃子和美味多汁的李子是水果篮里最漂亮、最显眼的搭配，而扁桃、欧楂、楄栌、栗子和很多其他果实因其不甚美观的外表，在水果篮中的角色实在可悲……唉！人又何尝不是这样！我们经常以貌取人，认为外表光鲜的人一定有趣，长相好看的人一定成就斐然……

夏尔·马洛（Charles Malo），

Janet 书店，巴黎，1816

园丁的工作

嫁接就是把一棵树的顶端或者树枝截断，接上新的，使它接受和结出不属于它的种类，但与它的种类有一定相似之处的果实。

德·格拉斯（M. de Grace），

Eugène Onfroy 出版社，1784

新的田间小屋

布置花园有四个要点需要注意。

第一，自然永远比艺术更美、更省钱，所以设计花园时要优先考虑自然，而不是艺术；只有当艺术是为了强化自然之美时，我们才去借助艺术。

第二，不要过多地遮挡花园，尤其是在建筑物旁边的花园。

第三，不要让花园过多地暴露在外，尤其是在田野里，因为花园跟田野比起来就什么也不是了；不能让人在进花园之前就可以将它一览无余。

第四，永远要让花园看起来比实际上更大一些……

Dessaint 书店，

干草街，1772

栗树之间

在栗树之间，白色丁香和紫色丁香之间，

啤酒花和常春藤爬满了这座花园住宅。

院子里有紫色的藤萝、蓝色的花盆，

还有菖兰和荷兰的椴树。

这双手有着长长的纤细的手指，

它把麝香葡萄的血红汁液倒入清凉的棚架里，

倒入收获的香味里，

倒入小提琴和舞蹈间奏低吟的夜里。

在呜咽的水池旁，在草席和坐垫上，

人们懒洋洋地躺下。

在丁香的香味中，在忧郁的抚摸中，

人们的忧愁减轻，心灵荡漾。

让·莫雷亚斯，

《苏特》，载《法兰西信使》，1923

去斯万家那边

水面上处处是睡莲，花蕊是猩红色的，红得像草莓，花瓣
则是白色的。远处还有更多的花，它们更苍白、更粗糙、更细小，

有着更多的皱纹。它们姿态优美、自在随意地盘绕着，像失去控制一样地漂浮着，又像是一场盛会过后，那些散落得令人忧伤的玫瑰花环。

马塞尔·普鲁斯特

三匹马

一棵树需要有两样东西：地下坚固的根和地面上美丽的外表。一种优雅的力量促使树生长，而外在的枝叶之所以美丽，主要得益于以下这些：风、光照、蟋蟀、蚂蚁和星辰。

艾瑞·德·卢卡（Erri de Luca）

植树者

他是按照自己的想法做的，那些齐肩的、绵延不绝的山毛榉便是最好的证明。橡树非常茂盛，而且已经足够成熟，不再惧怕啮齿动物的破坏。如果今后上天再想毁坏他的成果，只能借助飓风的力量了。他向我展示了令人惊叹的桦树林，这是他五年前，也就是1915年种下的，那时我还在凡尔登备战。他认为有些土地不够潮湿，不适宜栽种其他物种，于是他在这样的土地上种了桦树。事实证明，他的决策十分英明。这些桦树看起来像青年一样温柔而坚定。

让·季奥诺

公园

一千年一万年，

也难以诉说尽，

这一秒之中的永恒。

你吻了我，

我吻了你。

在冬日朦胧的清晨，

清晨在蒙苏利公园，

公园在巴黎，

巴黎是地上一座城，

地球是天上一颗星。

雅克·普莱维尔，《话语》

幸福者，幸福者是何等的人？

他们享受无刺的酸枣树，

结实累累的香蕉树，

在延展的阴凉中，

在畅流的水边，

他们享受丰富的水果，

四时不绝，可以随意摘食。

他们在高高的靠椅上休息。

《古兰经》，第 56 章

一生

他掌管着菜园里的四大块苗圃，他精心地种植着生菜、直茎莴苣、菊苣、葱等可食用的蔬菜。他翻地、浇水、锄草、

移植秧苗，两个嬷嬷给他帮忙，他像指使女仆一样让她们干
活儿。

莫泊桑

三年以后

推开那扇狭窄破旧的门，
我在小花园里徜徉。
清晨的阳光甜美地照耀着，
每一朵花上都闪烁着露珠。
一切如旧，我仿佛又看到
葡萄藤缠绕的棚架和藤椅，
喷泉在喃喃低语，
老杨树的声音依然悲戚。
玫瑰颤动，恍若昔日；
昔日，骄傲的百合随风摇曳；
每只往来的云雀都与我相识。
甚至，走道尽头的薇莉达雕像
已经片片剥落，
木犀草的微香中是它瘦弱的身影。

保尔·魏尔伦，《农神体诗》

敌人

我的青春只是一场昏暗的暴雨，
有时被明晃晃的阳光刺穿；

雷电和雨水造成了如此的凋残，
我花园中的果实已所剩无几。

波德莱尔,《恶之花》

应和

自然是座庙宇，那里活的柱子
有时说出朦朦胧胧的话；
人从那里经过，穿越象征的森林，
森林用熟识的目光注视他。

波德莱尔,《恶之花》

春天

它是年轻，是清晨，
看啊，美丽的怯生生的姑娘，
看那珍珠撒遍，百里香、玫瑰，
还有你的香唇。
无限没什么可怕，
蔚蓝的天空向茅草屋微笑，
大地幸福满满，
对阳光信心十足。
当夜幕降临，深邃无垠，
枝头下的花儿关了门，
走失了，小小花魂，
藏身它们的白色壁橱。

她们睡了，

夜里漆黑一片，冰冻三尺，

花的世界闪耀着，

露珠让它们成活：

石竹，茉莉，金雀花，

三叶草预示着四月将被染成金色，

它静静的，因为它知道，

破晓将准时来到。

维克多·雨果，《街道与园林之歌》

在阴影里

当我们走进花园迷宫时，很容易在它的形态、颜色、香味和声音中迷失——最美的事情便是在花园里丢失自己。

朱塞佩·佩农，《艺术家作品集》，

巴黎美术出版社，2004

两棵小榆树的抒情诗

我的花园温柔而轻快，

它是我卑微的财富：

一半是菜园，一半是果园，

几朵花绽放，

那是爱与喜悦的色彩。

枝头上，鸟儿啁啾，

草坪上，闲人懒卧，

但没有什么能比得上我的小榆树，

……

保尔·魏尔伦，《智慧，爱，幸福》

关于花园和菜园的指导意见

的确，在园艺中有苦有甜：睿智的、积极主动的园丁收获的是甜，而懒惰的、笨拙的园丁毫无疑问要吃苦头。

让－巴蒂斯特·德·拉·昆提涅，1999

关于批评

首要准则就是要遵循自然规律。我们的决策要以自然规律为准，它是恒定不变的。自然不会飘忽不定，它永远闪耀着神圣的光芒，那是纯洁的、永恒的、无所不在的光芒。它创造了生命、力量和美。它是艺术的源泉，也是艺术的目的和规则。

亚历山大·蒲柏

童年

……

我缓缓地走，在茉莉花前站定，
百合花的香味让我陶醉，我伸出双手
拥抱被青蛙守护的鸢尾花仙子。
对我来说，柏树像是纺锤，
我的花园，那个我特意驻足的世界

用永生的柏树织就一天。

纪尧姆·阿波利奈尔

春之花

······

我要一再地返回

地狱般的轮回；

栗树啊，请速速开花，

让我目眩神迷。

台地上的大栗树啊，

你如此骄傲于夏日的光辉，

请向我展示你的优雅和

你的绝美。

······

泰奥菲尔·戈蒂耶，《珐琅和雕玉》

园艺的自由

天气干燥，连露珠都没有，我心爱的植物如此脆弱，我担心它们会因此渴死。于是，我辛勤工作，用大大的水桶装来纯洁的水，一滴一滴地洒在干裂的土地上。我不敢洒得太快，因为太猛烈的水流会冲走我播下的种子。

瓦拉弗里德·斯特拉邦（Walafried Strabon）

赖兴瑙修道院，公元9世纪

做梦的权利

睡莲属于夏天，它的绽放说明盛夏已经到来。当池塘里漂起了睡莲，谨慎的园丁们就要把橘子树从温室里搬出。如果睡莲在九月份就凋谢了，这就预示着一个漫长的凛冬将要到来。如果想要像克劳德·莫奈一样，在睡莲短暂而绚烂的生命历程中及时储备下它的美丽，我们必须早早起床，辛勤工作。

加斯东·巴舍拉

农事诗

我想起我见过的一个富裕的老者，
他拥有一片废弃许久的土地，
土壤贫瘠，无法耕种，
动物在此找不到多少嫩绿，
它是葡萄之敌，是丰收之殇。
然而，这里竖着许多荆棘，
他还用勤劳的双手，
养护一个花坛、几棵幸运的果树，
拥有一个花园，一个果园，
他已心满意足，
比国王还幸福。

维吉尔

致龙萨的情歌

从前，在布尔格伊花园，不止一位情人，

在树皮上刻下不止一个名字，

不止一个人的心，在卢浮宫金碧辉煌的屋顶下，

微笑着、骄傲地颤抖过。

那又何妨？他们或醉过，或悲过，

但现在都躺在四块栎木板中，

草遮住了他们的冢，

没有人还记得他们在棺材里的尘埃。

所有人都消逝了，玛丽、埃莱娜和你——骄傲的卡桑德拉，

龙萨曾在塞纳河或金黄的卢瓦尔河上，

用他那双永远不死的手，

编织了一个爱神木的花环，戴在你们的额头，

但你们美丽的躯体只剩下一抔毫无知觉的灰烬，

玫瑰和百合皆成明日黄花。

若瑟－马里亚·德·埃雷迪亚，《锦幡集》

勒特雷图拉

这水可以轻易地爬进树的浆液里；这水可以促进植物的生长，比如鹰嘴豆、芹菜、番茄、芦笋、茄子和四季豆，它们伊甸园里的植物；这水可以在十分钟之内催熟大葱；这水不是用来喝的，而是用来品尝的；这水可以滋润你的胃，清洗你的肾，让你的膀胱焕发活力；这水让肥皂产生丰富的泡沫；没有这水，所有的果园、菜园、花园，以及所有的杏、桃、樱桃、李子都将化为乌有，变成遍布小石子的荒地。

亨利·博斯科

初夜

她赤裸着

大树毫不知趣

透过窗，狡黠地洒下树荫

如此近，如此近。

……

阿尔蒂尔·兰波

男人的野心

我梦想在整个"隐遁者"高原上重建苏贝朗大果园，就像我父亲的那个年代一样：两百棵无花果树，两百棵李子树，两百棵杏树，两百棵桃树，两百棵扁桃树。我把这一千棵树栽种在二十个山沟里，每个山沟间隔十米，山沟与山沟之间是一排排的肉豆蔻。一堵堵墙上爬满葡萄藤，你可以透过葡萄看到阳光……加利内特，这将会是一个不朽的杰作！它像教堂一样美丽，一位真正的农民在进去之前要先画一个十字！

马瑟·巴纽

赞歌第一章

当您美化田地、增加它的魅力时，

请勿铺张浪费、欺辱自然。

这项工作需要交给一位善于思考的艺术家，

他有智慧，不乱花费。

优雅而不奢华，美丽而不造作，

一个花园就是一张巨幅的画。

请当一名优秀的画家吧：

田地里无数的细节，

光的流淌，影的堆叠，

各有变化，四季更迭，

日复一日，年复一年，

绿油油的草坪，笑盈盈的山岭，

还有树、石、水、花，

这些就是您的画笔、画布、颜料；

自然属于您，您用神奇的手

创造一个纷繁复杂的世界。

雅克·德利尔神父（Abbé Jacques Delille）

穿过田野，穿过沙滩

一直以来，我对下面这些人极其厌恶：为了"美化"一棵树而修剪它的人，为了让一匹马变弱而阉割它的人，砍掉狗的耳朵和尾巴的人，把紫杉剪成孔雀形状、把黄杨弄成球形和金字塔形的人，肆意修补、粉饰、篡改的人，胡乱删减的出版商，随意省略和缩减的改编者，为了戴假发而剃掉头发的人，卖弄学问、言行愚蠢的人。我也极其讨厌两类人：一类破坏上帝的神奇创造——自然，另一类鄙视人类的智慧结晶——艺术。

古斯塔夫·福楼拜

巴西的花园

我们不是在"制作花园",而是在"创造花园"。同艺术创造相同,花园的创造也需要结合不同的元素、形式和色彩,是节奏和数量的统一、虚与实的统一。另外,从美学上来讲,我关于花园应为何、花园可为何的见解来自于抽象画。

罗伯托·比勒·马克思

给提奥的信,1888 年 9 月。

我们研究日本的艺术时会发现,一位真正的智者或哲学家懂得合理利用时间。他会花时间研究地球到月球的距离吗?不会。他会花时间研究俾斯麦的政策吗?不会。但他会花很大工夫去研究一根草。这根草可以引导他画出所有的植物,而后是季节,而后是宏大的风景,而后是动物,最后是人。他便是这样度过自己一生的。人生苦短,无法穷尽一切。日本人难道不是教给我们了一种真正的宗教观吗?他们如此单纯,在自然中生活,把自己当成了自然中的花朵。我认为,要想好好研究日本的艺术,我们必须要变得更快乐、更幸福,我们要摈弃受过的教育、抛弃在这个契约构成的世界中的工作,回归自然,返璞归真。

文森特·梵·高

野园

终于到山顶了。这里的岩石堆是动物难以触及的区域，因此有可能找得到无可比拟的高山花园。在风化的花岗岩之间，我们能看到头巾百合，它的花瓣像卷起来的铃铛，上面是玫瑰色的斑点，像是农妇的脸；还有龙胆，有着金黄色的茎秆；还有矢车菊，以及一些体积庞大的禾本植物和山萝卜属植物，它们的形状像月亮一样。

亨利·普拉

监狱与天堂

含羞草为了迷惑敌人，会将叶片闭合，叶柄下垂，显示出一种晕厥过去的假象。含羞草的这一本领和它们的防卫系统多么美妙啊！这些陷阱揭露了它们的食肉天性，它们是嗜血一族。光滑的边缘、圆形的唇瓣和收缩的花萼对很多昆虫来说都是致命的。

科莱特

凡尔赛宫花园参观指南

1. 从大理石庭院的前厅走出宫殿，来到台地；在台阶之上观赏花坛、水庭和部长喷泉。

2. 继续直走，直到拉托纳喷泉，在此驻足片刻，观赏拉托纳喷泉、栏杆、雕像、皇家小径、阿波罗喷泉、运河，然后转身观赏花坛和城堡。

3. 向左走，从狮身人面像之间通过；在部长喷泉前稍作休息,观赏花坛和草坪;来到狮身人面像前,稍作休息,观赏南花坛;随后沿着橘园继续前行,观赏橘园花坛和瑞士人喷泉。

4. 向右转,来到阿波罗池和宫殿之间,稍作休息,观赏巴克斯喷池和萨杜恩喷池。

5. 从橘园右侧斜坡下去,走进橘园内部,向前直走到达喷泉,仔细地观赏橘园,经过大橘子树林中的小径,最后从前庭出去。

路易十四

走遍乡间

老鹳草可爱、灵巧又顽皮

在水池旁围着洗头发

紫罗兰穿着缎子裙

轻轻地呼吸着清晨的新鲜空气

一位美丽的少女拿着修枝剪

把老鹳草和紫罗兰剪成一枚花环

这便是幸福的结局

雷蒙·格诺

目眩神迷

我在沉思,突然出现一座花园,

黑刺李的一条嫩枝令我激动万分。

我看着花园,愉悦似泉涌;

它新鲜、天真、含笑,它是夏日的田园诗!

这一切让我感动,让我快乐,我如痴如醉,

我往前走了走，停下来，

快乐好似从小灌木上忽地跳到我的心里！

我浑身是力量，是爱，是香味，

我身体上的蓝色与花园的颜色融合在一起，

我惊讶地发现，

绽放的不是草坪里的花朵，而是我的眼睛，

在合上眼睛时，

我依然可以看到阳光，看到玫瑰。

安娜·德·诺瓦耶

东方之旅

坐着游船过河以后，他惊讶地发现，宫殿外的花园灯火通明，宛若节日一般。他走了进去。所有的树上都挂着灯笼，像一颗颗红宝石、蓝宝石和绿宝石；树下的喷香器喷射着一股股银色的气体；水淙淙流动在大理石水槽上；珍贵的香料燃烧着，散发出浅蓝色的、略呈螺旋形上升的烟，混着醉人的花香，飘在大理石铺成的小路上。和谐的音乐声隐隐地传来，与鸟儿的歌唱相映成趣，园里的光亮让鸟儿误以为自己在歌颂黎明的到来。花园深处，辉煌的灯火掩映之下，宫殿的玲珑曲线映入眼帘。

钱拉·德·奈瓦尔

品格论

花匠在郊区有一个花园，他日出而作，日落而归；他来到自己种下的郁金香花丛中央，在一株单花郁金香面前，他搓着手掌，睁大眼睛弯下腰，更近距离地观赏它。他从未见过如此美丽的花朵，这让他心花怒放。他离开花园去了东方，在那里，他见到了金色郁金香和玛瑙色郁金香。他又返回到这株单花郁金香面前，他怔住了，忘记了吃饭和睡觉，就这么坐在那里；它的颜色如此细腻，花瓣油光闪闪；他注视着它，他不崇拜上帝和自然，而是把郁金香球茎奉若神物，认为它千金难抵。不过，将来若是石竹占了上风，郁金香不受追捧了，那么郁金香只能被白白地送给别人，换不来一分一毫。

让·德·拉布吕耶尔

Fontainebleau

枫丹白露宫

很少有城堡像枫丹白露宫一样历史悠久。从路易七世（生于 1120 年）开始，直到拿破仑三世（卒于 1873 年），历代国王和帝王都很喜欢枫丹白露宫，而且几乎都改造过这座宫殿，让它变成了现在的样子。枫丹白露宫的花园也经历过多次整修。奇怪而幸运的是，一次次的改造过后，花园依旧美丽。枫丹白露宫是一个特殊的地方，它的不同寻常之处主要在于它厚重的历史。历史赋予了它足够的魅力。

　　弗朗索瓦一世热衷打猎，他把枫丹白露之前的老旧建筑翻修成了宜居的、舒适的宫殿。弗朗索瓦一世具有高超的审美能力，他将一些杰出的画作装饰在宫殿的墙上。他去卧室与美人们约会之前，会对着墙上神秘的《蒙娜丽莎》会心一笑。

　　弗朗索瓦一世定期举办盛大的宴会，比埃尔·德·龙萨热情地赞美道：

　　　　我们何时再一睹骑士比武？

　　　　我们何时在枫丹白露

　　　　再参加化装舞会，从一个厅到另一个厅？

　　　　我们何时再聆听晨曲？

　　　　美妙的歌声伴随着鲁特琴，

　　　　还有短号、短笛、双簧管，

　　　　长鼓、长笛、斯频耐琴和小喇叭，

　　　　一起成为天籁。

　　弗朗索瓦一世在美洲新大陆发现的两年之后出生。1540年，他46岁，他对这个遥远的大陆非常向往，那种感受就像人类登上月球后我们对月球的向往一样。因此，当他得知有一个远征队想要献给他来自美洲的一棵植物时，他欣然接受。那是一棵侧柏，是探险家雅克·卡蒂埃于1534年在圣劳伦斯岛的岸边发现的。印第安人管它叫"生命之树"，因为它四季常青，如不死一般。雅克·卡蒂埃相信，侧柏是可以入药的，食用它的叶子可以治疗坏血病（当时，坏血病严重影响水手们的健康）。但实际上，侧柏叶根本没有此等功效，更糟糕的是，它还有毒。几个冒失鬼食用了它，很快便死去了，水手们再也不敢碰它，侧柏最终顺利到达法国。它经过长途跋涉、穿越大西洋，竟然安然无恙，这无法不引起植物学家的关注。他们把它献给了弗朗索瓦一世，而这位国王立即把它栽种在了枫丹白露宫的花园里。弗朗索瓦一世非常珍爱这棵小小的针叶树，它来自一个未知的、遥远的国度，还在大洋上漂荡了许久才来到这里。他认为，侧柏绝对配得上"生命之树"的称号，于是继续这样称呼它。

今天，侧柏是常见的一种针叶树，有的人赞它为"绿色混凝土"。不过，也有的人故意贬低它的价值，这是不对的。如果任由侧柏在适宜的环境中生长，它可以长到30米高，活300年。我记得在20世纪80年代，有一位首席园林设计师无法忍受花园里的侧柏，命令将侧柏全部砍掉。他认为，在历史上，花园里是不种侧柏的。在做这件蠢事之前，他若能查阅一下文献资料，就会发现侧柏是第一个从美洲引进到法国的树种，自1540年起，法国的很多公园和花园里都能看到它的身影了。

枫丹白露宫花园里的侧柏也没有幸免，没有人知道它们去了哪里。园里的松树林在 1812 年已经被改造成了当时流行的自然风景园。早在 1660 年，勒沃和勒诺特尔下令修建一个"大花坛"，后来成了一个"大花园"。"大花园"面积达 11 公顷，是当时欧洲最大的花园。即便园里的黄杨在路易十五时期被拔掉了，但草坪、紫杉和椴树依然保留着，让花园保持了它的美丽和壮观。

枫丹白露宫花园占地面积 130 公顷。这个巨大的花园是散步和遐想的极佳场所。它一直给人以平静安详之感。1559 年 4 月 10 日，听闻自己的情人加布丽埃勒·德埃斯特雷的死讯之后，亨利四世独自待在枫丹白露宫的花园里哀悼她。加布丽埃勒·德埃斯特雷在撒手人寰之前挣扎了整整六个月，这段时间也让亨利四世苦苦煎熬。拿破仑被流放到圣赫勒拿岛上时，依然对枫丹白露宫念念不忘。这位帝王在法国很多辉煌的宫殿里住过，对枫丹白露宫的记忆十分美好：

这是名副其实的王宫，是永不磨灭的建筑；或许它不是严格意义上的建筑瑰宝，但它绝对是规划精妙的住处，让人感到极其舒适。它或许是全欧洲最舒服、位置最好的宫殿。

吉维尼镇

　　第一次吉维尼之旅并没有给我留下很深的印象。我之所以来到诺曼底地区的这个小镇，是因为位于吉维尼的莫奈花园是所有园林设计师都应当参观的地方。或许正因如此，我的热情并不高。游客熙熙攘攘，带来了太多的喧嚣；一条马路把花园一分为二，路上车来车往；商人们也来凑热闹，橘园里满是他们的身影。几年之后，我第二次来到吉维尼镇。我十分欣赏园丁们的工作成就，但依然未被感动。我试图寻找莫奈的踪迹，但始终没有找到。

　　2008 年，我参加了一档关于植物的电视节目。其中的一个主题是睡莲，拍摄地点就在吉维尼镇。为了拍摄需要，游客们已经被劝离开。我独自来到莫奈花园，敲门敲了很久，终于有门卫过来给我开了门。我向他解释道，拍摄团队应该很快过来，他便请我进到园里等候。我借此机会在园里独自漫步。在小湖上的那座桥边，我坐在了一张长椅上，仔细地欣赏着这里的景色。没有什么打扰我，我感到极为舒畅。我清楚地感觉到：莫奈此时就在我旁边。我回忆起一位教法语的老教授说过的话。那时我读园艺学校，浑浑噩噩地度过了三年。学校里的很多课枯燥乏味，教课的老师像背书一般。但这位老师不同，他用几句精妙的话便能吸引我的注意。我清楚地记得他说过的一句话："一位好的园艺师应当有画家的眼睛和诗人的灵魂。"那天在莫奈花园，我发现了它的真正魅力，房子、花园的绝妙设计充满了智慧。毫无疑问，莫奈拥有画家的眼睛和诗人的灵魂。

　　莫奈来到这个小村庄时，立刻被周围美妙的自然风光所吸引。他写道："我欣喜若狂，吉维尼真是太美了！"他一落脚，便按自己的节奏开始作画了，就像一位园丁开始在自己的新花园里劳作。他密切关注着花园的修建工程，时不时地加入进去，设计一条小道的走向或者搬运一丛生机勃勃的植物。他的花园变成了一个调色板，随四季更替而不断变化。莫奈希望建造一个"乱腾腾的"花园，里面的植物像是被随意丢下的，或是杂乱摆上的。不过，如果仔细地观察园子里植物的规划，我们可以很容易地发现，没有什么是偶然安排的。房子的周围盛开着蜀葵、鸢尾花、向日葵和玫瑰。那个小湖是人工开凿的，静静的水面上架着一座日式的小桥。许久以来，莫奈一直梦想拥有一座这样的桥。1895 年，他把它画在了自己的作品里。莫奈从自己的花园中汲取灵感作画，他的画作也反过来给他建造花园的灵感。莫奈清晨五点便起床，他喜欢这个时辰的田野乡间——空气轻柔，光线如蜡笔画一般。他有一个大家庭，因此从不孤独。所有同时代的大画家都前来拜访他，例如西斯莱、雷诺阿、马蒂斯、毕沙罗……莫奈还结交了一些权贵人物，如乔治·克列孟梭，这位政治家一直支持莫奈的绘画事业，直到莫奈去世。克列孟梭曾预言，莫奈虽然生前经济窘迫，但死后必定扬名天下。果然，莫奈的才华在死后才得到世人的肯定，他的作品经常以天价成交。萨沙·吉特里经常来莫奈花园参观，他十分仰慕莫奈，曾写道："画框是无用的，因为我们能强烈地感受到，画中的天空如此宽广，绝不囿于画作尺寸。"

人们遵循莫奈的遗愿，把他像农民一样葬在了土地里。他不允许别人在他的坟墓前或棺木上献花，因为他担心这些花是从他的花园里采摘的——对这个花园，他爱得如此深沉。

刺猬

园丁们总是宣称保护生物多样性，但他们讨厌花园里不请自来的小动物或小虫子。他们表面上喜欢鸟类，但四月份之后便拉开网保护樱桃树，不让灰雀、乌鸫和其他对樱桃感兴趣的鸟靠近。他们含情脉脉地看着玫瑰花开放，却毫不留情地用杀虫剂"轰炸"玫瑰花，在除掉蚜虫的同时，也杀死了他们称之为"朋友"的瓢虫。

园丁们喜欢翩飞的蝴蝶，但驱赶毛毛虫。他们讨厌鼻涕虫、蜗牛、胡蜂和蜈蚣，最恨小型哺乳动物。在哺乳动物中，所有毛茸茸的啮齿动物（除了松鼠）都是园丁提防和驱逐的对象。他们在花园的一些角落设置陷阱，在每一个值得怀疑的洞口放上毒药。不过，有一种小哺乳动物不是园丁"追杀"的目标，它就是刺猬。

一旦发现刺猬，花园主人一家肯定连忙跑过去观察这个奇怪的小动物。刺猬在不速之客面前总会缩成一个带刺的球，危险解除后它才重新"活过来"。人们之所以喜欢刺猬，是因为它以蛇、蜘蛛等花园的"敌人"为食。

有趣的是，我们想要吸引到花园来的动物都长着一副温顺、迷人的样子。它们很擅长迷惑我们。外表可人的知更鸟其实非常残暴，它无法容忍同类出现在它的领地；瓢虫是一个"连环杀手"，它每天都在杀死别的生物，并以它们为食；刺猬也是个怪家伙，生活习惯非常奇特。

你可能会想，刺猬是如何繁殖后代的呢？雄刺猬可没那么容易爬到雌刺猬的背上，因为上面覆盖着几千根刺。老普林尼认为自己找到了答案，他写道："刺猬站起来拥抱着交配。"

事实很明显不是这样。刺猬的交配像是一种"施虐—受虐"的模式。

春季到来后，夜幕一降临，雄刺猬便出发去寻找自己的另一半。凭借灵敏的嗅觉，它很快就会找到一位"美女"并迅速向它跑去。然后炫耀式的求偶开始了——或者我们更应该称之为"打架式"的求偶。它们残忍地互咬，把尿和粪便浇到对方身上，用爪子和嘴猛烈地击打对方。雄刺猬总是更强壮些，因此最终获胜的总是它们。这种肉体的酷刑停止后，雌刺猬被雄刺猬的魅力吸引，收起刺，将自己奉献给对方。

让·德·拉封丹很少写到刺猬。他唯一提到刺猬的寓言是《狐狸、苍蝇和刺猬》，其中写道：

刺猬住在附近，

它在我的诗歌中是新人物。

拉封丹对自然的观察极为细腻，他绘声绘色地描写了很多植物和动物，刺猬当然不会被遗漏。我有一个粗浅之见：或许拉封丹知道刺猬在交配时的表现，他是一位寓言诗人，但也没有忘记自己道德家的身份。

Het Loo (Les jardins du palais de – Pays-Bas)
荷兰罗宫花园

　　要想成为称职的植物遗产维护人员，不仅要牢固掌握历史学的知识，还需要有设计师的才能。植物遗产维护人员的主要工作是保护和开发植物遗产，这一领域要求严格，绝不允许随意和任性。他们遇到的困难很多，其中一个是如何尽可能地按花园最初设计还原它本来的样貌。很多花园在岁月变迁中变了模样，有时把它们还原到最初状态是很有意义的。

　　植物遗产维护人员明白，有些花园的设计方案并不完全契合实际，因此还要改正方案中的错误。他们需要在纸上画出花园的轮廓图、花坛的排列和形状，这并不容易。他们要掌握足够的相关技能，尤其要擅长运用几何学和地形测量的复杂工具。我在上学时不太能理解数学的用处，直到后来才意识到，虽然新的科学技术简化了运算，但学好运算、椭圆、毕达哥拉斯定理还是非常有必要的。

　　和大多数人一样，园艺师也会使用网络。大部分网站对于历史遗迹保护来说用处不大，但人们平时常用的两个网站对几何学不好的人十分有益，那就是谷歌地图和 Géoportail（法国网站，提供地理数据搜集和发布服务）。通过这两个网站，人们只需轻点鼠标便可"走遍"全球。"参观"花园（甚至包括现实中禁止游客进入的花园）、欣赏一个国家的植物资源变得如此轻而易举。植物遗产维护人员只需用键盘敲出城市的名称，很快就能找到他们负责的那个花园。花园的所有细节映入眼帘，看起来完美无瑕。他们在工作时只需把图片打印出来，必要时用荧光笔描一下即可。

我就是通过这种途径看到的荷兰罗宫花园。这个花园太美了！跟凡尔赛宫一样，罗宫最早也是一个简陋的狩猎行宫。后来，威廉二世和玛丽公主扩建了它。罗宫花园也跟凡尔赛宫花园的布局类似，整个花园有一条中轴线，两边是装饰植物，漂亮的雕塑点缀其间。太阳王的接任者们几乎没有改造过凡尔赛宫花园，而荷兰国王路易·波拿巴（也即拿破仑的三弟）却大肆破坏了罗宫花园。路易·波拿巴想要按照当时流行的风格建造花园，于是把罗宫花园改造成了一个视野宽阔的风景园，毫无魅力和生机。从前的那个古典花园巧妙地结合了意式与法式风格，现已消失不见；从前的林荫大道将我们的视线引向壮观的建筑，现已面目全非。罗宫花园成了一个悲哀的、自大的、无灵魂的地方。

后来，罗宫的主人——统治荷兰的王室对花园的设计进行了严格论证，命令恢复花园最初的样子。在花园建成三百周年之际，人们又种上了涡卷线形的黄杨和娇柔的鲜花，喷泉和雕塑也重新出现在园里。

好在路易·波拿巴这个狂妄自大的人没有彻底断送罗宫花园的前途。来阿珀尔多伦市的游客都应当来参观一下这座美丽的花园。

　　如今，激发我们旅行热情的不再是明信片，而是网络。我就是看了一下罗宫花园的卫星图片便决定前去参观了。

Hortensia

绣球花

　　见 Kerdalo (Les jardins de) 凯尔达洛花园。

Italien (Le jardin)

意式花园

　　我们可以在英国伦敦郊区欣赏法式花园，在法国佩里戈尔德的英式花园里漫步，在德国游览日本庭园，在离罗马几千公里的地方参观意式花园。

　　不同风格的花园各有千秋，人们之所以用国家名称给它们命名，是因为它们就诞生于相应的这几个国家。意式花园也符合这个规律，它最初的设计者便是意大利人。古罗马人是全欧洲最早用漂亮的绿色植物装点家园的人。他们巧妙地栽种植物，将它们修剪得十分整齐；花坛边缘规整、里面花草茂密，大大小小的陶器点缀其间。他们还安置了一些纪念神灵的雕塑，挖了几个池塘，蔚蓝的天空映在水里，美不胜收。园艺师还用好看的格子架装饰花园的墙，爬山虎攀在格子架上面，但是没有完全爬满。

　　15 世纪，贵族巨富们纷纷建造宫殿。他们保留了罗马式花园的基本特点，又在此基础上扩大了花园，让其通向外界，周围的田园风光一览无余。查理八世决定征伐那不勒斯王国时，曾与护卫队一起游览意大利。他发现了意式花园的独特魅力，向他的哥哥写信报告了自己的发现："你也许不能相信这里的花园有多美丽，我认为只有亚当和夏娃的伊甸园可与之媲美，它们太美了！里面的植物既漂亮又独特！"

　　意式花园不断演变，16 世纪末形成了巴洛克风格。同一时期，法国国王梦想着为自己的城堡建造一个无与伦比的花园。

法式花园的灵感来自意式花园。然而，让法国人承认本国的花园比不上外国的花园是需要时间的。沙文主义在每个历史时期都存在。1600年，农艺家奥利维耶·德·塞尔（Olivier de Serres）写道："想要看到漂亮的花园布局，不需要跑到意大利或其他国家。因为法式花园胜过其他任何国家，它就像一所园艺学校，其他国家的花园都可以从中学到东西。"

篇幅所限，我无法列举所有值得称道的意式花园。跟法国一样，意大利的很多花园应该引起人们更多的重视，也需要更多资金来维护——很多园里杂草丛生，侵占了花坛和小径。当然，意大利人很好地保存了历史遗迹，尤其是一些主要的建筑物，如历史悠久的阶梯、昏暗而壮观的岩洞、碧绿依旧的水池。我支持人们采取一切措施防止花园成为废墟，但若要把破旧的地方完全恢复成它本来的样子，我又持保留意见。我不喜欢人们干预岁月的沉淀，故意抹去历史留下来的某些伤疤。重建一堵倒塌的墙，就从集体记忆中抹杀了让它倒塌下去的缘由。我经常扪心自问：加亚尔城堡[1]应该重建吗？如果将来有一天《蒙娜丽莎》被烧毁了，还要重新画它吗？花园并非是一个永恒的艺术品，园里的植物都会生老病死。我们养护它、维护它、修葺它，但不重建它。我承认，看到破旧的花园，我反而感到平静、安详。不只我一人如此。1802年，夏多布里昂在《基督教真谛》

---

[1] 建于14世纪，毁于16世纪，是中世纪风格城堡的典型代表。——译者注

中写道："所有人对废墟都怀有一种莫名的好感。这主要是由于我们天性脆弱，这些断壁残垣与我们易逝的生命之间存在某种暗合。"

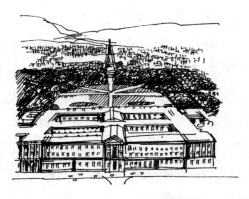

　　值得庆幸的是，有几个花园一直被照料得很好，比如卡塞塔王宫花园。它多么美丽、多么惊艳啊！我在上文中提到，法式花园的灵感直接来源于意式花园。有时，反过来说也同样成立：卡塞塔王宫花园建造于 1752 年，其设计很有可能参考了勒诺特尔的作品。很多宣称效仿凡尔赛宫风格的宫殿和花园只是拙劣的复制品。但我必须承认，卡塞塔王宫花园让我刮目相看，可谓青出于蓝而胜于蓝。这里的视野朝向周围的田野，十分开阔和壮观。庄严的水池构成中轴线，两边的树修剪得整整齐齐，小径引我们走进小树林，去探索隐藏其中的雕塑和喷泉。关于卡塞塔王宫花园的缔造者夏尔·德·波旁，我知之甚少，仅知道他生于 1716 年，卒于 1788 年。虽然这很遗憾，但更重要的是，他为我们留下了这个震撼的作品。

　　我年轻时非常向往意大利，尤其是那些漂亮的意大利跑车，它们的名字非常神秘，比如法拉利、兰博基尼、玛莎拉蒂。19岁时，我终于可以拥有自己的第一辆车了，我选择了意大利品牌菲亚特。它的速度没有那么快，外形没有那么美观，但我很喜欢它。令我想入非非的还有意大利的美人：艾格斯蒂娜·贝利、奥尔内拉·穆蒂、劳拉·安托内利……意大利的优秀导演同样让人敬佩，比如费德里科·费里尼、埃托尔·斯科拉、卢基诺·维斯孔蒂和维托里奥·德·西卡。维托里奥·德·西卡于1970年拍摄了一部叫《费尼兹花园》的电影。这部精彩的电影改编自乔治·巴萨尼的小说，讲的是"二战"期间，犹太人费尼兹·康提尼一家为了避难，躲进一个美丽的大庄园里。庄园里的网球场成为无忧无虑的年轻人聚会的场所，而花园则是相爱的人约会的地点。但驱逐和侮辱犹太人的政治气氛越来越强烈。日复一日，庄园里的大树再也保护不了他们，旁人仇视的目光和反犹太的威胁最终还是袭来。

意大利这个国家遭受了太多磨难：帝王的疯狂统治、火山爆发、法西斯政府的上台……其中的很多悲剧竟发生在花园这个有着古老雕像、精致栅栏和清冽水塘的地方，这令人难以想象。

巴黎植物园

致国王陛下，

我向陛下建议，建造一个花园用以培育草药，如此，您的子民患病后可来此寻药，医学院的学生可来此学习，行医的人可来此采药。

自 1626 年起，国王的御医居伊·德·拉·布罗斯就不断劝说国王路易十三在巴黎建造一个种植草药的花园。不过，医学院对此竭力反对，拉·布罗斯则据理力争。国王最后终于松了口，十分慎重地回应道：

承蒙上帝恩典，法兰西和纳瓦拉国王向你致敬。

朕已下令在巴黎郊区建造一座皇家草药花园，任命议会议员兼首席御医埃鲁阿尔大人为花园总监，他赤胆忠心，深受朕的喜爱；埃鲁阿尔大人之后的历任首席御医将继续担任该职务。花园总监有权任命合适的下属，以确保花园的运行、植被栽种和管理。埃鲁阿尔大人将任命居伊·德·拉·布罗斯先生协助他完成监管工作。居伊·德·拉·布罗斯先生是议会议员，也是朕的御医，朕非常欣赏他。

医学院的专家们对此置若罔闻，他们担心国王会对比舍里街的药草花园失去兴趣，药剂师也害怕他们在阿尔巴莱特街种植的草药被国王遗忘。1627年埃鲁阿尔去世后，这些科学家更加反对建造皇家草药花园。埃鲁阿尔的继任者叫夏尔·布瓦尔，他支持拉·布罗斯的想法。1633年，路易十三买下了克洛瓦波园圃，这片地以前聚集着菜商和木材商。在这片土地上，酝酿已久的皇家草药花园——巴黎植物园诞生了。从那以后，巴黎植物园来过很多大人物。很少有历史遗迹、博物馆或花园自诩接待过如此多的智者。法国大革命期间，巴黎植物园并入了自然历史博物馆，很多杰出的科学家都在此工作过。1994年，我参加法国文化部举办的艺术项目主管考试。考试当天，几位评委提出了一些愚蠢的问题，让我目瞪口呆。我被问到巴黎植物园，我以幽默的方式提到了希拉克——并不是当时的巴黎市长希拉克，而是1718年巴黎植物园的总监希拉克。我指出，希拉克总监当时被他的同行认为野心勃勃、独断专行。我还提到，安托万·德·朱西厄指责希拉克总监玩忽职守，甚至挪用公款谋取私利。我参加考试的那年，媒体经常使用同样的论调指责巴黎市长希拉克。于是出现了一个闻所未闻的奇事：有一位主考官批评我的言论，同其他主考官说，此时此地不应该谈论政治。这是我这辈子第一次考试不及格。

巴黎植物园拥有令人惊叹的收藏。园中建筑众多，其中陈列着史前的收藏品、已经灭绝的动物的骨架、陨石、数百万只昆虫及其化石、矿石和35000个人类颅骨（有点儿恐怖）。活着的生物也有自己的区域。巴黎植物园里的动物园中有约5000只动物，包括哺乳动物、鸟类和爬行动物，另外，还有25000

种植物分布在温室和树林中。随着人类不断发现新的植物品种，巴黎植物园里的植物收藏不断丰富，包括一些体形庞大的植物。2006 年 9 月 19 日，我受邀参加栽种一棵瓦勒迈杉（Wollemia nobilis）的仪式。瓦勒迈杉是由一位叫大卫·诺布尔的护林员在距悉尼 150 公里远的一个峡谷中发现的。1994 年，诺布尔在自己负责的区域巡逻，突然发现了一种叫不出名字的针叶树种。他熟知该区域的所有树种，但他遍查资料也没有找到关于这个针叶树种的任何信息。诺布尔去拜访了一些著名的植物学家，他们也非常困惑，尤其是因为诺布尔拿给他们的树叶样本像是蕨类的，但诺布尔告诉他们，这种树高达 40 米。植物学家们表示难以相信，于是亲自赶到那片森林。他们发现，该区域有 40 多棵这样的树，其中几棵的年龄甚至超过了一千岁。考虑到这一发现势必会吸引大批好奇者前来观看，有可能会发生偷盗、损坏或弄脏树木等现象，有关部门决定对该地点进行保密。树的名称"Wollemia nobilis"中的"Wollemia"取自这片森林的名字——瓦勒迈（Wollemi）国家公园；"nobilis"则是为了纪念其发现者诺布尔（Noble）。后来，国家出台了一项法律，保护那些已经存在了几百万年的针叶树种。植物学家继续培育出了新的瓦勒迈杉。有几株被送给了一些大公园，例如巴黎植物园（就种在"进化大展馆"的窗户外）。

巴黎植物园的氛围非常特别，古老而韵味十足。我喜欢边散步边欣赏玻璃罩内的异国植物；我有时会向动物园里的鸵鸟打招呼，而它总是用奇怪的眼神看着我；鲸鱼的骨架会引起我的遐想，想到在此工作过的著名人物，像布丰、贝尔纳丹·德·圣皮埃尔、塞巴斯蒂安·瓦扬、图内福尔、朱西厄、法贡、居维叶，还有约瑟夫·拉卡纳尔。法国大革命期间，"皇家公园"并不是什么好标签，巴黎植物园的命运岌岌可危。植物学家们竭力保护植物园里的收藏不被破坏，贝尔纳丹·德·圣皮埃尔试图劝说民众，让他们明白植物资源的珍贵性："公民们，我们有春白菊、锦葵和椴树。另外，化学实验室可以提供火药。因此，你们既可以在这里喝到清爽可口的汤剂和甘草汁，也可以得到弹药。"幸运的是，他找到了一个极有分量的盟友——约瑟夫·拉卡纳尔。拉卡纳尔在人民当中很有威望，他发誓要保护巴黎植物园。面对议员，拉卡纳尔慷慨陈词，希望他们意识到"巴黎植物园培养出了几个影响法国的伟大人物，他们给祖国带来了荣耀"。他还提及了一些为了人类福祉而奋斗的科学家。然而，没有人肯听他，回应他的只有叫嚷、咒骂和"复仇"的口号声。有时，他的语调会变得柔软："这里是动物的家，有腼腆的小鸟，它们把后代依托在脆弱的枝头；也有高傲的雄鹰，它们把窝建在高高的岩石上，那里生长的橡树已经老去。"他想方设法劝说议会议员，最后终于取得了成果：巴黎植物园被正式更名为"法国国家自然历史博物馆"，博物馆以公民教育为目标，尤其致力于农业、商业和艺术的进步。

法国国家自然历史博物馆继续迎接来自全世界的科学家。每天都有成千上万的游客前来参观，享受这里的宁静，抚摸古树的树皮，欣赏园里的动物。动物们在这里至少能安逸地死去，不像1871年展览的那些动物一样被屠杀，然后成为巴黎人的盘中餐。

上次我来法国国家自然历史博物馆参观时，有一个人认出了我，问我参加了这么多活动，我会不会无暇顾及凡尔赛花园。确实，我经常被别人问到这个问题，其中包括雇用我的管理层人员。在国家部门当差通常不是一件容易的事。法国科学家、生物学家、探险家提奥多·莫诺比谁都清楚这一点，他被誉为20世纪最权威的撒哈拉沙漠研究专家之一。直到生命的最后一刻，他依然在工作。他几乎跟熟悉沙漠一样熟悉法国国家自然历史博物馆。不过，由于强烈反对政府发动阿尔及利亚战争，他招致了不少批评。他曾用一句话回应了别人的批评，我姑且借这句话来回答别人向我提出的问题："尽管我是国家公职人员，但我坚持把自己看作一个自由的人——无论你认为这是错还是对；我向国家奉献了一部分脑力，但不会向它交出我的心和我的灵魂。"

园丁

　　我喜欢引用伏尔泰说过的一句话：园丁是最高贵的职业。这位哲学家不是唯一一个这么想的。后世很多人对园艺非常着迷，我总是乐于引用作家们关于这一职业写过的文字。他们跟我说同样的语言，但依靠杰出的才能，他们写出的话总是充满幽默、热忱、柔情。

　　我想到了安托万·德·圣-埃克苏佩里，在去世前的几周，他曾写信给一位叫皮埃尔·达洛的朋友，信中写道："如果我倒下了，我了无遗憾。将来的蚁巢式住房令我害怕，它们像机器一样令我生厌。我天生就是做园丁的料。"

　　西格蒙德·弗洛伊德喜欢向同时代的人发问。这位"灵魂医生"有时也怀疑心理分析的意义，因此他也向自己提出很多问题。年老以后，他回顾过往，质疑自己的研究是不是在浪费时间，觉得自己还不如用这些时间种一个菜园。

　　还有很多著名人物对花园和园丁表达了自己的喜爱之情，他们说的话很简短，但很漂亮。

　　他们中有些人很懂园丁的追求：

　　　　"如果你拥有一间书房和一个花园，你便拥有所需要的一切了。"（西塞罗）

"对于玫瑰花，我们只有相信它，它才会开放。"（阿纳托尔·法朗士）

"在园丁的语言中，一般的植物只会'枯萎'，而玫瑰花却是'死去'。"（朱利安·格林）

"真正的园丁在自由驰骋的思想中发现自己。"（雅克·普雷维尔）

"有三种天气让园丁们相当苦恼：干燥的天气、多雨的天气，还有天气本身。"（皮埃尔·达尼诺斯）

有些人的话颇有哲学意味：

"花园是梦的样子，就像诗歌、音乐和代数。"（埃克托·比安西奥蒂）

"园丁不希望上帝降下暴风雨。"（让·季洛杜）

"渴了的玫瑰花需要园丁，但园丁更需要渴了的玫瑰花。因为玫瑰花若不渴，园丁就毫无用处了。"（阿梅丽·诺冬）

有些人说话十分巧妙、幽默：

"她戴着一顶镶边的帽子，上面点缀的花简直要把帽子压扁……活像一个悬空的花园。"（路易-费迪南·塞利纳）

"很抱歉这么晚才回复你，你的信来的时候，我在花

园深处劳作呢。"（阿尔冯斯·阿莱给儒勒·雷纳尔的信）

　　有些人很清楚，种树是为未来和全人类谋福祉（另外我要指出，砍树的绝不是园丁，而是伐木工）。马丁·路德·金很明白树的价值。他在 1968 年 4 月 4 日被刺杀于孟菲斯市。此前不久，他在演说中说道："即便有人告诉我明天就是世界末日，我也会种下一棵苹果树。"

Jardinière

女园丁

　　如今，几乎所有职业的名称都被生硬地创造出阴性形式[1]，对此我实在不敢苟同。作家（auteur）或老师（professeur）后面直接加上一个元音字母"e"，变成"女作家"或"女老师"，但我认为这样不足以赋予一份职业以新的意义。雅克利娜·德·罗米伊在其《词语的花园》中写道："既然像颜色（couleur）、白色（blancheur）这些词本身是阴性的，我们为什么不直接写成'couleure''blancheure'呢？"按一般规则来说，名词阴阳性的区别非常清楚，不会产生任何问题。我喜欢"园丁

---

[1]　法语关于职业的名词分阴阳性形式。一般来说，阳性名词结尾加上字母 e 即变成阴性；很多以 -eur、-ier 结尾的名词均为阳性，相对应的阴性形式以 -euse、-ière 结尾。——译者注

(jardinier)"这一称呼,但"女园丁"用"jardinière"这个词让我非常恼火,因为它的词义非常混乱。

"jardinière"本来还有哪些词义?——菜农运蔬菜的车子、以蔬菜为食的贪吃的步行虫、蔬菜什锦配菜,以及人们在阳台放置的花盆架。显然,女园丁不是花瓶,不能被比作这种俗不可耐的容器。如果一位园丁是女性,而且又恰好很漂亮,我宁愿把她比作一家大商店。

因此,尽管语言学家在职业名称后面加上"e"使之变为阴性,但他们将来可能会重新审视这一规则。"jardinière"也许会被改成"jardineuse"或"jardiniste"。若是如此,我第一个举双手赞成。

Kahn (Les jardins Albert)

阿尔贝·卡恩花园

今早，我打开信箱发现了一封信，告知我法国国家园艺协会将与园林和景观学院合作，组织一场论坛，论坛主题为"花园只有为人所知才能得救"。按照组织者的想法，只需加强关于环保的宣传便可避免别有用心的商人借机牟利，也可令当地政府更为重视这场论坛。我对此表示怀疑。读过报纸后，我更坚信了自己的判断。塞瑞斯·德欧特伊植物园的温室面临着罗兰·加洛斯球场扩建工程的威胁；阿尔萨斯地区科尔布桑城堡花园的林荫大道将要被高速公路的高架桥破坏；神奇的穆捷森林可能会被卖给一位个人买家，他肯定更关心能不能看得到英吉利海峡，而不是保护这片植物多样性丰富、有着百年盛名的森林；阿尔贝·卡恩花园也一样面临着消失的危险。1932年，阿尔贝·卡恩花园的主人濒临破产，他的资产悉数被查封。幸运的是，1936年，塞纳省买下了已经被分成五小部分的花园，又将园里的几个建筑转让给了农业部，条件是农业部负责花园的日常维护工作。我有时会批评政府对纳税人的钱使用不当，但是，在人民阵线[1]为争取带薪假期大声疾呼的时代背景下，有些官员加入了保护阿尔贝·卡恩花园的行列，这让我十分欣喜。另一个值得称赞的事情是阿尔贝·卡恩花园始终是以其缔造者

1　20世纪上半叶法国的一个左翼政治联盟，施政时积极维护劳动者的权益。——译者注

的名字命名的，这并不多见。很多花园为了纪念一些名人而采用了他们的名字，如"乔治·布拉桑花园"或"安德烈·雪铁龙花园"，但我从未见过一个国际知名的花园是以创造、规划和美化这个花园的人的名字命名的。

阿尔贝·卡恩于1860年3月3日出生，十岁时他的母亲就过世了。他和他的兄弟姐妹由一位姨妈抚养成人。他的父亲和祖父是牲口贩子，在不同的市场间穿梭，贩卖牲口。阿尔贝的真名叫亚伯拉罕，对他来说，这样的家庭环境实在无法继续学业。他的外祖父是一位小学教师，鼓励他不要放弃，继续坚持学习。阿尔贝对知识十分渴求，后来他坚持了下来，从未中断学业。课余时间，他在银行家古德绍家里找到了一份兼职工作，那是在1876年。很可能就是在这段时间，这位年轻人学习了艺术知识，也掌握了金融的秘诀。后来借助金融知识，他成了富翁。1894年以后，阿尔贝想在布洛涅附近租的房子周围建造一座漂亮的花园。他邀请风景设计师欧仁·德尼设计这

座花园。阿尔贝对建成后的花园非常满意，他自己也燃起了对植物学的兴趣。

后来，阿尔贝·卡恩买下了这片地，又陆陆续续买下了附近的土地。最终，他拥有了4公顷土地，然后把这一大片土地的照料工作交给了阿希尔·迪谢纳。迪谢纳是一位著名的风景设计师，

沃子爵城堡花园的黄杨景观就是他设计的。阿尔贝·卡恩年轻的时候是一位好学的人，成年以后致富了，他变成了一位乐于传承的人。1906年，他创办了"环游世界"资助金。1910年以来，他建立了"地球档案"。三十多年间，阿尔贝·卡恩搜集了很多图片、影片和照片，这些资料目前收藏于布洛涅，直到今天依然是关于地球的最重要的档案之一。阿尔贝·卡恩游遍全球：美国、日本、中国、蒙古国、乌拉圭、阿根廷、巴西……他不知疲倦地探索新的风景，对他来说，园林艺术很快就没有神秘感可言了。他在布洛涅建造了一个英式花园、一个日式花园和一些树林（有孚日山脉风格的树林、金黄色的树林和蓝色的树林）。这片土地的中央是一个法式花园，他自己相信、也以这种方式让别人相信法国位于世界的中心。然而，商业的世界是残酷的，阿尔贝·卡恩在经济危机中破产了。幸运的是，他保留了这片地产的用益权直到1940年去世。

　　阿尔贝·卡恩为后世留下了令人叹为观止的收藏——72000张彩色照片底片，以及风采未减的花园。1999年，花园经历了狂风的摧残，但人们在被风吹坏的树林里重新种上了朝气蓬勃的新树。阿尔贝·卡恩是一个人文主义者，追求世界和平的理念贯穿他的一生。他的花园里也蕴含着这种和平理念，但不是显而易见的，需要人们去参观，去发现。

Kerdalo (Les jardins de)

凯尔达洛花园

　　无论你多大年纪，有些愿望都会一直伴随着你，这些愿望多种多样：你可能向往拥有一座花园或是一个开满花的阳台，向往拥有很多花儿或大树，向往拥有菜园或安详地漂在水池上的睡莲……我将要谈到的这个人叫彼得·沃尔孔斯基，他便拥有这些愿望。1901年，他出生于圣彼得堡。

　　写下这段话的是埃里克·奥赛纳——一位学识渊博、热爱花园的人。在他撰写的一部关于凯尔达洛花园的专著中，他追根溯源，描写到花园的创造者沃尔孔斯基家族动荡的生活。布尔什维克上台后，彼得·沃尔孔斯基被迫离开俄国，前往法国避难。

　　彼得·沃尔孔斯基的职业是画家。1965年，他在周游世界后，决定在法国布列塔尼安家。他被布列塔尼的气候、色彩和风景深深地吸引住了。这个田园诗一般美好的地方只有一个不足——他买的那块地有个过于平庸的名字。之前，那块地种着果树，它自然而然就被称为"果园"，但这个名字让彼得·沃尔孔斯基难以接受。他为此开了一个家庭会议，家里的每一位成员对此表达自己的见解。彼得的女儿伊莎贝尔清楚地记得这一天。据她回忆，彼得听了众位亲属的意见后，决定给这片地起名"凯尔达洛"（Kerdalo）。

我曾试着寻找这个名称的渊源，但没有找到。"Ker"在布列塔尼语中意为"地方"，但我完全不知道"kerdalo"是什么意思。很多植物也是同样的情形，我们现在已经很难或几乎无从知晓，一个新的植物品种的培育者或发现者为何给它起这样或那样的名字。凯尔达洛花园里，绣球花争相开放，游客们在繁花前流连，谁又会去想绣球花为何叫"hortensia"呢？如果我们去查阅植物学家们的著作，会发现看完所有的书也无法解决这个问题，因为众说纷纭。

1768 年，菲利贝尔·科梅尔松在中国发现了绣球花。菲利贝尔·科梅尔松是一位航海家，乘坐着由著名探险家路易斯·安东尼·布干维尔驾驶的"赌气号"航船在大海上漂荡。科梅尔松有一位叫让-安德烈·勒波特的朋友。勒波特是一位钟表匠，彼时，他的女儿奥尔唐斯（Hortense）刚刚去世，令他悲痛万分。科梅尔松为了缅怀勒波特的女儿，便以她的名字奥尔唐斯命名了这种新发现的花。

不过，还有另外一个版本的解释。科梅尔松是他朋友妻子的情人，为了纪念这位情人，他给这种花起了同样的名字。我不相信科梅尔松会如此粗俗，而且这位"朋友的妻子"是叫妮科尔-赖内。有些人依旧不死心，宣称科梅尔松私下里管他的情人叫奥尔唐斯。这种假设简直异想天开。

大部分植物学家则认为绣球花的名字来源于奥坦丝（Hortense）王后。她是约瑟芬皇后的女儿，她的儿子便是后来的拿破仑三世。但我发现了一个问题：既然绣球花发现于 1768 年，那么直到 1783 年奥坦丝出生它才有了"hortensia"

这个名字吗？几乎没有植物学家肯耐心地等15年才给一个新的植物品种起名字。

我认为还有一种可能性。鲜有人对此有过论述，但我个人更倾向于这种解释。有些植物是人们在大自然中发现的，比如在草原上、森林里或沼泽中；有些植物则是人们在花园里第一次见到，尤其是在一个遥远国度的花园里发现一个新品种。我心想，科梅尔松绝对有可能是在花园里发现的绣球花，而"花园"的拉丁语便是"hortus"，这和"hortensia"非常接近。所以，事实有可能远没有那么复杂。

我非常想知道彼得·沃尔孔斯基对此有何见解。他经常出入植物学会，而且是以严谨著称的国际树木学会的会员，因此，他有机会同那些最优秀的园艺师进行交流。这位贵族能逃离专制国家、建造花园与花交流，这是多么美妙的经历！彼得花了多年时间收集漂亮的植物，起初把它们栽种在位于圣克卢的私人宅邸。后来到了1965年，他在布列塔尼拥有了17公顷的土地，利用这片土地，他可以安置旅程中收集来的植物和别人送给他作为礼物的植物。这片土地依然被叫作"果园"，里面的植物已经十分茂密，尤其是橡树和山毛榉，几乎遮挡了阳光。从前的老农场被重新修葺成了一个壮丽的庄园。彼得收集了成吨的鹅卵石，把它们铺在小径上。他还挖了一个水塘，很快，水里长起了各种水生植物。彼得的女儿伊莎贝尔在圣克卢上学时，每年都欢欢喜喜地跑来凯尔达洛花园度过暑假。那时，尽管她喜欢观看人们种上新植物，也喜欢看南半球的植物开花，但她从未想过将自己的余生献给花园。有一天，伊莎贝尔突然改变了主意。她开始与园艺界的人碰面、交流，想知晓花卉的名字并探索它们的历史，于是将自己的精力投入到了园艺学中。她在英国皇家园艺学会接受了培训，很快靠自己杰出的才能脱颖而出。伊莎贝尔的导师是罗伊·兰开斯特。我有幸在每年两届的库尔松植物展上见到这位园艺界教父级别的人物。他为英国那些漂亮的花园做出了突出贡献，而且他著作等身，他的作品是园艺界人士的必读书目。在一本著作中，罗伊·兰开斯特谈到了自己对植物的热爱，提到他可以在一辆高速行驶的火车上，一眼认出窗外几百米开外的一棵树，并叫得出它的名字。这已经不是一种专业能力了，而是一种天赋。

1978 年，伊莎贝尔返回法国，同她的男友蒂莫西·沃恩一起在凯尔达洛花园开辟了一片苗圃。蒂莫西·沃恩是一位优秀的园林设计师，他也经常光顾英国那些极负盛名的园艺学会。彼得·沃尔孔斯基可以安息了，因为他已后继有人。

埃里克·奥赛纳用他的生花妙笔写道：

> 我的后来者会怎样对待凯尔达洛花园呢？我知道有一位法国总统，他就对那些潜在的接任者谈不上喜欢。花园的发展就像船在风浪中颠簸，凯尔达洛花园的发展亦然。它要穿越风暴，砥砺前行。[1]

1997 年，彼得·沃尔孔斯基驾鹤西去。经历着丧父之痛的

1　埃里克·奥赛纳，伊莎贝尔·沃恩，蒂莫西·沃恩：《凯尔达洛——继往开来的花园》，Ulmer 出版社，2007 年。

伊莎贝尔决心整修花园，让这个梦一般的地方继续留存下去。

今天，凯尔达洛花园依旧迎接着各地游客，让他们在如此美丽的景色中流连忘返。在这里，人类不是自然的统治者，而是自然的伙伴。如果您致电凯尔达洛花园了解参观信息，您会听到伊莎贝尔录好的声音，她会告诉您花园从四月份起对外开放，"或者是三月份"，因为春天有可能提前到来。

花园迷宫

　　男人们很早就意识到，在花园里"迷路"是很有乐趣的一件事；而当他们身边有一位漂亮的女士时，这种"迷失"更有意思。不只男人如此，女人也一样。相信凯瑟琳·德·美第奇在舍农索城堡的花园设置迷宫不是为了"天堂"般的享受，而是有"魔鬼"似的想法。高高的篱笆围着窄窄的小道，走在其中却不知路通向何方，这种冒险般的体验对 16 世纪的贵族十分有吸引力，他们迫不及待地建造了许多各式各样的花园迷宫。

　　这股"花园迷宫之风"兴起于意大利。15 世纪起，意式花园几乎都拥有自己的迷宫，这体现了希腊神话对意大利文化的影响。时至今日，这些神话传说依然让人着迷不已。希腊神话中有很多恐怖的妖魔鬼怪，弥诺陶洛斯便是其中之一。它是一个半人半牛的骇人怪物，克里特国王米诺斯把它关在一个迷宫里。迷宫的设计师叫代达罗斯，他因为设计了这个迷宫而流芳百世。米诺斯的妻子——帕西淮王后与一头公牛交配后，生出了弥诺陶洛斯。米诺斯把弥诺陶洛斯关押在暗无天日的地下迷宫里。最终，弥诺陶洛斯被忒修斯杀死。

　　在法国，弗朗索瓦一世曾邀请列奥纳多·达·芬奇为他的众多城堡设计迷宫。在随后的几百年内，迷宫的吸引力丝毫不减。1665 年，路易十四要求勒诺特尔设计出一片小树林，这样，他可以带着宫里的美人到树下逍遥。尚蒂伊城堡和舒瓦西城堡花园里也有同样功能的小树林，均为勒诺特尔设计。

凡尔赛宫花园迷宫里修建了 39 座水池，其灵感来自夏尔·佩罗的童话故事和拉封丹的寓言。佩罗很好地总结了迷宫的特点：

> 一片方形土地，里面种着郁郁葱葱的年轻的树木。树木之间是星罗棋布的小径，按照人们的巧妙安排，一条条小径交叉混杂，在里面迷路是那样容易，又是那样有趣。在每一条小径的尽头、每两条小径的交会处都有一个水池。因此，我们无论在迷宫的什么位置，总能看到三四个水池，有时甚至能同时看到六七个水池。

勒诺特尔为凡尔赛宫花园设计的这个小树林维护起来十分费力，而且很难抵挡时间的侵蚀。1776 年，它已彻底消失。需要注意的是，这种花园迷宫完全是为了国王的享受而建造，国王为了避免神明的惩罚而下达了一项命令：迷宫里的装饰雕塑一律不得与宗教、哲学或伦理有关（甚至不能有暗示意味）。

很久之前，迷宫象征着信徒为了前往圣地而进行的朝圣活动。也就是说，迷宫在被种上植物、获得花园主人的青睐之前，仅局限于其宗教意义。但天主教一直对迷宫冷眼相待，认为它是产生淫乱、好逸恶劳和罪恶的地方。既然万能的上帝已经给信仰者指明了道路，人类怎么可以再另行去寻找道路呢？ 1538 年，任何关于迷宫的艺术创作都被明令禁止。18 世纪，普瓦捷市、桑斯市和阿拉斯市的大教堂里的迷宫都被摧毁了。直到19世纪初，一大批宗教建筑里的迷宫都被拆除了。有些教堂幸运地躲过一劫，例如沙特尔圣母主教座堂，其迷宫是现存最美轮美奂的迷宫之一。

早在中世纪，拆除教堂里的迷宫的现象就已经存在了。讽刺的是，同一时期，花园迷宫诞生了。

第一座花园迷宫的设计者应该是纪尧姆·罗斯。1311年，他为勃艮第公爵的花园设计了一座灌木迷宫，这本应让他留名青史。但遗憾的是，他并没有在死后留下什么名声。后来，越来越多的人开始设计花园迷宫，而迷宫依然没有失去其宗教意味。园林设计师们在花园里栽种实用性植物和带刺的植物，象征着耶稣的受难和牺牲。

迷宫的作用像是道路，引导信教者按照宗教教义走向伊甸园。迷宫也有其他方面的用途，如"爱之迷宫"，可见于弗朗索瓦·阿贝尔于1530年左右创作的宗教小彩画，但这种情况极为罕见；毕竟那不是戏谑调情的年代，当时的隔墙板几乎不超过一米，谈情说爱很难做到掩人耳目……

几个世纪以来，迷宫起初是宗教场所，后来成为约会和纵情的地方，而今天则是游戏和娱乐休闲场所，主要供孩子们在此玩耍。迷宫再也不会令人闻风丧胆，弥诺陶洛斯已永远成了传说。

欧洲有数百个花园迷宫。

有些是季节性的，只在夏天玉米生长和成熟的时候才有。其他的则是一直存在的，例如布勒特伊城堡的花园迷宫。迷宫里种的植物通常是黄杨。欧洲最大的花园迷宫便是一个"黄杨迷宫"。1743 年，亨利 - 奥古斯特·德·沙尔韦 - 罗什蒙泰侯爵邀请图卢兹建筑师马杜隆为其在梅尔维尔（一座离图卢兹市很近的小镇）建造一座城堡。侯爵自己选好了建筑材料，设计了住宅的构造，并坚持在这片广阔的领地上建造一个花园迷宫。如今我们依然可以参观这个迷宫，要走完里面长达六公里的曲曲折折的小径，需花费几个小时。整个花园迷宫维护得非常好，列入《法国历史遗迹名录》理所应当。

迷宫多么迷人啊！我们小时候都玩过迷宫小游戏，在一张图上沿着路线就能找到目标。电影人也会从迷宫的几何构图中汲取灵感，令观众感到惊奇或惊悚。例如在斯坦利·库布里克执导的电影《闪灵》中，杰克·尼克尔森扮演的角色就在花园迷宫里对其家人做出了骇人举动。影片中的迷宫十分壮丽，但令人望而生畏。它处于冰天雪地之中，代表着恐惧、焦虑和恐怖。而让 - 雅克·桑贝的画中的花园迷宫与之截然不同。在他的一幅画中，两位绅士在一座迷宫里相遇，他们互相脱帽致意。这种相遇其实不容易出现，因此很有幽默气息。迷宫只有一个目标：让我们在里面迷路。

让·德·拉封丹

La Fontaine (Jean de)

在我的职业生涯刚刚开始时，有一位老领导接纳我进入了他的团队。我对他印象深刻。他对凡尔赛宫及其花园的历史如数家珍，对我更是知无不言。有一天早晨，他告诉我，让·德·拉封丹在凡尔赛宫里的瑞士人湖旁边散步时突发奇想，写下了《乌鸦和狐狸》[1]的故事。我对他的话深信不疑。很多年过去了，我对这一说法始终充满兴趣。我做了多年研究，现在可以确定的是，没有任何资料能证明老领导的说法符合史实。不过，传奇故事或许就是这样产生的吧。如今，我也成了这段轶事的讲述者，偶尔会向其他人讲起拉封丹创作《乌鸦和狐狸》的这段故事。我不知道这则寓言是他在何时何地创作的，但我很清楚一个事实：拉封丹对富凯非常忠诚，难以接受富凯来到凡尔赛为国王效力。拉封丹经常嘲笑富凯和科尔贝之间的敌对关系，甚至为此写了一首寓言诗《知了和蚂蚁》[2]，借指花钱慷慨的富凯和严肃勤奋的科尔贝。

拉封丹喜欢漫步在花园里，热爱观察大自然和生活在其中

1　狐狸吹捧乌鸦，从它口中骗取了奶酪的故事。——译者注

2　好逸恶劳的知了没了粮食，找辛勤劳作的蚂蚁借粮的故事。——译者注

的生物。他有一首寓言诗不为很多人所知，但在这样一部《花园词典》里绝对应该引用它：

园丁和领主

一个喜爱园艺的人，

算是乡绅也算是平民，

他在村里有个园子，

干干净净、整整齐齐，

还连着一块田地，

周围是一圈绿篱。

园里酸模和莴苣长势喜人，

正好可以扎一束花，

送给玛尔戈做礼物，

西班牙茉莉没有几朵，

百里香倒是很多。

来了一只野兔，

坏了这场喜悦。

园丁去镇上见领主，

向领主老爷抱怨：

"那个该死的畜生，

早晨晚上嘴不停，

完全不怕什么陷阱，

用上石块、木棍也不行。

我认为它就是个巫师。"

"巫师?"领主回答,

"我倒要会一会它,

哪怕它是魔鬼,

哪怕它诡计多端,

我的猎犬米罗很快就能让他就范。

老伙计,请放心,

我愿以性命,

向你做出保证。"

"什么时候呢?"

"就明天吧,不能再耽搁。"

事情已商量周全,

领主带人马前来。

"还是先吃饭吧,"老爷说道,

"您的小鸡肉嫩吧?

府上的姑娘,

过来,让我瞧瞧她。

什么时候把她嫁出去?

什么时候给她找女婿?

老伙计,您要明白,

舍得花钱,

才办得成事。"

他一边说,一边同那姑娘亲热,

让姑娘坐到他身边,

拉起她一只手，挽起她的胳膊，

还撩起一角她的衣襟，

美人抗拒这粗俗的举动，

但举止仍不失尊重。

父亲到这时才有所察觉。

而此时，厨房里好不热闹！

"您这些火腿何时做的，

看起来相当不错。"

"先生，您喜欢就拿走吧。"

"真的吗？"老爷回答，

"那我就不客气啦。"

领主老爷酒足饭饱，

他的人马全都有份，

包括猎狗、马匹和下人，

无不敞开肚皮吃喝。

这位领主反客为主，

毫无顾忌，

畅饮人家的美酒，

撩拨人家的闺女。

吃完饭，打猎更麻烦。

一个个跃跃欲试，

吹起喇叭和号角，

园丁家里一片喧闹。

还有一件事更糟糕：

可怜的菜园遭受践踏。

再见吧，菜畦田垄；

再见吧，生菜大葱；

再见吧，所有能做汤的蔬菜。

野兔就藏在白菜下面的巢穴，

他们搜索它，轰走它，

野兔从洞穴逃走，

不，不是洞穴，而是大洞口；

人们执行领主的命令，

在可怜的篱笆上开了

一个宽得惊人的大洞口，

否则很难骑马出园子。

园丁说："爵爷就是这样办事。"

随便他怎么说，但是，

那些人和猎犬

一小时造成的祸害，

等同于全省的野兔

把园子糟蹋一百年。

诸侯之间有争端，请自己解决：

向大国国王求助，

那是傻子才做的事。

千万别让大国介入你们的战事，

也别放他们进入你们的土地。

La Quintinie (Jean-Baptiste de)

让-巴蒂斯特·德·拉·昆提涅

　　一个人如果终其一生都在为太阳王服务，那么他很难挣出自己的名声。况且，史书中只记载了孟萨尔、勒布兰和勒诺特尔这些熠熠生辉的名字，其他人很难再被历史铭记。不过，不为人知的让-巴蒂斯特·德·拉·昆提涅毫无疑问是 17 世纪甚至是有史以来最伟大的园艺师。

　　让-巴蒂斯特·德·拉·昆提涅是一位植物学家，对理论研究和实践都充满激情。他也是一位备受同行推崇的科学家，他撰写的关于如何更好地修剪果树的著作被无数人引用。

　　起初，拉·昆提涅的命运与园艺业毫无关联。年轻时，他学习法律，成绩优异，毕业后成了一位远近闻名的律师，日子过得十分滋润。但这位土生土长的夏朗德省沙巴奈人有一天读到了一本书，书的内容是关于路易十三果园的总管——安托万·勒让德尔（又称"埃努维尔神父"）的。他在此书中发现了园艺的乐趣。

　　拉·昆提涅喜欢让自己的双手沾上泥土，喜欢亲手触摸那些植物、抚摸那些树干。他不只栽种或修剪，他也在观察。他发现，砍下某些树枝可以让果树结出来的果子更大、更甜、汁更多。在实地试验之后，拉·昆提涅成功建造了当时全国第一个果园。大领主们纷纷找上门聘请他，于是，杭布叶城堡、尚蒂伊城堡，当然还有沃子爵城堡都留下了他的作品。路易十四正是看了拉·昆提涅为沃子爵城堡花园设计的果园后，才拍板决定让他参与到凡尔赛宫的建造中来。1662年起，拉·昆提涅设计了罗伊花园。1670年的祝圣仪式上，拉·昆提涅被任命为皇家果园和菜园的总管。他欣喜若狂，但他同勒诺特尔的关系十分紧张。拉·昆提涅埋怨勒诺特尔给他的园子分配的土壤质量太差，指责勒诺特尔把好地段只留给他自己的花坛。另外，拉·昆提涅竭力要求把果园和菜园的围墙建得更高些，以防人们来掠走熟透了的果实。

拉·昆提涅也是一位农学家，他细致地观察自然，勤做笔记。他与勒诺特尔不同。勒诺特尔没有向别人传授一点儿知识，没留下一部著作或者一幅绘画；但拉·昆提涅慷慨地向学生讲授植物学的知识，桃李遍天下。拉·昆提涅的研究很有意思，例如，他曾思考，月亮对植物的生长和品质是否有影响。为此，他在数年间详细地记录了播种和采摘的日期，还标明了雨量、气温、光照、风向和月亮的方位。他最后得出的结论是：糟糕的园艺师才把植物长不好怪罪到月亮头上。

拉·昆提涅是一个天才，他似乎能同植物讲话，也能听懂它们的话。他理解它们，也从它们那里得到他想要的回馈。拉·昆提涅是一位先行者，他最早培育出不在正常成熟期之内成熟的果实。他还提出了"时鲜蔬菜和水果"的概念。这位皇家园艺师可以让路易十四在一年当中的大部分时间里吃

得上芦笋，在初春品尝到鲜美多汁的草莓，他甚至有本事让国王吃到外国的奇珍异果，比如无花果。

　　1687年，路易十四给拉·昆提涅授予了爵位。他鞠躬尽瘁，积劳成疾，1688年11月11日与世长辞，享年62岁。国王为此深感痛惜，向他的遗孀表达了哀悼之情："夫人，您先生的离去是我们的一个巨大损失，而且永远无法弥补。"不过，拉·昆提涅的死并没有引起太大的波澜，没有多少人为他流泪，甚至没什么人知道这件事。他曾简朴而低调地活着，也悄悄地离去。

　　如今，除了他设计的那些园子，拉·昆提涅还为世人留下了什么呢？他创建了几所农学院。凡尔赛城没有一条街道是以他的名字命名的。人们更喜欢把这份荣耀给一些"战犯"将军——在我看来，这些将军的确是有罪的，因为他们把刚刚成年的小伙子送往战场。幸运的是，伟大的拉·昆提涅留下了不朽的作品，继续影响着一代又一代的园艺人。他的著作《果园和菜园指导》在他去世两年以后出版，至今仍被园艺家、历史学家和植物学家奉为园艺领域的《圣经》。

　　在写给国王的一封信中，拉·昆提涅提到自己为何乐于与他人分享知识。他喜爱植物，喜爱园丁这个职业，也顺便奉承了一下国王：

　　　　大自然完全顺应陛下的旨意，视陛下为它最完美的创造。它将大地蕴藏了几千年的能量赐予了陛下。普通百姓为了养家糊口，需要每天付出汗水向大自然母亲索取食物，但大自然在顾怜他们时，总会为他们的田园带来荆棘和刺。只要陛下肯发发慈悲，帮助这些有田可耕的幸运的人，那么在您的神圣荣耀下，在人性的光辉下，从古至今都没有解决的粮食问题将不再是问题。

有的园艺师已经归于尘土，有的还健在，在所有园艺师里，我最推崇的便是拉·昆提涅。他的人生观和人文精神最令我敬佩。

夏尔·佩罗非常欣赏拉·昆提涅的著作。他为拉·昆提涅创作了一首优美的长诗，热情地赞扬其在尊重自然的前提下驯服了自然。我觉得，以这首诗的结尾作为拉·昆提涅的墓志铭再合适不过了：

> 超绝出众的拉·昆提涅，
> 我们的时代享受你天才般的馈赠；
> 你出生的那片土地，
> 在你的照料下产出甘甜的瓜果，
> 你想用你美妙的笔，
> 将你的博闻广知和秘密
> 传授给下一代，
> 再传给一代又一代，
> 让所有的气候和天气都幸福如蜜。
> 我赞颂你，天空无法给你光亮了，
> 就让整个大地温暖你。

La Roche-Courbon

拉罗什 - 库尔邦城堡

　　若要寻找欣赏拉罗什 - 库尔邦城堡及其花园的最佳角度，那就请坐在水道两旁的楼梯上吧。花园的美景尽收眼底：近处，古老的建筑倒映在运河中；远处，方形花坛里姹紫嫣红。

　　相信皮埃尔·洛蒂游览至此时，必定对眼前的景色感到痛惜：当时，拉罗什 - 库尔邦城堡和花园位于一片荒芜的森林中央，它们已彻底废弃。1908 年，洛蒂在《费加罗报》上呼吁人们关注此事："谁愿意去拯救这片年代久远的森林，还有里面那座封建时期的城堡？"日复一日，年复一年，他的呼吁石沉大海，无半点儿回音。洛蒂近乎绝望的号召毫无作用。两年之后，他写了一本书，题为《"睡美人"城堡》。在书中，洛蒂描写了自己的感受，也提到自己虽然在离城堡仅一步之遥的地方住过很久，但始终未被允许进入城堡参观：

　　　　在街道的尽头，夜晚的绿色忽然变得浓厚了；这里挺拔的橡树已经活了几百年，交错的树干上长满了青苔和蕨类。"睡美人"城堡的样子逐渐清晰起来。在幽暗的光线中，我们首先看到的是锈迹斑斑的铁栅栏和长满苔藓的台阶。拾级而上，那是一个有着皇家气派的巨大台地。更远些，枝叶掩映之间有一面墙和几座塔楼，它们在秋日的太阳下闪着金光。荒废的台地边上是两座路易十三时期的楼

259

阁，百年以来一直封闭着。台地下面三四十法尺处是河流。河边的林子里有杨树、圣栎、灯芯草、蕨类、睡莲，那是一片杂乱的丛林。

他还写道：

此地最有价值、最独一无二之处，便是我们从城堡上面和塔楼卧室的窗户向外看到的景象：层层叠叠的台地，古老的法式花园；再往外看，目之所及，尽是遥远，让人忘记了生活的时代——这里仿佛不属于任何时代；如果你愿意，你可以认为这是在中世纪，甚至是高卢人的时代；这里只有安静生长的枝桠和无尽的祥和，没有人去打扰。空气中永恒地弥漫着树、青苔和泥土的气息。南面的山沟里是树林，我正是穿过这片树林来到城堡。往西走，在河流和岩壁的上面是另一个树林，林子里荆棘丛生，还零零散散分布着几块高卢－罗马式墓地。在我们的视野之外，树林邻近一片奇特的小碎石堆。北边，重峦叠嶂，林木繁茂，绿意盎然，连秋天也无力把它们染成黄色……

1920 年，洛蒂的号召终于获得了响应。一位来自圣东日、名叫保罗·舍纳罗的人读了洛蒂的文字后十分感动。他们见了面，保罗·舍纳罗决定贡献自己的财富来整修拉罗什 - 库尔邦。保罗·舍纳罗是一位商人，经营罐头生意。他的主要收入来自在马达加斯加的生意，赚来的钱又立刻被他投入到"拉罗什 -

库尔邦公司"。这个公司是他为拉罗什 - 库尔邦专门成立的，是家族性的，而且十分有活力。拉罗什 - 库尔邦花园的翻修工程始于 1928 年，但在 1939 年 "二战"爆发后被迫中止了。战后，花园的翻修工作又重新启动，而且没有再中断。保罗·舍纳罗找来当时最杰出的工匠，并把花园的整修工程交给了园林设计师费迪南·迪普拉。这位设计师可不简单，英国、瑞典和丹麦的王室都曾找他做过设计。

拉罗什 - 库尔邦城堡始建于 1475 年左右，建造者是让·德·拉图尔。那个年代战火纷飞，英法两国战乱不断，拉罗什 - 库尔邦城堡最初是按照堡垒进行设计的，目的是抵御英军的侵犯。拉罗什 - 库尔邦城堡造型简单，但建筑异常坚固，四个塔楼加上城堡主塔可以很好地保证其主人的安全。城堡外的设计也很考究，附近的沼泽地可以有效防御外敌的袭击。17 世纪，拉罗什 - 库尔邦城堡有一位主人叫让·路易·德·库尔邦，在他的努力下，城堡外建起了非常漂亮的法式花园。然而，当时的朝廷还在巴黎，贵族们唯一的愿望便是住得离国王更近一些。拉罗什 - 库尔邦城堡的主人一家也一样，于是他们离开这里，搬到了巴黎。

从前用来保卫城堡的沼泽洼地变成了城堡的敌人。费迪南·迪普拉设计的花园着实令人叹为观止，但二十年后，沼泽地无情地吞噬了越来越多的土地。花坛、小径和建筑物每年都在下沉。人们又重新行动起来。1976 年以来，新一轮的翻修、加固工程持续了二十多年。这是一项浩大的工程，需要往土地里嵌入 2500 根木桩，而且要延伸到地下 13 米的地方。

拉罗什 - 库尔邦城堡的花园还没有竣工，至今还有未完成的部分。城堡周围的森林却是另一种命运。它早已接近荒芜，而 1999 年的风暴更加速了它的消亡。皮埃尔·洛蒂若是在世，肯定希望这片森林恢复往日的繁茂景象。当他还是个青年时，在这片森林当中，他曾依偎在一个漂亮的吉卜赛女郎的臂弯里——至少他自己是这么说的。

Lemire (L'abbé)

勒米尔神父

伏尔泰让笔下的"老实人"甘迪德说出这句话："我们应当培育自己的花园。"不过，要想培育一座花园，首先得有一块土地。勒米尔神父毕生的事业便以此思想为指导。他是一位富有创造力的、慷慨的教士。19 世纪 90 年代，勒米尔神父为了改善法国北部工人的生活境况而奔波奋斗。在那个年代，整个国家都处于动荡不安之中。工厂主毫不在乎雇工的状况，政客们对这些"低等人群"的问题也漠不关心。为了能扩大影响力，勒米尔神父努力当上了议会议员。他一当选便奋力疾呼：

以人权和家庭权的名义，我希望，18 岁以下的青年男工和女工每周的工作时间不得超过 60 个小时，每天的工作时间不得超过 11 个小时。

　　勒米尔神父在发言中阐述了工人的恶劣工作条件。英年早逝的诗人让·费拉对这个黑暗的时期做过十分贴切的描绘：

> 老年的雨果在流亡时大声斥责的，
> 5 岁的儿童在矿井里为之工作的，
> 亲手建造起一座座工厂的，
> 梯也尔口中我们枪杀了的，
> 皆是法国

　　1893 年 12 月 9 日，一名叫奥古斯特·瓦扬的无政府主义者在议会开会时引爆了一枚炸弹。只有勒米尔神父受了伤，但幸好不严重。这次事故让他在民众之间威望大增，其他议员对他也更为敬重。他的主张得到了众多支持，但是在 1894 年 7 月，他依然没有成功推动议会通过关于家庭的法律。他想"让人民牢牢地扎根于土地，因为土地是家庭赖以生存的基础；让工人从无产阶级中解脱出来，因为无产阶级会监视和腐化他们"。

　　勒米尔神父相信，打理菜园能让人远离酗酒。但没人听他这一套。于是，1896 年，他自己决定成立了一个"法国土地和家园联盟"。这个联盟的名字很有意思，勒米尔神父希望以此建立"工人花园"。但要想成功谈何容易，他自己也心酸地承认："有时，实现愿望的过程充满艰辛。"鉴于勒米尔神父的

社会活动、政治职位和颠覆性的理念，主教辖区决定对他进行惩罚，禁止他再主持弥撒。直到教宗本笃十五世介入，帮助他继续战斗，他才最终在议会获得了胜利。

1928 年他去世的时候，法国的很多工人已经拥有了自己的花园。"二战"结束后，法国有 700000 个贫困家庭能在自己家的花园里种菜养花。不过，"工人花园"的名称不甚中听。1952 年，国家通过了一项法令，将"工人花园"更名为"家庭花园"。尽管工人们社会地位不高，但把他们家的花园称作"工人花园"确实是不合适的。同类型的花园在英国的称号更不雅，1900 年左右，这种花园被英国人称作"穷人的田地"。

到了今天，"家庭花园"成了再普通不过的场所。在法国，有几十万个这样的花园，一般分布在郊区。不过，花园的主人面临的经济压力不容忽视。随着城市的不断扩张，土地价格飞涨，开辟和养护花园变得越来越艰难。

最近几年还兴起了一些"生态公民花园"或"共享花园"，可以让贫困人口自己动手种菜种粮，也在社会中重新找到一席之地。

我对"家庭花园"充满热爱。春日里，我喜欢看戴着鸭舌帽或贝雷帽的老人们在这些花园里晒太阳。诚然，"家庭花园"远远称不上完美，但我很欣赏这些绿色小岛一样的土地。它们就

在林立的楼房中央，里面长着南瓜和红彤彤的番茄；菜地里混杂着花，花有时甚至妨碍了蔬菜的生长。这些狭小的花园里有一种不可名状的平和、安宁，人们呼吸的是自由，感受的是幸福。

Linné (Carl von)

卡尔·冯·林奈

　　我知道，很多园艺师并不能辨别出一些植物究竟是什么品种。我甚至相信，很多园艺师连他们所养护的大部分植物都不知道叫什么名字。不得不说，清楚地了解如此庞大的植物群体实非易事。仅在法国就有 36000 种树木、灌木和多年生植物，更何况植物学家们还在不断培育新品种。例如，谁能区分一棵长着枫叶的悬铃木和一棵长着悬铃木叶的枫树？人们为什么管洋槐叫 "acacia"，而 "acacia" 事实上指的是金合欢（mimosa）？而谁又知道，真正的 "mimosa" 根本不是 "金合欢"，而是 "含羞草"，也就是那种原产热带、一受到触碰就闭合的草本植物？

　　我参加过大大小小的职业考试，其中最令人害怕的便是辨认植物。考生需要通过桌子上摆放的枝叶判断出这是哪种植物，然后写出植物的名称和科属。其实，除了一些形状很奇特的树叶，很多树叶长得极其相似。

　　我经常有此疑惑：从前的植物学家们是如何确定植物的种

类的？他们不可能夹着一本百科全书走遍非洲的原始森林吧？今天，我们只需轻点鼠标，就能在网上浏览成千上万的数据，查询到几百本带有配图的专著。

没有一定量的知识储备是当不成园艺师的。如果我们不知道植物的名称，怎么会了解一棵成年的树究竟有多大，秧苗的最佳播种时间为何时，又如何养护一个珍贵的植物品种呢？1755年，卡尔·冯·林奈说过这样的话："不知其名，则失其实。"对园艺学的爱好者或从业者来说，卡尔·冯·林奈的名字可谓如雷贯耳。他无疑是对植物学做出巨大贡献的最伟大生物学家之一。

1707年，林奈在瑞典出生。他学习的是医学，但很快对植物学产生了兴趣。他不喜社交，但善于学习。1732年，林奈被派往萨米学习。在漫长的五个月中，他在极其恶劣的环境条件下走过了2500公里路程。他一直随身带着记事本，把观察到的东西详细地记录下来。他还在记事本上画各种花、昆虫、动物、岩石，只要他感兴趣的就统统画下来。后来，林奈回到了瑞典，但没有找到适合他的工作。于是，他在斯德哥尔摩开了一家诊所。奇特的是，他的专长是医治梅毒，这种病症在当时危害巨大。林奈的治疗技术精湛，来诊所找他看病的人络绎不绝，他的病人里甚至有王室的那些大人物。林奈对周围的世界一直保持着浓厚的兴趣。他创立了动植物双名命名法，即用属名和种加词命名动物、植物和岩石。林奈精通拉丁语，可以

流利地用拉丁语与欧洲的大师们交谈，其中就包括他非常尊敬
的贝尔纳·德·朱西厄。他游遍全国，采集标本，还写诗纪念
自己的发现，下面是他1751年创作的一首小诗：

> 休耕地上有一抹红棕色，那是酸模。
>
> 山坡上爬满了亮蓝色的蓝蓟，
>
> 绝美，别处未曾有过。
>
> 火黄色的雏菊，金黄色的金丝桃，
>
> 照亮了田野和沙地。
>
> 山谷里的剪秋罗红似血，芬芳的石竹白似雪。
>
> 路两旁，蓝蓟、菊苣和牛舌草斗艳争奇……

　　林奈的付出得到了几乎所有人的尊重，他声名远扬。但是
这样一位杰出人物也并非十全十美。他是植物学界的大师，但
同时又是彻头彻尾的"白人优越主义者"。1758年，林奈把欧
洲人列为最高等的人种，他认为，欧洲人的智慧和勇气都超越
其他人种，最低等的是黑种人。林奈被认为开启了科学种族主
义，不少黑奴贩子就借他的言论为自己的犯罪行为开脱。这样
一位大人物怎么会如此迷失自我呢？是不是因为他在世时获得
了过多的赞誉，以至于让他的头脑发昏？林奈喜欢对各类事物
发表见解，即使是那些难以证实的事。例如，他宣称，伊甸园
是一座山，周围有水环绕；他还指出，海拔不同，气温会有相
应的变化。林奈说的话经常自相矛盾。他坚称，烟草就是危险
的毒药，吸烟危害健康，但他自己却从未戒烟。不过，瑕不掩瑜，

林奈依旧可以被称为有史以来最伟大的生物学家之一。他一生当中对 7700 种植物进行了分类。他竟然能辨认、区分和命名7700 种植物啊！向他致敬！

Lis (Michel)

米歇尔·利斯

　　2003 年 8 月，经由我的朋友让 - 皮埃尔·科夫推荐，我与法国国际电台（France Inter）合作，主持一档关于花园的节目。我的助手叫马蒂厄·维达尔，他是一个聪明友善的小伙子。我原本以为在我正式主持之前，电台会要求我排练几次，但实际上并没有。虽然是"新兵"，但我直接"披挂上阵"主持了起来。

　　由于我有些怯场，第一期节目就像噩梦一般。那天早晨做节目时，我决定现场连线米歇尔·利斯。在我之前，这档节目由他主持，他对电台贡献很大。令我宽慰的是，米歇尔·利斯很健谈。他不厌其烦地向听众们解释自己因健康原因而不得不退出。我看着时钟一点一点地走着，留给我发言的时间不断缩短。之前，我有时候也会回答记者的提问，但我很清楚，我的话会被删掉一些，只播出最"精华"的部分。但是这个节目完全不同。我仿佛应当知道所有关于花园的知识，而且得 15分钟不间断地讲话。这漫长的 15 分钟啊，对我来说就像一个世纪。

第二周我来到电台时，晨间节目的总编辑交给了我上一周的读者来信。我竟然收到了这么多信件和明信片！这是数十位听众给我寄来的，我迫不及待地要打开它们看个究竟。在看之前，我已经对来信内容做了设想：应该会有一位年轻的女子热情地赞扬我，一位退休人员夸赞我的幽默感，甚至可能会有女性听众寄给我照片。我骄傲地打开第一个信封，然后不无惊讶地看到里面是这样写的："先生，您可能是王之园艺师，但您绝不是园艺师之王。"我非常沮丧，不知道说什么好。总编辑亨利·沙尔庞捷安慰我说，这没什么大不了的，类似的信件很常见。好吧。我决定打开第二封信。这次我彻底被击垮了："米歇尔·利斯一无是处，您连他都不如。"

　　我作为新手，受到别人的质疑是正常的，但我不能理解人们为何批评米歇尔·利斯。他从业三十年，用激情感染了数以百万计的听众。当然，米歇尔·利斯的风格不一定人人喜爱，他开的玩笑很特别，可能会得罪某些人。但是，没有人可以质疑他的学问。那么，我们又对他了解多少呢？其实很少。

　　米歇尔·利斯常说自己是撒着萝卜种子学会走路的。他的新闻生涯起于报刊。他是知名记者，曾在《队报》《巴黎人报》《巴黎竞赛画报》工作过。他的才能有目共睹，后来进入法国当时发行量最大的画报《7日电视报》工作，并坐上了总编的宝座。1972年是米歇尔·利斯人生的转折点，那年，他来到了法国国际电台。当时，法国国际电台的伊芙·鲁杰里正在寻找一位伙伴，共同主持一档关于花园的节目，但她苦于找不到合适人选。她将这一情况告诉米歇尔·利斯，米歇尔·利斯则向她表达了自己对花卉、水果和蔬菜的热爱，他们一拍即合。然后，他们一起撰稿、做节目，米歇尔·利斯真正成了一位园艺人。后来，米歇尔·利斯继续在电台工作的同时，还涉足电视领域。我还记得，我有时早晨看电视不那么准时，但这位园艺师永远守时，向观众讲述关于季节的谚语。我清楚地记得下面这则谚语，因为它太有意思了："四月不露屁股，冬天就没走出。"

我经常在展览会上见到米歇尔·利斯。他还是那么精力充沛，而且不知疲倦地为别人献计献策。

Lude (Le château du)

吕德城堡

法国跟苏格兰不一样，很少有城堡"闹鬼"。我们不指望在吕德城堡的宫殿及其花园里碰到鬼怪，但这里流传了几百年的奇妙传说引人遐想。

在吕德城堡所在的省，书店里卖的旅游指南上必定写着："一千年以前，有一个魔鬼选中了吕德城堡，来到这里作祟。为了把城堡主人的财产骗到手，这个魔鬼先是变化成一个性情温和的仆人。但他运气不好，本想杀死城堡主人，但计划泡汤了。后来，这位撒旦的使者被一位驱魔人赶回了地狱的滚滚烈火之中。"这个故事深入人心，直到今日，吕德城堡的一个塔楼还被称作"魔鬼楼"。奇怪的是，当人们询问城堡主人一家的时候，他们纷纷表示对此故事一无所知，而且不无狡黠地说明，传说中的"魔鬼楼"其实建于 1860 年，并不是传说中的一千年以前。

如今我们所看到的城堡是在中世纪的一个堡垒的基础上修建的。传说（又是一个传说）当时的城堡主人想尽可能地靠近卢瓦尔河，于是派一批挖土工跑去将卢瓦尔河改道，引水至城堡附近的一条河流。有的当地人一直对此深信不疑，他们会告诉你，离城堡几公里外的一条小水沟，当年曾是卢瓦尔河的河床。

这个迷人的地方曾经发生过多少悲剧、见证过多少阴谋啊！1427 年，吉尔·德·莱斯男爵率兵摧毁了吕德城堡，赶走了驻扎在此的英国敌军。吉尔·德·莱斯男爵战功赫赫，但他的最终下场是被起诉、逮捕和处死了。童话《蓝胡子》的原型便是吉尔·德·莱斯男爵。现实中的他被指控在进行黑巫术的仪式时杀害过几百名儿童。

二十年后，让·达永成了这片领地的主人。他拥有贵族头衔，而且十分富有。他拥护查理七世当国王，但后来当上国王的是查理七世的儿子，即路易十一。让·达永害怕路易十一报复他，于是躲藏到离自己的城堡几公里外的一个岩洞里，一躲就是七年。这个岩洞一直保存到现在。让·达永最终得到了路易十一的谅解，于是又搬回自己的城堡，安逸得住了起来。

17 世纪，城堡的主人决定把碉堡拆除，改成一片长长的台地，在台地上建造了一个真正意义上的花园。从那以后，花园经历过多次改造，变得越来越美。在这个过程中起了很大作用的有两人——爱德华·安德烈和芭芭拉·德·尼古拉。城堡女主人芭芭拉·德·尼古拉热爱园艺，平时花很多时间维护花园，精心照料园子里的植物，比如已经活了 130 岁的紫色山毛榉。这些山毛榉的出身是一个谜。1680 年，人们在瑞士第一次发现紫色山毛榉。植物学家们纷纷前去观看，然后培育它，在欧洲各处推广它。如今公园和花园里所有的紫色山毛榉都是瑞士那棵树的后代。后来，人们还在法国和巴伐利亚东部的森林里发现了几棵自然生长的紫色山毛榉。在自然状态下，紫色山毛榉永远是"独行侠"，相近的地方绝不可能长出几棵紫色山毛榉。而奇怪的是，在吕德城堡的花园里，竟然在一块地上长出好几棵紫色山毛榉，而且长势良好。

如今，花园里再也难觅魔鬼和"蓝胡子"的踪迹。但这里处处弥漫着忧伤的气息，只有几声汽车的引擎声才让我们从昏昏沉沉的忧郁状态中清醒过来。芭芭拉·德·尼古拉每年举办一次园艺师大会，并颁发"雷杜德奖"，旨在奖励那些关于花园和植物学的好书佳作。

"雷杜德奖"奖是为了纪念艺术家皮埃尔 - 约瑟夫·雷杜德而设立的，他的玫瑰水彩画极有名。

Le Nôtre (André)

安德烈·勒诺特尔

路易十四常跟勒诺特尔说："您是一位幸运的人。"勒诺特尔应该很难否认这件事，因为国王把整个凡尔赛宫的园林设计都交给了他，而且给了他名声、财富和地位。这些年，我参加过不少会议。会议厅里经常挂着他的画像，我乐于细细地打量他。其中有一幅画是卡洛·马拉塔于1680年创作的，画中的勒诺特尔穿着华丽的衣服，骄傲地佩戴着"圣·米歇尔"骑士团的勋章[1]。这幅油画呈现的是处于荣誉巅峰期的勒诺特尔，但我在他的表情中察觉到一丝忧伤。勒诺特尔漫长的一生其实充满着悲伤和痛苦。

首先是因为他所有的孩子都相继去世，白发人送黑发人遭遇让他悲痛万分；其次或许是因为他没有按照自己内心的意愿成为一位画家。勒诺特尔出生在一个园林设计师世家，父亲和祖父均为园林设计师。他的教父安德烈·贝拉尔·德·迈松塞尔是亨利四世的园林总管。当勒诺特尔不得不为生计做打算时，父亲退下来的官职被他以捐纳的形式买了下来——他成了杜乐丽花园的总管。那是1637年，勒诺特尔仅24岁。他接下来的事业可谓顺风顺水。1643年，他当上了皇家花园的绘图师。1657年，他又通过捐纳成为皇家建筑部总监。当然，为了获得这个官职，勒诺特尔缴纳了40000里弗尔，但该官职也给他带来了丰厚的报酬。他的财富不断累积，终其一生一直过得非常滋润。后来，他堆金积玉，甚至赠给了路易十四几十幅名家画作。勒诺特尔为人严肃，常常面露愁容，但有时也不乏幽默。1675年，路易十四决定给勒诺特尔封官加爵，询问他想要在

1　由路易十一创建，旨在表彰为国家做出重大贡献的人。——译者注

自己的爵位徽章上印刻什么图案。
勒诺特尔回答，因为国王经常抱怨
凡尔赛宫园林的工程进度过于缓慢
（其实，勒诺特尔不停地告诉国王，
决定工程进度的是大自然，他一介
凡人只能遵从大自然的安排，但路
易十四仍然认为是他太拖拉），所
以他决定选择三个蜗牛作为徽章的
图案。

　　路易十四非常赏识勒诺特尔，勒诺特尔因此沾光不少。别
人很忌惮他，因为他易怒又耿直。勒诺特尔曾公开与卢福瓦侯
爵对峙，也曾在国王面前称呼儒勒·哈杜安·孟萨尔为"泥水
匠"。凡尔赛宫在建时，孟萨尔参与得越来越多。勒诺特尔建
好了一个地方，孟萨尔再把它拆掉重来。有一次，勒诺特尔从
意大利游览归来，发现自己设计的"泉水树林"——一个泉水
与葱葱郁郁的树木完美结合的树林已经被孟萨尔设计的柱廊代
替了。路易十四未理会他的意见便批准孟萨尔这样做了。勒诺
特尔十分不悦，但依然保持对路易十四的尊重和忠诚，他说：
"唉，陛下，您想让我如何说才好呢？您把一位泥水匠当成园
林设计师了。这个柱廊，只是他的一个泥水活儿而已。"

　　现在，很少有游客知道，我们所看到的凡尔赛宫园林主要
是由孟萨尔设计的，而不是园林设计师勒诺特尔。但勒诺特尔
照样扬名立万。他安息在巴黎市中心的圣洛克教堂。他的墓志
铭值得我们驻足阅读：

安德烈·勒诺特尔在这里安息，他是圣米歇尔骑士、国王的顾问，也是皇家建筑、艺术和制造部总监，参与设计了凡尔赛宫花园和其他皇家庭园。

他才能出众，知识广博，对园林艺术有着卓越的贡献。可以说，园林艺术的最动人之处均由他创造，而园林的美也被他发挥到了极致。

从某种程度上来说，他用优秀的作品展现了国王的伟大和威严。他服务于国王，受国王的恩惠良多。

他不仅造福法国，还让自己的知识传播到整个欧洲。

他无与伦比。

他生于 1613 年，卒于 1700 年 9 月。

我有时候会想，假若勒诺特尔看到自己的墓志铭该做何感想？他应该会很惊讶，也会很满意。惊讶的是人们不在墓碑上记录他的作品，而是刻下他的头衔。当然，墓志铭里提到了凡尔赛宫花园和其他皇家庭园，但这些真的是勒诺特尔最引以为豪的作品吗？我不这么认为。1689 年，勒诺特尔给英国皇家花园总监、波特兰公爵威廉·本廷克写了一封信，信中写道："您还记得您在法国看到过的花园吧？比如凡尔赛宫花园、枫丹白露宫花园、沃子爵城堡花园、杜乐丽花园，尤其是尚蒂伊城堡的花园。"从这封信中可以很明显看出，勒诺特尔最喜爱的是自己设计的尚蒂伊城堡花园。我们从字里行间也能发现，勒诺特尔并不谦虚。确实，以上所有花园均是他的创造。另外，他的墓志铭里还提到他"让自己的知识传播到整个欧洲"，对此，我不敢苟同。勒诺特尔终其一生也没有撰写过一部著作，也没有教过学生，没有传授过知识。

我对他的这一点很不满。他没能让自己的满腹才华流传下去，这是不可原谅的。要知道，这些知识是他从前辈们那里继承来并且继续发扬光大的。

勒诺特尔是法式园林艺术领域无可比拟的大师。他擅长从整体上改造风景，满足那些王室成员对花园的向往。他是名副其实的"风景设计师"。

我们且以罗贝尔·德·孟德斯鸠纪念勒诺特尔的一首诗来结束这个词条：

> 勒诺特尔在国王面前有权坐着，
>
> 这特权前无古人后无来者，
>
> 他到了暮年行动不便，
>
> 国王亲自为他驾车，跃马扬鞭。
>
> 勒诺特尔从罗马归来，疲惫不堪，
>
> 国王带他去看柱廊，那是孟萨尔所建，
>
> 他对此持反对意见，
>
> 因为是他设计了林中的水池和整个大公园。
>
> "勒诺特尔"成为一个让人如雷贯耳的名字，
>
> 他是法国人，这是我们的荣幸，
>
> 他是法式花园最杰出的设计师！
>
> 整个世界都在模仿他，但没有人成功，

因为他创造的方法是：

把自然改造成一个知书达理的女人。

Luxembourg (Le jardin du)
卢森堡公园

　　每当去参观一处历史遗迹，我都会很快想到一个问题：这个地方之前是什么样子的？古斯塔夫·埃菲尔建造铁塔之前，战神广场是什么样子？在巴黎市中心开辟出协和广场是不是得拆毁很多居民楼？直到今天，我的很多问题还没有答案。

　　因此，我很早就对卢森堡公园的历史产生了浓厚的兴趣。它建于 1612 年，当时是如何在巴黎市中心的位置找到 20 公顷的土地来建造这座花园的呢？

　　17 世纪初，卢浮宫附近不是什么好地段。那里卫生状况很糟糕，而且到了夜里就成了巴黎匪徒们的聚集之处。在离卢浮宫不太远的塞纳河的左岸，一些有钱人修建了气派的豪宅。四周是田地，里面种着瓜果蔬菜。1610 年，亨利四世被一个叫拉瓦莱克的人刺伤身亡。在他死后，王后玛丽·德·美第奇一心想远离王宫，搬到一个更僻静、更纯净的地方去。1612 年，她买下一幢独立的住宅以及周围 8 公顷的土地，然后又相继买下周围的土地。等到地产足够大了，玛丽·德·美第奇便邀请雅克·布瓦梭·德·拉巴罗迪埃为她设计了一个漂亮的花园，即后来的卢森堡公园。但花园一直没有建完，而且随着时间的流逝，花园也改变了不少。1635年，勒诺特尔开始负责花园的设计工作，花园里的几个大花坛便是他的作品。

我不仅想知道花园的历史，还乐于去了解花园名称的由来。

玛丽·德·美第奇王后买下这片领地后，经常领着她的儿子——也就是未来的路易十三——来此闲住。为了逗小王子玩耍，王后的仆人们会放出一些野猪崽，让小王子尽情地打猎。王后买下的住宅前主人是皮奈-卢森堡公爵，这栋住宅就是他建造的，后来经过改造成为了今天的卢森堡宫。

现在，法国的参议院设在卢森堡宫。参议员工作的窗户外，成千上万的巴黎人在跑步锻炼。在此之前，卢森堡公园经历过大大小小的波折。它的历任主人或扩建它，或缩小它的规模，或干脆任它荒芜。奥斯曼男爵改造巴黎城时，将卢森堡宫和卢森堡花园收归国有。男爵计划修建一条新的大道，从卢森堡花园中间穿过去。这在当时引起了很大争议。花园最终还是被"截肢"了一部分，被"截"的主要是沙尔特勒苗圃。这一决定让巴黎人民很愤怒，但当局丝毫没有妥协。沙尔特勒苗圃种着果树和装饰植物，它已经不止一次遭受如此待遇。1849年2月9日，卢森堡公园里竟然出现了伐木工人，对此，维克多·雨果在其著作《见闻集》中表达了自己的遗憾之情：

掌玺大臣帕基耶说："有一天，我想去参观卢森堡花园……"

他停住了。我问："然后呢？"

"然后，人们把它全搞砸了，全都重新弄了，或者不如说全都毁了。我没有进到卢森堡宫里面参观，只是看了一下花园。所有的东西都乱七八糟。人们竟然在苗圃里开辟出英式小路！苗圃里有一条条小路！你能理解吗？这太蠢了！"

"是啊"，我说："一件件大荒唐事里面夹杂着小蠢事，时间就是这么形成的。"[1]

沙尔特勒苗圃先是被改造成了英式风格，随后又成了道路建设的牺牲品。居伊·德·莫泊桑也记得这个苗圃，他在1882年写道：

它像一个被遗忘的20世纪的花园，美得像一位老人温柔的微笑。枝叶繁茂的树篱隔开狭窄而整齐的小路。树篱修剪有方，小路平静安详。园丁用巨大的剪刀修剪这些绿色的隔墙。边走边看，有花坛，有像中学生队列一般的袖珍行道树，有漂亮的玫瑰花丛，还有一棵棵结满果子的树。[2]

当时莫泊桑正值壮年，每天早晨都去卢森堡公园散步。他最爱的是坐在一个长凳上读书，或者与常来公园的人们聊天，其中有一位老人跟他讲："这个花园给我们带来快乐，是我们生

1　维克多·雨果：《见闻集》。

2　居伊·德·莫泊桑：《短篇小说集》。

活的一部分。以前的东西只剩下这个花园了。如果连它都没有了，我们的生活好像也没有了意义。"

1885 年，另外一位同样有才华的作家——阿纳托尔·法朗士也描绘了类似的感受，他非常喜欢漫步于公园小径：

> 十月初，我穿过卢森堡公园的一条条小路。那是最令人感伤的时节，也是最美的时节。叶子一片一片飘下，落到雕塑的白色肩膀上。我在花园里看到一个小学生，手揣进衣兜，背着书包，像一只小麻雀一样蹦蹦跳跳地上学去。[1]

从前，确实有很多孩子来卢森堡公园玩耍，他们会坐在绵羊拉着的童车里。如今，园子里还提供另外一种娱乐活动：有些可怜的小种马被用来给孩子们练习骑马玩。孩子们还可以进行水上活动，比如把船的小模型放到水里驱赶鸭子，而鸭子们则对这些"袖珍小船"冷眼相看。

让卢森堡公园成为孩子们玩耍的天堂，最早提出这个愿望的人是拿破仑。他可能是想借此让大家忘记：卢森堡公园在法国大革命期间曾是脏兮兮的监狱。然而，没有什么能阻止人类的野蛮行径，哪怕是孩子们天真无邪的笑容。1871 年 11 月，巴黎公社的很多成员在此被枪决。在"二战"中的占领时期，德国军队关闭了卢森堡公园，还在园里安装了射击同盟国飞机的武器。"二战"即将结束时，解放法国的斗争打响了，公园

---

1 阿纳托尔·法朗士:《我朋友的书》。

里橘园周围老棕榈树的树干上还能见到当年的弹痕。

　　阿兰·波埃做参议员议长期间，我有幸优先参观了公园里的橘园。阿兰·波埃在一个面积不大但十分漂亮的小屋子里接待了我，这个屋子就在沃吉拉尔街与橘园后面的交界之处。我仔细参观了一下这个小橘园，还品尝了那里人工饲养的蜜蜂所酿的蜂蜜。莫泊桑也很喜欢蜜蜂：

　　　　这片迷人的小树林的一角住着蜜蜂。一个个蜂巢之间巧妙地留着缝隙，蜂巢的大门向太阳张开，像顶针的针头一样。沿路还能见到嗡嗡直叫的金黄色的小蜜蜂。它们是这个祥和的地方真正的主人，是这些僻静的小路上真正的漫步者。

Majorelle (Le jardin)

马约尔勒花园

我刚来凡尔赛宫工作时，发现所有的橘子树栽培箱都被涂成了白色。1991 年，皮埃尔·安德烈·拉布劳德被任命为首席建筑师，他上任后当即决定把这些栽培箱改涂成绿色。几年以后，他又命人把小树林之间的栅栏重新涂上了颜色，由王室蓝改成了绿色。既然颜色是按照拉布劳德的要求改的，园丁们自然就称该色为"拉布劳德绿"，不知道这个名称会不会延续下去。

1931 年，为了把位于马拉喀什自家宅邸的墙涂上色，雅克·马约尔勒发明了一种蓝色涂料。如今，他家的墙面、阳台、水池的栏杆和家用的器具还涂着这种颜色。这是一种有力的、深沉的、光彩熠熠的蓝色，让我想到上小学时用的蓝色墨水。

雅克·马约尔勒深信 1924 年买下的这片土地将会成为北非最美丽的花园。他用很多年的时间种植了竹子、几百棵棕榈树和大量仙人掌。仙人掌真是一种奇怪的植物，它们的叶子进化成刺，以此减少水分的流失。在沙漠地区，找到充分的饮水资源十分困难。尽管动物们觊觎仙人掌体内丰富的水分，但碍于仙人掌的刺，它们的牙齿再锋利也无法施展。除了以上植物，雅克·马约尔勒还种植了大量盆栽。这些植物形成了一个和谐、优雅、精致的整体。因此，我们很容易理解伊夫·圣罗兰和皮埃尔·贝尔杰为何对位于马拉喀什市中心的这片花园情有独钟了：

伊夫·圣罗兰和我第一次来到马拉喀什时，和所有人一样，我们被这座城市的美丽深深地吸引住了。但令我们没有想到的是，我们爱上了一个神秘的小花园。它的墙被粉刷成奇特的蓝色，跟马蒂斯的画一样；它隐藏在一片竹林当中，环境十分静谧，远离喧嚣和狂风。它就是马约尔勒花园。几年过后，我们买下了这片宝地，而且致力于维护它。

我发现，几乎所有的花园都曾荒芜过，可能是由于主人破产或去世了，也可能是由于风暴、战乱，或仅仅是被遗忘了。马约尔勒花园也经历过很多苦难。1947 年，为了满足游客们的好奇心，马约尔勒决定将花园对公众开放。马约尔勒本来波澜不惊的生活在一次车祸后发生了巨变，他的一只脚被截掉了。后来的几年里，喜悦和悲苦交替上演着。他离婚，又再婚。他继续作画，并把前所未有的激情投入到花园当中。然而，残酷的命运又一次降临在马约尔勒身上。这次，他的股骨骨折了，不得不离开摩洛哥的工作室，回到法国养病。他病魔缠身，身体日渐虚弱下去。1962 年 10 月 14 日，他永远地离开了人世，长眠在南希市公墓，与他的父母安葬在一起。

这位热衷于旅游和异国风情的画家、装饰家留给了我们什么呢？

首先当然是画作。马约尔勒游遍非洲，用画笔记录了非洲

的自然风景、城市风光，当然还有人们的日常生活。他还喜欢
画黑人女性。模特通常是裸体的，在他的花园里摆好姿势给他
画，模特的旁边就是巨大的蕨类植物，或者长满水草的水池。

马约尔勒花园之所以能如此耀眼，伊夫·圣罗兰和皮埃
尔·贝尔杰做出了巨大贡献，他们把它从濒临荒芜的境地挽救
回来。作为马拉喀什最有名的花园，马约尔勒花园是来摩洛哥
旅游的人们必游的景点。

Malmaison

马尔梅松

我不迷信，但我越来越相信，有些名字会带来厄运。"马
尔梅松"（Malmaison）听起来实在不悦耳[1]。一个世纪以前，
马尔梅松城堡花园还光芒万丈，如今却因维护不善，状况堪忧。

但我不会责备马尔梅松城堡花园的工作人员，因为我知道，
他们所享有的经费少到可笑。

马尔梅松城堡曾是一位野心勃勃、美丽又睿智的女人——
约瑟芬皇后居住的地方。城堡外有一个雅致的花园，约瑟芬皇
后命人栽种了很多珍贵植物品种。约瑟芬热爱植物学，她经常
在城堡里的客厅或花园里的大温室中举办沙龙，邀请学者和艺

1　马尔梅松的法语"Malmaison"可看作"mal"（坏的，病的）与"maison"
（房子）的结合，因此作者说它"不悦耳"。——译者注

术家来此交流。著名画家、植物学家雷杜德是这里的常客，他的很多画作都取材于马尔梅松城堡花园里的植物。靠这些作品，他名利双收。

有一段时间我对拿破仑非常着迷。我想参观他住过的所有地方，当然不包括他潜返回法国时号称接待过他的数十家旅馆，也不包括悲凉而遥远的圣赫勒拿岛上他的住所。我也阅读过关于拿破仑的大量著作，了解到拿破仑登上厄尔巴岛时，曾宣布当紫罗兰再次盛开时，他将重返法国。拿破仑履行了这个诺言，于1815年3月1日登陆儒安港。他的支持者们夹道欢迎他，护送他向巴黎挺进，而且自然而然地取了一个绰号——"紫罗兰小伍长"。紫罗兰的象征意义影响很深，拿破仑的帝国彻底倾覆后几年之内，报刊上都禁止出现紫罗兰的形象；连公园里的园丁也禁止在花丛里栽种紫罗兰，否则将被列为"波拿巴主义者"，下场可想而知。

拿破仑的活动范围极广，他的住处也随着活动地点的变化而改变，但都是一些极为漂亮的宫殿，例如特里亚农宫、枫丹白露宫、贡比涅王宫、圣克卢城堡、杜乐丽宫。在所有行宫中，拿破仑住得最舒服的肯定是他的妻子约瑟芬皇后所在的马尔梅松城堡。拿破仑非常宠爱妻子，喜欢去找她，在她的温柔乡里享受爱情的甜蜜。他也很欣赏马尔梅松城堡周围质朴的环境，会在清晨沿着花园的小路散步。拿破仑散步的这个花园是英式风格的，对一位常年同英国军队作战的军人来说，这真是有点儿奇怪。拿破仑运筹帷幄、向军队发号施令，约瑟芬则命令园丁好好地养护花园及大温室。温室里种着几千种花卉，约瑟芬以此怀念马提尼克老家。

　　尽管与拿破仑的婚姻走到了终结，但约瑟芬皇后从不缺少植物学界的良师益友。拿破仑在圣赫勒拿岛上奄奄一息时，约瑟芬正要把一些珍贵的植物品种进献给俄国沙皇。直到 1814 年 5 月 29 日约瑟芬去世，马尔梅松城堡花园依然是全法国最美、养护得最好的花园之一。随后花园就没落了。

　　约瑟芬的儿子欧仁继承了马尔梅松城堡。他去世后，他的妻子马上把城堡及花园卖给了一位银行家。

　　1842 年，费迪南七世的妻子买下了马尔梅松城堡。讽刺的是，拿破仑曾与王室、与君主制战斗了一辈子，如今马尔梅松城堡却变成了王室家族的财产。费迪南七世的妻子在此居住了二十多年，然后把它卖给了拿破仑三世。特里亚农宫很幸运，它拥有安托万·里夏尔这样勇敢的园林设计师，他竭力反对将宫殿外的花园分割开；马尔梅松城堡花园则缺少这样的人物，没有人能完完整整地把它保存下来。1877 年，就连国家都把它出让给了一个商人。这个商人不知羞耻，转手就把花园卖出去了。

　　到了今天，726 公顷的马尔梅松城堡花园还剩下了什么？几乎什么也没有。只剩下毫无遮拦、将乡村景色一览无余的 6 公顷土地，破败的玫瑰园，老旧得奄奄一息的花坛……不过，植物的品质、花园维护的好坏、花园面积、周围视野并不是花园的全部。懂它的人能感受到它的灵魂、魅力和感染力。

　　在马尔梅松城堡花园，我们很难不去想到约瑟芬和拿破仑。参观完城堡和花园后，我最后看了一眼那棵老雪松。为了纪念拿破仑在马伦哥战役中的胜利，1800 年，人们种下了它。它是军事胜利的象征，如今则是唯一活着的"见证者"——它见证了约瑟芬和拿破仑的爱情，也见证了花园由盛转衰的历史。

Marly

马利

马利城堡现在几乎一无所有了，而有人竟然试图恢复它昔日的奢华景象。他们大概不知道这句话吧："现在和过去是两码事。"1793 年，法国大革命方兴未艾，马利城堡的家具都被变卖了，花园里的喷泉被拆掉了，连雕像和大理石长凳也被搬走了。1803 年，马利城堡整片区域被卖给了一位企业家。他在这里建造起一家缫丝厂，把马利城堡弄得千疮百孔。直到拿破仑买下了它，将它作为打猎时的一个行宫，它才被拯救回来。尽管拿破仑没有整修马利城堡花园，但起码让它免遭地产商大肆炒作的厄运。从那以后，马利城堡就收归国有了，但国家很少花心思维护它。事情直到 2009 年 6 月 1 日才有了转机。政府决定将马利城堡划到凡尔赛宫的区域中统一管理。马利城堡终于引起了建筑师、博物馆馆员和园艺师们的注意，他们开始思考它的未来。在成为凡尔赛宫花园的负责人之前，我已经对马利城堡及其花园非常熟悉。夜幕降临，花园的大门未闭时，我常去散步。

热拉尔·马比勒是凡尔赛宫及其花园的首席管理员。这位博学的人对马利城堡怀有一种别样的温柔。在撰写一部关于马利城堡的著作时，他找寻到维克托里安·萨尔杜写的一篇文章。维克托里安·萨尔杜是著名演员，他描述过自己首次参观马利城堡花园时的感动之情。而我第一次穿过城堡大门进到里面时，也是完全同样的感受：

> 我永远不会忘记第一次走进花园的大门，扑面而来的是怎样的一种感动，这种感动只在画中才能找到。天色暗下来，天空中飘着细细的、不间断的雨，不似骤雨般热闹狂躁，而像雾气般绵软忧伤。茹弗内创作的两个盆饰装点着两个壁柱，这里从前是护栏。我推开一扇小门，跨过门槛，映入眼帘的是一个宽阔的场地。多么壮观！多么孤独！多么令人感伤！这里有一个破败的圆形广场、旧马厩和旧工具棚。我的面前是一个陡坡，两边的墙上从前装饰着绿篱……再往外看是满眼的碧绿。漂亮的树排成一排，像阶梯教室一样分成几层。一条小道从中间穿过，像在树墙上撕了一个大口子。所有这些都在雨面前屈服了，它们浸泡在雨里，可怜地颤抖着！听不到一声叫喊，见不到一丝生机……孤独在荒芜中哭泣。[1]

一百年过去了，几乎什么都没变。唯一改变的应该是越来

1　维克托里安·萨尔杜，引自 G. 马比勒，L. 贝内奇，S. 卡斯泰卢乔，古尔屈夫·格拉代尼戈：《马利城堡花园一览》，2011 年。

越多的城里人在周末来这里游玩。但他们知道马利城堡花园在最鼎盛时有多美吗？的确，路易十四的凡尔赛宫和花园无与伦比——他作为国王，有权得到全法国最漂亮的房子。但他也希望能找一个像马利城堡花园一样的花园，过一种安静平和的生活。

1679 年 5 月，城堡和花园的建造工程开始了。路易十四三年之前就买下了马利 - 勒 - 沙泰勒镇的这块地，其后他一直在思考要把它建成什么样子。他任命建筑师孟萨尔负责整个工程。孟萨尔在花园的中央建造了一座"国王楼"，两面各有六座其他的楼；一座楼为主，十二座楼为辅，所有的楼共同朝向塞纳河谷。有人从这一设计里读出了象征意味：中间的楼是太阳，其他每一座楼都代表不同的星座。每一座楼里都有两间套房供客人居住，套房的条件一般。在凡尔赛宫，人们永远蠢蠢欲动，试图接近国王，成功来到国王身边也并非难事。但马利城堡就不一样了，只有收到邀请的人才能来。于是，廷臣们削尖了脑袋也要试图挤进被邀请的名单中。他们甚至在国王走过时喊道："陛下去马利城堡吧！陛下去马利城堡吧！"但这只是徒劳，因为发出邀请的是国王本人，别人很难影响他的决策。四十多位廷臣跟着他来到行宫马利城堡，观赏城堡的花园。人们来欣赏它，看人类如何成功地让"艺术向自然妥协"；也来这里休闲娱乐，比如荡秋千。当时，荡秋千非常流行，连国王自己都忍不住去玩。哲学家、神父菲勒蒂埃不能理解，为何堂堂一国之君竟然去玩这种游戏。他觉得"只有小学生和仆人才去荡秋千玩"。对我们来说，荡秋千实在是个幼稚的游戏，但那时可不只路易十四自己对秋千感兴趣。1700 年，西班牙国王参观马利城堡时，也坚持去玩一玩秋千。

路易十四死后，马利城堡和花园幸存下来。1765 年，布里凯尔·德·拉迪克斯莫里写道：

> 骄傲的人去凡尔赛宫高谈阔论，赞叹艺术奇观；感性的人去马利城堡花园的小树林里，舒服地遐想、交流，欣赏更贴近自然的艺术之美。人们在凡尔赛宫迷失自己，在马利城堡找回自己。

最近几年，马利城堡花园添置了很多雕塑；戴高乐将军曾在其中一座楼里住过一个周末，它将来可能会被改造成餐厅。整个重建工程由很多项目组成。可是，竟然有人建议恢复马利城堡之前的所有建筑，这太令人震惊了！马利城堡及花园让人们思考，让精神流浪。俗语说，"不在废墟上建房子"。马利城堡没有死，它只不过以另一种方式活着。在某种程度上，它又变回了路易十四把它建成行宫之前的样子。尊重历史就是接受时间的流逝。

Marqueyssac

马凯萨克花园

几年之前，我被邀请主持马凯萨克花园翻修工程的竣工仪式。我需要写一份简短的介绍稿，主办方把它加入花园门口出售的小册子里。现摘录如下：

清晨，当雾气笼罩山谷，此时去参观马凯萨克花园再合适不过了。正午阳光下的花园那么美丽，绿油油的叶子像彩页铅笔画似的。

当夕阳西下，远方的天空布满彩霞，花园变得分外妖娆。若是遇到节日，园里点燃成百上千只蜡烛，闪着光，照亮小径和装饰植物，让花园变成了仙境。

独一无二的马凯萨克花园挺立在山石上面，像一个英雄，蔑视岁月的摧残。

有些人可能不太了解马凯萨克花园。这是一个种满黄杨的花园，建在陡峭的山坡上，山下是多尔多涅河谷。它诞生于1692年，当时，国王顾问贝特朗·韦尔内决定定居此处，并在房子周围建造了这个花园。不过，直到19世纪50年代，花园才真正成了今天我们看到的样子，而这与一个叫朱利安·德·塞瓦尔的人密切相关。从意大利游览归来后，他对花园着了迷，便在马凯萨克栽种了几万棵黄杨，围起来的小道很容易让人迷路；他还让人种了意大利石松、柏树和那不勒斯仙客来。这就是神奇的马凯萨克花园，它更像是园艺家、园林设计师或布景师运用丰富想象力创造出来的。不过很可惜，德·塞瓦尔的伟大作品没有经受住时间的考验，花园逐渐败落。1999年，花园的新主人克莱贝尔·罗西永竭力让它恢复往昔的风采。他做到了。

树拱

这几年，出于工作原因，我经常出入凡尔赛宫。我认真地告诉别人如何把树木修剪成拱状，强调修剪时一定要精益求精。我所说的树木修剪方法被专家们称为"marquise"（树拱）。在封建君主时期，贵族们喜欢待在树荫里，他们要保持皮肤的白皙润滑；皮肤晒得黝黑的都是乡下人。把树剪成拱状以后，侯爵夫人（marquise）们就可以自由自在地漫步在榆树和椴树的阴凉下。不过，我不得不承认，以此来解释"marquise"这个词的由来未免牵强。在一部关于花园的辞书中，"marquise"的定义如下："枝叶构成的拱，两边是两排高生树，树干清晰可见，树的枝叶呈帘幕状。"这个定义并没有指明"marquise"的词源。"marquise"这个词很有意思，它可以指"故作贵妇仪态的人"、一种美味的冰激凌点心、一种以香槟酒为原料的长生不老药、一种舒服的大扶手椅，甚至还可以是碧水环绕的天堂般的岛屿。这个词太幸运了！

Marronnier

栗树

见 Alignement（行道树）。

Montreuil (Les murs à pêches de)

蒙特勒伊桃树墙

如今走在巴黎郊区，我们很难想象 20 世纪初的时候，这里还是重要的农业区。大部分人种的是葡萄，还有一些异国水果。果园外筑起了高高的墙，保护果树不受寒风侵袭。蒙特勒伊镇盛产桃子，收成相当可观：在风调雨顺的年份，桃子的产量可达 1700 万个。然而，随着经济的发展，城镇化把农田踩在了脚下，列车也能在几小时之内把沐浴了普罗旺斯阳光的桃子送到巴黎，蒙特勒伊镇再也不种桃子了。

1865 年，语文学家埃卢瓦·若阿诺如此描绘蒙特勒伊镇的果园：

> 从博蒙镇往下看……每个方向都有墙阻隔，在内墙和外墙之间，排列着一块又一块方形田地，像一个巨大的棋盘，也像一个拥有很多单人小室的大修道院，甚至像一座

大监狱，每一个方块都是一间牢房。但我们很快发现，这个"监狱"里种着绿色的结了果子的行道树，树上挂满了美丽诱人的果子。这大概是达那厄[1]的地牢吧，下的雨是金雨。

"一战"前夕，蒙特勒伊是塞纳-圣但尼省一个祥和的小镇，拥有4000人口。镇上超过三分之二的土地——也就是700公顷——都是农田，其中一半的农田里种着桃树。

17世纪以来，蒙特勒伊就已经建起了长达600千米的墙，保护桃树免受寒风的影响，还把白天的热量积攒起来，帮助桃树顺利过夜。

最早种桃树的是中国人。桃子在春天开花，中国人把它看作生命力的象征。桃花美艳，桃子甘甜，桃树很快就传播到地中海沿岸。欧洲人最早在波斯湾发现桃子，因此植物学家们给它起名叫作"波斯湾李"（Prunus persica）。

查理大帝时期，桃树在法国变得普遍起来，桃树的种植者也不断推动品种的创新。他们给桃子起了很多充满想象力和诗意的名字，比如"小可爱""猩红果""可叹果"，几乎没有人不喜欢美味的桃子。17世纪，从凡尔赛宫到英国王室，甚至俄国宫廷，世界上最有权力的那些人都热衷于品尝"那鲜亮紫红色的桃子"（佩罗语）。

作家伊波利特·朗格卢瓦于1875年出版了一部著作《蒙

---

1 希腊神话中的一个人物，宙斯看到了地窖中的达那厄后，趁她睡觉的时候化作一阵金雨与她交配。——译者注

特勒伊桃树》，他不失幽默地写出那让拉·昆提涅都嫉妒不已的种桃本领：

> 1670 年，拉·昆提涅是凡尔赛宫花园的总管。他认为桃子是御膳中当之无愧的水果之王，但他完全不知道御膳房的官员们是从巴黎的哪里买来的桃子，这些桃子又是如何种植的。
>
> 作为皇家园艺师，拉·昆提涅深得国王陛下宠爱，但他不得不承认，在桃子这件事上，别人没有靠他，但做得比他还好……
>
> 肥美而不知名的桃子源源不断地送到凡尔赛宫，它的颜色像深色的石榴石，形状如此美观，味道如此鲜美！国王对它赞不绝口。然而，拉·昆提涅却因此难以入眠，他试图模仿它，培育它；他不断摸索着，每天都创造出一种新的培育方法，但绞尽脑汁也没有成功。有一天，路易十四质问拉·昆提涅，为何自己的皇家园林里不生产这种神奇的水果。拉·昆提涅继续坚持不懈地寻找着，最后终于在蒙特勒伊找到了。

当时，蒙特勒伊的桃树栽培令人叹为观止，园丁们拥有令人称道的本领，他们曾培育出重达 700 克的桃子。

到了今日，蒙特勒伊的桃树墙成了什么样子呢？几乎不存在了。2003 年，环境部正式将 8 公顷的桃树墙列入历史古迹名录。剩下的这些桃树墙被保护了起来，禁止任何人破坏它们。不过，要想让它们免于坍塌，维护工作是必需的。2006 年，由于政府和一些协会的介入和支持，桃树墙的维护工作落到了实处。

蒙特勒伊的桃树墙不会再像从前一样产出美味的鲜桃了，现在这里遍地垃圾。我们希望能把垃圾清除掉，让桃树墙变回原来的模样。这样做并不是为了种植桃子供民众食用，而是为了给他们带来目前严重缺乏的绿色。

立体花坛

Mosaïculture

从历史学角度来说，直到 20 世纪 70 年代，特别有造诣的园艺师都被叫作"立体花坛师"。他们有本领建造"立体花坛"——即花坛中的植物按照一定的几何图案排列生长。在法国，这种植物栽种技艺最早出现于 1867 年。当时正值巴黎世界博览会，立体花坛吸引了大批观众前来观看。随后，立体花坛如雨后春笋般出现在法国大大小小的公园和花园里。如今，在一些圆形广场和公园里，立体花坛依然很常见；很多城市也在进城的必经之路上建造立体花坛，欢迎八方来客。

1979 年，我被任命为"立体花坛师"，但我一点儿也不喜欢这种栽种方法。这种"植物马赛克"让我想到颜色鲜艳、非常漂亮、昂贵却难以消化的蛋糕。不管怎样，有些园艺师相信，民众特别欣赏这样的呈现方式和技巧。当初，圣克卢公园的设计师们想在塞纳河对岸的山坡上建造巨大的植物马赛克。他们对此主意颇为得意，但最终呈现出的设计乏善可陈。可惜，凡尔赛宫面临同样的问题，立体花坛也呈泛滥之势。在我看来，立体花坛之于园林艺术，就像杰夫·昆斯[1]之于当代艺术……我曾花几个小时的时间，聆听观众对他在凡尔赛宫展出的作品作何评价。我看到一些平时作风"严谨"的同行，他们不住地赞叹杰夫·昆斯的天马行空、其作品的美感和现实与历史的奇妙结合。就是这些同行在几年之前批评我支持让-皮埃尔·科夫办展。当时科夫在小特里亚农宫旁举办了一个屏风展，其中的二十几件作品都是由相当知名的雕塑家创作。同样是这批人也曾无端指责我率先把当代艺术引入城堡花园。

我们重新再回到立体花坛上来。尽管我批判它，但我很喜欢看一看这些可怕的创造，它如此媚俗，媚俗到滑稽。我乐意听设计师炫耀使用了多少种花，又是如何完美地运用数学知识设计曲线、直线、圆形和椭圆形的。杰夫·昆斯作品的风格和植物马赛克如出一辙。因此，看到这位亿万富翁也涉足园艺领域，我们反而不觉得奇怪了。杰夫·昆斯曾在凡尔赛宫的橘园展出作品《分裂-摇杆》（*Split-Rocker*）。作品很震撼：100000朵花镶嵌在金属网上，金属网的形状像童话里的一个人物。我必须承认，这个作品展出的那天我度过了很愉快的时光。官员、记者、知识分子……整个巴黎都陶醉于这位"大师"

1　美国当代波普艺术家，其作品常常引起巨大争议，人们的评价分成明显的两极。——译者注

的前卫大胆。之前人们还在嘲笑节日庆祝时游行的花车，如今却仰慕杰夫·昆斯的——恕我斗胆直言——"欺诈品"。

植物马赛克是静止的花彩车，春天长成，秋天凋零。它就像用硅胶隆成的乳房一样华而不实。这样的花坛，里面永远有香蕉叶、棕榈叶或美人蕉叶。我很高兴在公园里看到它们，它们很丑，但滑稽有趣。

Moutiers (Le bois des)

穆捷森林公园

这是穆捷森林公园的景象：绣球花、薰衣草、铁线莲、英国玫瑰，盆栽、自由生长的树，蕨类、火红的杜鹃花，阿特拉斯雪松和日本红枫，黄杨球和黄杨篱，成千上万的花朵——蓝的、粉的、白的……春来叶自青，秋至叶变红；铺着石板、撒着沙砾或砌着方砖的小路，绿廊，水池，林下灌木丛，宽阔的林中空地；朝向英吉利海峡的绝佳视野。

我们来穆捷森林公园不是为了参观，而是去探索、去感受。它不仅是一个森林公园，还是天堂的一隅。第一次来到穆捷森林公园时，我在高高的大树下坐了很久，心情非常愉悦。我不是一个诗人，我必须承认这点，而且为此深感遗憾。那天我很想拿出笔和纸，写下几句诗。我终究没有写出来。不过，我想起芭芭拉演唱的一首动人的歌曲《在圣阿芒森林中》：

我美丽的树啊，别来无恙，

我回来了，心情多么欢畅，

在你低垂的枝头下，

我重新找到儿时的梦想。

　　天空下着蒙蒙细雨，我躲在茂密的叶丛中，仔细地观察一条粗壮的树枝，心里想着公园历史上的一代又一代人。这个公园的历史首先是一个家族史。1898 年，公园所在地块的主人纪尧姆·马莱和阿代拉伊德·格鲁内柳斯夫妇邀请一位英国的建筑师为他们设计一栋住宅。房子的墙建起来以后，英国园林设计师葛楚德·杰克尔为他们构思和建造了穆捷森林公园。随着时间的推移，公园里的植物品种越来越丰富。若想知道穆捷森林公园究竟有多美，我们只需要阅读公园主人夫妇的儿媳玛丽的信件就可以了：

现在回顾那趟行程，我第一次到瓦朗日维尔是以儿媳的身份，我与公婆见了面。那是令人难忘的一天，我拉开穆捷森林公园隐蔽的大门，被里面的美景震惊到了。我抱怨老天怎么没让我早点儿看到这美景，不然我早就想方设法嫁过来，住在这里了。

玛丽后来生了几个孩子，他们在穆捷森林公园长大、玩捉迷藏、荡秋千。秋千就挂在我旁边的那根树枝上，只不过当年树枝还没那么粗壮。

穆捷森林公园一直是家族产业，但它的未来并不确定。"二战"时，公园被轰炸，损失惨重，但顽强地挺了过来；而如今，公园主人的资金周转问题威胁到公园的健康发展。中央和地方政府不能，也不应该放弃对穆捷森林公园的财政支持，因为它是无与伦比的，特纳、莫奈、米罗、莱热、普雷维尔、拉威尔和毕加索都曾来参观它。毕加索曾说："我并不画我之所见，而是画我之所想。"在穆捷森林公园，想必这位伟大的画家直接画他之"所见"就好了，因为这里太美了，美得独特而又不平凡。

神话

那喀索斯的父母是河神刻斐索斯和水泽女神利里俄珀。

那喀索斯出生后，他的父母非常担心这个小家伙的未来，于是询问先知特伊西亚斯，那喀索斯的寿命长不长。特伊西亚斯回答说，那喀索斯可以活得很长，但前提是他永远不要看到自己的脸。

那喀索斯异常俊美，美丽的山林女神厄科疯狂地爱上了他。从那时起，那喀索斯平静的生活改变了。

那喀索斯对厄科的追求无动于衷，他只爱一个人：他自己。厄科羞愧难当，请求复仇女神帮助她。有一天，趁那喀索斯在一条河边饮水之际，复仇女神使他落入了陷阱。由于河里的水特别清澈，所以当那喀索斯弯腰时，看到水中自己的脸。他感觉自己如此标致、如此迷人，他再也无法把眼睛从倒影中移开。他继续弯腰，接着掉入水中，溺水而亡。就在那喀索斯死去的地方长出了一株水仙花，因此，人们就把这种花叫作"那喀索斯"（narcisse）。美男子那喀索斯死去了，一种新的植物"出世"了。

希腊神话中还有类似的故事。光明之神阿波罗同样以男性之美著称。他爱上了另外一位美男子许阿铿托斯。阿波罗和许阿铿托斯度过了很多美好的时光，西风神仄费洛斯对此心生嫉妒。他也爱上了许阿铿托斯，但许阿铿托斯已经心有所属。有一天，风和日丽，许阿铿托斯和阿波罗掷铁饼玩乐，而仄费洛斯在旁暗暗观察。渐渐地，仄费洛斯对此情景变得难以忍受。盛怒之下，他吹起了一阵猛风。阿波罗的铁饼改变了既定轨道，狠狠地打在了许阿铿托斯的头上。许阿铿托斯重重地倒在地上，身负重伤而死。阿波罗悲痛欲绝，为了纪念这位年轻的情人，他把许阿铿托斯变成了一朵漂亮的花朵——风信子（jacinthe）。

还有很多植物的来历与神话故事有关。例如，仙女达佛涅曾变化成月桂树，躲避阿波罗的疯狂追求。

从前，覆盆子的果实是白色的，枝上尽是刺。传说，克里特国王麦里梭的女儿伊达怀里抱着一个啼哭的婴儿，而这个大声哭叫的婴儿就是未来的众神之王朱庇特。为了让怀里一直啼哭的婴儿安静下来，伊达爬上一座山去采摘覆盆子，她相信这种浆果能让朱庇特停止哭泣。伊达非常美丽，却有些笨拙。她弯腰去摘覆盆子时，乳房被一根刺戳破，鲜血滴到了篮子里的覆盆子上。从此，覆盆子就变成了血红色。

Nains de jardin

花园里的小矮人塑像

我在凡尔赛宫花园工作超过三十年了，对里面的一草一木都非常熟悉。每当公园送走一天当中的最后一位游客，大门关闭，我都会高兴地跑去细细观赏园里的雕塑。我比任何人都清楚，凡尔赛宫花园里蕴藏着很多非凡的艺术创造。我们可以看到很多雕塑：马、纯洁无瑕的维纳斯、狩猎女神狄安娜、海神特里同、半人马、龙、狮身人面像、古罗马皇帝、古希腊诸神、森林之神萨堤尔、忧郁的仙女，甚至还有巨型青蛙。所有这些奇特的形象都汇聚在了凡尔赛宫。可惜的是，凡尔赛宫花园里没有小矮人塑像。为了明白这其中的缘由，我坚持不懈，做了大量研究。

传说，小矮人生活在火山底部。因此，在"正宗"的小矮人塑像上，小矮人总是拿着铁锹的，因为要挖掘；也拿着灯笼，因为要照明。很久之前，不知为何，小矮人从地底出来了。经过漫长的旅行，穿过田野和森林，他们抵达巴伐利亚的魏克尔斯海姆城堡。他们很喜欢这个地方，决定安顿下来。城堡主人心地善良，热情地接待了他们。他很高兴认识这么多新朋友，还邀请全村的人来与他们见面。越来越多好奇的人跑来看这些小矮人，开始是几十人，后来多达几千人。小矮人们对此很是心烦，于是他们选择离开了魏克尔斯海姆城堡。为了保留与小矮人们的珍贵回忆，城堡主人邀请艺术家以这些地底深处的"小精灵"为原型创作了很多作品：有画，有刻在墙上、栏杆上和檐口上的雕塑，还有放在草
坪上按他们体型一比一雕刻的塑
像。城堡主人发现民众对小矮人
塑像显示出极大的热情，于是他
决定售卖上釉的陶制小矮人塑像。
生意大获成功。1872年，德国企
业家奥古斯特·海斯勒建立了一
家生产瓷制小矮人塑像的工厂。这家工厂至今依然存在，它把
小矮人塑像推广到全世界——在南美洲一些国家，南非、韩国、
英国和德国，一半的家庭都拥有小矮人塑像。

　　传说，法国有很多小矮人，但一个叫"花园小矮人释放阵线"
的可怕的恐怖组织威胁到了他们的生存。"花园小矮人释放阵
线"绑架他们，然后把他们放到森林里。这些野蛮的强盗分不
清小矮人、小精灵、小仙子、矮妖精；除了小矮人，其余的都
生活在大山、荒原或森林里。小矮人和地精、洞穴巨人一样都
是生活在地下的。因此，把小矮人扔到森林里毫无意义。

　　小矮人这个种族非常淘气，他们的花招层出不穷。传说，
在法国北部，有一位面包师的瓷制小矮人突然从花园里消失了。
面包师以为此后再也见不着它了。但令他没有想到的是，临近
新年的时候，他收到了一张来自加拿大的明信片；还附有一张
那个"离家出走"的小矮人的照片——小矮人骄傲地站在蒙特
利尔的一条街道上。在随后的几年中，面包师每年都会收到那
位"环球旅行"的小矮人从世界各地"寄来"的明信片和照片。
面包师已经不指望能再见到他的小矮人了。但是，有一天早晨，

小矮人又回到了花园里的草坪上，就立在他失踪之前所在的地方。

我们回到路易十四和凡尔赛宫上来。我梦想在皇家星形广场的中央或一角安置一个体积庞大的花园小矮人，一个真正的花园小矮人——拿着铁锹和蜡烛，戴着红色的帽子，长着白色的胡子。我想弄一个大大的花园小矮人，让人们从凡尔赛宫的窗户和树丛中、从任何地方都能看到它。它将是陶或者瓷的，它将令纯粹主义者尖叫。

Nymphéas (Les)
《睡莲》

睡莲（nénuphar）这种水生植物向往高雅，一旦在一户人家的花园里长出来，它就立刻摒弃自己过于通俗的名字，一晃成为优雅的"nymphéa"[1]。

睡莲有"裸露癖"。阳光一照，它们立刻大大地张开花瓣，把自己的性器官完全地暴露给传粉的昆虫。

睡莲很"节俭"，它们讨厌糟蹋行为。为了避免不知廉耻的寄生虫窃走种子，它们晚上会把花瓣关闭，以此保护珍贵的花粉。尽管有这样那样的毛病，睡莲依然美得令人窒息，为它

1　其实，"nénuphar"和"nymphéa"指的都是"睡莲"，但作者认为后者的表达更高雅。——译者注

们"阴险地"侵占了的水池带来亮丽的风采。

在所有的园艺师中，克劳德·莫奈是把睡莲培育得最好的一个。在他位于吉维尼的花园中，他很早便在同一片水池里栽种了不同品种和颜色的睡莲。莫奈是一位园艺师，当然更是一位画家，他以睡莲为主题创作了一系列作品。马塞尔·普鲁斯特非常欣赏莫奈的才华，他在 1907 年 6 月 15 日的《费加罗报》上写道：

> 如果有一天，我可以去看看克劳德·莫奈的花园，我相信眼前肯定是声调与色调完美结合的花园，而不只是花朵构成的花园。与其说是花匠的作品，不如说是配色师的创造。里面的花朵按照一定的次序组合起来，但不完全是大自然的次序。睡莲是土之花，也是水之花。莫奈为它们创作了精美绝伦的作品，花园本身就像是他的第一个活的草稿，至少调色板已经为他搭配美妙，和谐的风格已经为他准备好……

莫奈很喜爱睡莲，他从未停止过用画笔描绘它们。1900 年，莫奈完成了一幅尺寸不大的油画作品《水池中的睡莲》。聪明的艺术品商人迪朗 - 吕埃尔立刻买下了它，然后转手卖给了银行家、收藏家伊萨克·德·卡蒙多。伊萨克·德·卡蒙多 1911年去世了，按照他的遗嘱，画作捐给了卢浮宫。三年之后，卢浮宫展出了这幅画。

1914 年"一战"爆发后，由于年龄太大，莫奈无法入伍加入战斗。于是，他决定以睡莲为主题创作一个完整系列的作品，献给国家。他当时的身体状况很不好，视力不断下降，但他坚持每天天一亮就起床，把画架支在吉维尼的池塘旁。

乔治·克列孟梭常去拜访莫奈，关注他的创作进度。克列孟梭认为，这八幅巨型油画组成的伟大作品应当在一个尊贵的地方展出。他多方周旋，努力为莫奈申请到了一个可以存放这些油画的地方——杜乐丽花园里面的橘园博物馆。1926 年 12 月 5 日，莫奈在吉维尼的家中去世，他所珍爱的花朵就在不远的地方开放着。

1927 年 5 月，橘园博物馆正式开放。莫奈的知己克列孟梭要求第一个进入博物馆参观，而且只留他自己在里面待着。出来时，这位号称"法兰西之虎"的伟大政治家泪流满面。

油橄榄树

Olivier

　　油橄榄树很早就离开了原产地地中海沿岸，在法国各个地区的花园和田地里生长起来。在城市里的圆形广场也能看到它们，所有的园艺用品商店都售卖油橄榄树的种子。这种小乔木非常受欢迎，有些不太厚道的花园主人甚至会购买从原产地挖来的几百岁的油橄榄树。这种可悲的生意肆意掠夺当地自然资源，可惜目前还没有相关法律对它进行规范。

　　传说油橄榄树诞生于古希腊。女神雅典娜把油橄榄树赐给民众，把它视作繁荣的象征。

　　远古时代，有一位强大的国王叫凯克洛普斯。他的身体非常特别，上半身是一个男人的样子，下半身为蛇。他建造了一座新的城市，想给它起一个名字。雅典娜和波塞冬自告奋勇给城市命名。负责裁定此事的奥林匹斯法庭犯了难。雅典娜是思想、艺术、智慧和手工艺女神，更何况她还是至高无上的天神宙斯的女儿；而波塞冬是海神，宙斯的弟弟，非常嫉妒宙斯。怎么在他们两者之间做出选择呢？此事很敏感，奥林匹斯法庭犹豫不决。法庭尤其担心易怒的波塞冬招来海啸和风暴。为了避免引发纷争，法庭提议，谁给民众带来最好的礼物，谁起的名字就被采纳。波塞冬毫不犹豫地从石头里面变出一匹骏马。这匹马威风凛凛，绝对是上好的战马。雅典娜更加谨慎一些。她手握尖头矛，矛尖往地里一插，冒出一株果实累累的油橄榄树。波塞冬的骏马的确漂亮又高贵，但它的出现必定会给饱受战乱之苦的人民带来新的战争；而雅典娜的油橄榄树却意味着繁荣稳定。男人们把票投给了骏马，而女人们选择了油橄榄树。那天很巧，来投票的人中女性偏多。

一直以来，油橄榄树都象征着和平，而且几乎所有的宗教都崇拜它。对穆斯林来说，油橄榄树是"中央之树"，是圣光的源头。《古兰经》里面写道："真主是天地的光明，他的光明像一座灯台，灯台上有一盏明灯，明灯在一个玻璃罩里，玻璃罩仿佛一颗灿烂的明星，用吉祥的橄榄油燃着那盏明灯。"在基督教中，油橄榄树象征着友谊与和平。按照《圣经》当中的记载，世界被洪水毁灭后，诺亚在方舟上十分绝望。有一天早晨，诺亚放出去打探情报的鸽子飞回来了，嘴里衔着一根橄榄枝。诺亚确信：洪水已经消退了。他欣喜不已，因为这意味着生活终于可以回归正轨了。联合国的徽章上就有一个橄榄枝圆环。1974 年 11 月 13 日，巴勒斯坦解放组织首领亚西尔·阿拉法特参加联合国大会时说："我带着橄榄枝和自由战士的枪来到这里，请不要让橄榄枝从我手中落下。"很可惜，巴以冲突局面并没有改善多少，这个长着数千棵油橄榄树的国度始终未实现和平。

油橄榄树异常长寿。老普林尼提到过一棵长在希腊的 1600岁的油橄榄树。还有的油橄榄树活得更长，它们经过几千年的风霜依然挺拔。年龄最老的一棵位于克里特岛的武甫镇，据专家称，它已经活了 3000 年，几乎与意大利撒丁岛上一棵叫"厄扎斯特鲁"的油橄榄树同岁。在地中海另一岸的黎巴嫩，有一棵叫"波斯人树"的油橄榄树，2700岁了依然开花结果。法国南部罗科布吕讷马丁角镇的一棵油橄榄树可能是全法最老的树。它2000岁了，树干周长达到了20米，实在是惊人。

这棵树是整个镇的骄傲，但曾经人们为了腾出空地，竟然差点儿砍掉它。这着实令人无语。

　　油橄榄树的美丽令人陶醉。历史上最伟大的画家之一文森特·梵·高可以整天整天地观赏油橄榄树。1889年9月，他在给弟弟提奥的信中写道：

　　　　油橄榄树很特别，我尽力去捕捉它的特点。它有时是银色，有时蓝一点儿，有时是绿色、青铜色、白色、玫瑰色、紫色、橙色、赭红色。想把它描绘准确太难了，真的太难了。但我喜欢这样，这样可以让我不断创作。可能有一天，我会把它的颜色变成一种个人感觉，就像向日葵是黄色的一样自然。

他继续写道：

　　　　啊！我亲爱的提奥，你要是来看看这里的油橄榄树该有多好！油橄榄树的语言非常神秘，就像来自远古。我能思考它甚至画出它，这种感觉太美妙了。

从这封信中可以看出，梵·高的文笔同画笔几乎同样出色。他非常精到地形容出油橄榄的特点。

无独有偶，安德烈·纪德在其 1925 年出版的小说《伪币制造者》中，也用手中的妙笔表达了对油橄榄树的喜爱："我迫切地需要让我的思想通通风，再去找寻我挚爱的油橄榄树。"

自古以来，人们赞叹于油橄榄树的长寿及橄榄油的珍贵，但惊讶于油橄榄树的孤独特性：油橄榄树从不成林。当然，有一个著名的地方除外，那就是耶稣受难前去过的橄榄山。

Orangerie

橘园

在 17 世纪，所有称得上"贵族"的人都应有一座城堡和一些附属的建筑物，如仆人们住的房子、马厩，有时还包括小阁楼、冰窖。但最能彰显财富的标志便是拥有一个橘园，因为这证明城堡主人买得起从遥远国家引进的珍贵树种。

　　当时，富人们花大价钱从欧洲南部和亚洲买来柚子树、酸橙树、柠檬树，还有石榴树和欧洲夹竹桃。所有这些植物中最耀眼的明星无疑是橘子树。橘子树体形匀称，全年常绿，其花朵香味宜人，果实独一无二，是国王和贵族们挚爱的水果。为了给各处兴建的橘园提供原材料，地中海沿岸有很多苦役犯在给装载了橘子树及其种子的船只卸货。当然，只有那些最富有的人才买得起橘子树，而且它们的养护费用不菲。

　　德国的克里斯托夫·冯·维滕贝格公爵是最早引进橘子树的人之一。1570 年左右，他在位于斯图加特的自家花园里靠南墙的地方种下了几棵橘子树。冬天，他用专门的防护墙保护着它们，使其免受冰冻。到了春天，这些防护墙就被拆卸下来。另外，如有必要，橘子树旁还会添置火炉以保证温度适中。英国的弗朗西斯·卡鲁大人也使用同样的方法，在自己的伯丁顿领地上栽种橘子树。尽管爱尔兰没有橘子树，但橘子树在与其邻近的英国扎根已经超过四百年了。

　　暂时的保护措施对成年的橘子树很有效，但对幼树却不然，它们太脆弱了。所以人们就建起永久性的保护罩、增厚防护墙，甚至安装双层玻璃罩。德国人和英国人率先驯化了橘子，法国人则首先建造了橘园。不过，从简单地为橘子提供保护罩，到真正开辟一个园子种橘子，这中间经历了漫长的过程。在这方面，凡尔赛宫做出了表率。1663 年，勒沃为路易十四建造了一个橘园，但路易十四认为这个园子太窄小，就把它拆掉了。孟萨尔给国王呈交了一个新的建园方案，后来园子建成，便是著名的皇家橘园。

那个年代，很少有橘园单纯种橘子。它们还兼有其他功能，有的是餐厅、博物馆、家具贮藏室，还有的是住房或马车车库。橘园装修得很好，极少仅用来栽种橘子和其他柑橘类植物。连凡尔赛宫的橘园都曾暂停种橘子，其中缘由实在令人耻于开口：1871 年，它被改造成关押巴黎公社成员的监狱。到了秋天，橘园的管理者向军队首领请示，应当恢复橘子树的种植了。因此，为了给种橘子腾出地方，可怜的囚犯被带走枪决了。

所幸这样的流血事件再也没有发生，而橘园里的橘子树又重新开了花。

橘子树结出甘美的果实供我们享用，而在亚洲，橘子还是

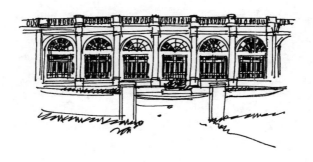

生育的象征。传说在中国古代，男方向女方提亲时要赠送一枚橘子。在法国，老一辈的人应该还记得，橘子也曾是不错的圣诞节礼物。

最后，让我们以让·德·拉封丹的一首赞美橘子的诗歌结束：

他说，我们莫非是在普罗旺斯？
什么植物能战胜严寒、
凛冬和劲风，
保持长青？
香气扑鼻的茉莉啊，
狂风也无法把你吹倒，
你的白色无与伦比，
久久在我心头缭绕。
香味美妙的橘子树啊，
你才是我的挚爱！
在花的国度里，
没有什么能比你更好。
坚硬的果皮下
是宝藏一样的果实；
赫斯帕里得斯的金苹果
都没有你的果实珍贵。
你缓步进入秋天，
而你的春天已近在咫尺；

新生的希望和收获的喜悦

在你身上并在一起。

你的花朵熏香了我呼吸的空气，

温柔的风好似总是围绕着你

与你作乐嬉戏。

你个头不大，

但与太阳争辉的巨树

无法与你匹敌，

哪怕它们用宽阔的臂膀

罩住了一方土地。

Orties

荨麻

　　植物学家是一群"爱钻牛角尖"的人。若让他们从科学角度介绍一下荨麻，他们会郑重其事地向我们说明，人们碰到这种"令人讨厌的"植物后，会出现像"荨麻疹"似的症状。这种说法对荨麻太不公平了。值得庆幸的是，有些人替荨麻打抱不平，例如维克多·雨果曾写过：

　　我爱蜘蛛和荨麻，

　　因为人们憎恨它们；

它们卑微的愿望从来得不到满足，

它们面对的只有指责。

像是被诅咒了一样，

弱小的它们被看成卑劣的生物；

它们设置了陷阱，

却悲哀地成了自己的俘虏；

它们作茧自缚；

命运啊！致命的桎梏！

荨麻像游蛇，

蜘蛛像穷人；

因为它们有深渊一般的黑暗，

因为我们躲着它们，

因为它们都是受害者，

黑夜的受害者……

路人啊，请怜悯这个卑微的植物，

和这个可怜的动物。

请原谅它们的肮脏，原谅它们刺破的伤，

啊！请原谅恶吧！

没有谁能有它们的忧伤，

谁都想要一个吻。

它们也害怕，

只要我们不踩它们，

只要我们对它们不那么另眼相看，

我们会听到，在黑暗的低矮的地方，

那丑恶的动物和那不祥的植物

轻声低语：这就是爱啊！[1]

　　荨麻是一种很特别的草本植物，法国各处都有它们的身影，无论是在菜园、花园，还是在草坪或荒地。它们经常出现在人们意料不到的地方，不需任何照料就可以自己生长出来。它们能够抵抗严冬，也可以忍受酷暑。为什么人们如此厌恶荨麻呢？因为它们长着刺，这是问题的关键。那些刺扎人，让人过敏、发痒、不舒服。荨麻像是一个不速之客，不受人待见，而且它着实不漂亮。

　　尽管长着可怕的茎叶，人一碰便像被蜇一般，但古人却懂得发掘荨麻的价值。在乡下，妇人们曾用荨麻做出美味的汤；园丁曾从它的叶子中提取出一种物质，作为防治病虫害的天然药物。荨麻的茎皮纤维韧性很好，被用作纺织原料；高级时装店里的衣帽架也曾使用过荨麻的纤维。如今，还有人在制造含有荨麻的牙膏和洗发水，据说可以防脱发，虽然对此我深表怀疑……另外，荨麻的药用价值也很高，它不仅是有效的利尿剂，还可以促进血液循环。在恺撒的罗马军团里，健壮的小伙子们已经知晓了这一点。在上战场前，他们用荨麻叶涂抹身体，让全身的血液活跃起来。还有更奇特的事情：古希腊人在性爱时，会用荨麻叶擦拭性器官，这一招据说相当管用。

　　细算起来，荨麻科总共有几百种，生长在地球的各个角落。

1　维克多·雨果：《沉思集》。

法国最常见的有两种：异株荨麻，高度可达 1 米；欧荨麻，高度极少超过 50 厘米。在非洲，有一种巨型荨麻甚至高达 4 米。

关于荨麻还有更不为所知的事情：它们被用于某种纸浆的制造，更确切地说，是用于造纸币。钱里面竟然有荨麻！难怪人们有了钱就很快花出去，原来是因为它扎手啊！

Outils de jardin

花园工具

几千年以来，翻地和种地的工具几乎没有改变。四万年前，我们遥远的祖先在播种时使用猛犸象的牙齿雕刻成的小手铲。一万年前，他们改进了打猎用的长矛，在长矛的一端加上一块石头或骨头，于是诞生了锄头。

几个世纪以来，自从人类开辟了消遣性或者实用性的花园，铲、锄头、耙、修枝剪和喷水壶就一直存在。然而，这些工具可能已经过时了。最近几十年出现了一些新的工具，目的是减轻园丁们的负担。聒噪的鼓风机代替了笤帚，高端的喷灌设备代替了喷水壶，电动割草机代替了草坪剪，但是新工具真的意味着进步吗？

这些冷冰冰的新工具有灵魂吗？花

园过度机械化后，将来的园丁可能也
会变得冷冰冰的了。

　　我还记得从前的老师是怎样把园
艺这门手艺教给年轻人的。他们尽职
尽责地向学徒们解释如何保养工具、
把工具磨锋利、拆换坏了的螺杆或螺
母。有时，工具的木柄上会被人刻上
字，用来庆祝一个事件的发生，例如
新工作开始或孩子出生。工具可以陪伴一位园丁的漫长职业生
涯，尔后从师父的手中传到刚入门的弟子手中。技艺的传承便
从工具的传承开始。

　　如今，稍微钝一点儿的工具都会被扔掉。然而，有些工具
其实非常漂亮，它们值得被存入博物馆。传统的花园工具都是
金属制的，没有塑料材料，它们正逐渐走向消亡。水果采摘
器、修剪树枝的钩形刀等工具已经很难买到了。现在，还有多
少人知道高枝剪、二头锄、修剪枝条钩刀、草锄和长柄叉是什
么？或许随着时间的推移，我变得愈发尖刻了，对过往还念念
不忘……我喜欢抚摸和观赏这些老旧的工具。我坚信小时候老
师教给我们的一个道理：好工匠必定要有好工具。

皇家宫殿花园

这是一个特别的花园。它坐落在巴黎最中心的位置，呈一个简单的矩形，占地两公顷。它由两大片草坪和一座位于中央的喷泉构成，草坪四周还种着花。四排整整齐齐的椴树沿着建筑物栽种。如今，为数众多的妈妈和保姆是皇家宫殿花园的常客，这里像一个僻静的港湾，供她们的宝宝嬉闹玩耍；上班族也常来此，短暂的午休期间，他们放下手中的工作，来花园里放松休息。

皇家宫殿花园见证了四个世纪的巴黎生活，例如路易十四少年时散步的道路，他的母亲——奥地利的安妮决定在皇家宫殿的一处宅邸（之前属于黎塞留）安家。后来摄政王奥尔良公爵也与情人们在这里偷偷约会。路易十五时期，思想家们喜欢在皇家宫殿花园冥思遐想，参见狄德罗作品中的一段文字：

不论天气晴朗还是恶劣，我习惯在每天傍晚五点钟到皇家宫殿公园散步。那个总是在阿尔让松小路的长凳上独自思考的人，便是我。我与我自己谈论政治、爱情、兴趣或哲学。我让我的灵魂彻底放纵。我让它做主，追随那第一个出现的聪明或愚蠢的念头，就像人们在福瓦林路上看着我们这些放荡青年追逐一位妓女。她神情轻佻、脸含微笑、目光闪烁、鼻尖翘起。我们又为了另一位而离开这一位，向所有的妓女发起攻势，却不留恋其中的任何一个。我的思想就是我的妓女。如果天气太冷或者雨太大，我就躲进旁边的摄政咖啡馆；我在那里看人下棋，消磨时间。[1]

1789 年，法国面临前所未有的危机。王室的权威受到挑战，人民梦想获得更多的自由。7 月 12 日，卡米尔·德穆兰毅然走进了皇家宫殿花园。这位杰出的演说家刚刚得知，国务部长雅克·内克尔被免职了。这则消息引起了轩然大波，因为他是路易十六的亲信之中难得能听民众呼声的官员。卡米尔·德穆兰站在园里的一张椅子上，向着周围聚集起来的民众发表演说。他号召大家拿起武器，攻打巴士底狱。两天之后，巴士底狱果然被攻占了。

在这个历史性的日子里，树不

1　德尼·狄德罗：《拉摩的侄儿》。

仅是见证者，还是参与者。革命者选择了一个象征性的东西作为自己队伍的标志——他们把栗树的树叶别在了帽子上。栗树的低枝很快被摘了个精光。几天之后，雅克·内克尔官复原职，但这没能阻挡革命的进程。历史的脚步已经迈起来了。

后来，皇家宫殿成了贸易聚集地，几百个摊位（有人说是四百个）的商贩想方设法招揽顾客。这里什么都卖：珠宝、书籍、食物、手工艺品、赌桌……买家的口袋里通常装着不少钱，由此意外吸引来不少妓女做生意，她们的顾客肯花大价钱去享受哪怕时间不长的欢愉：

> 皮埃尔的长廊商场属于妓院的范围。妓院经营须缴纳捐税。妓女们穿得像公主一样，站在连拱廊的一个一个拱孔下，或是花园里正对拱廊的位置上。长廊成为公共的卖淫场所，所谓"宫殿"在当时成为"妓院"的代名词。妓女来到这里，出去时领着一个"侉虏"，高兴去哪儿就去哪儿。到了夜里，她们吸引来一大批人。长廊里人山人海，就像去参加宗教仪式或假面舞会。

这是巴尔扎克在《幻灭》中对皇家宫殿花园的描绘。花园竟能成为卖淫之地！据我所知，今天已没有一个花园还可以在夜里进行这样的勾当。而在过去，很多巴黎人都会去花园里游荡，他们只有一个目的——寻欢作乐。这一现象曾经持续过几十年，甚至有可能是几百年。1822 年，上层社会的贵妇人们再也无法忍受年轻的、道德沦丧的女孩们勾搭男人的场景。法国有一个省出台了一道法令，规范卖淫活动，禁止 12 月 15 日到 1 月 15 日期间的一切卖淫行为。这项措施貌似很有效，后来又实施了几年。从中受益最多的自然是小商贩，因为他们的生意在圣诞和新年节日期间不会受影响了。然而，这种局面并不令人满意，负责这片区域的园丁尤其怨声载道，因为这里垃圾遍地，草坪被践踏，灌木被破坏。1830 年，路易-菲利普发布政令，全面禁止皇家宫殿花园的卖淫活动，还关闭了赌博室。

如今，皇家宫殿花园重归宁静，但现代化的建筑闯入了其古老的外表——1986 年，达尼埃尔·比朗设计了一些新的柱子，建在园里的荣誉庭院中。夜幕降临后，花园的大门就关闭了，唯一被准许进入的只有夜里出没的鸟儿。

Pamplemousses (Le jardin de)
庞波慕斯花园

我一直以为庞波慕斯花园的名字是从"柚子"（pamplemousse）来的，但其实二者没有一点儿关系。花园的名字来源于它所在的区——庞波慕斯区，这是毛里求斯岛历史最久远的一个区。1988 年 9 月 18 日，庞波慕斯花园正式更名为"西沃萨古尔·拉姆古兰植物园"，以纪念这个国家的前总理——西沃萨古尔·拉姆古兰，他在 1968 年领导国家宣布独立。但是，这个名字难写且难读，我决定跟当地的旅游手册一样以它的原名称呼它。

18世纪，法国的航船载着离乡背井的人们远渡重洋，去追求新的生活。我不知道路易丝·克里斯蒂娜和皮埃尔·巴尔蒙夫妇为何决定在毛里求斯定居。在那个年代，一般只有流亡的人和冒险家才会流浪到海外。我相信，他们在1729年买下小岛上2000平方米的土地时，应该没有花很多钱。岛上的土地相当便宜，但尽管如此，当地人也没有足够的钱买下这么多地。

毛里求斯海边的房子上都写着名字，每每看到都让我莞尔一笑。有叫"海鸥"的，还有叫"在风里"和"知了"的。我还见到过很简陋的住宅，外面的墙上钉着金属皮做成的字，比如"好吧""我们家"。巴尔蒙夫妇也为他们的这片土地起了一个名字，"吾之乐"。1735年，他们把土地卖给了一位据说曾"为国王掌舵"的船员，而船员很快也将它卖掉了。

土地的新主人是毛里求斯总督贝特朗-弗朗索瓦·马埃·德·拉布尔多内伯爵。就是他在这片土地上建起了真正意义上的庞波慕斯花园。拉布尔多内伯爵建造了一座房子，房子的周围即是花园和菜园。拉布尔多内伯爵上任后，为了推动毛里求斯岛的经济发展，广泛引进棉花和甘蔗种植。但这需要很多劳动力，拉布尔多内伯爵便从留尼汪岛找来一些奴隶。后来，他又引进木薯，并尝试在自家的花园里驯化它，成果很显著。他又陆续引进了其他植物。"吾之乐"的植物园样貌初步形成了。

庞波慕斯花园享有盛名而且几百年来保存完好，这主要归功于一个人，他就是皮埃尔·普瓦夫尔，1770年成为花园的主人。

皮埃尔·普瓦夫尔生于 1719 年。他是一位天主教徒，毕生心愿便是将福音传给普罗大众。21 岁完成植物学的学业后，皮埃尔·普瓦夫尔踏上去中国的征程，梦想着让中国的百姓信奉天主教。但他领取到的补助十分有限，他的上级看不惯这个年轻人，因为他对植物的兴趣远超过《圣经》。皮埃尔·普瓦夫尔被责令返回了法国。到了 1740 年，他又回到亚洲。接下来，喜和悲在皮埃尔·普瓦夫尔的生活中交替上演：喜的是他发现了更多之前未知的区域；悲的是 1745 年他坐的船被袭击沉没，他失去了一条手臂。后来，普瓦夫尔还成了英国人的俘虏。被释放以后，他转而从商，成功地做起了香料生意，以至于后世很多人误以为"胡椒"（poivre）是以普瓦夫尔之名命名的。1772 年，他回到法国，从此致力于研究植物，也源源不断地给他的"吾之乐"花园运去外国植物。普瓦夫尔的精神对后人起了很大的鼓舞作用，园子后来的主人都在保护和丰富园里的植物资源。

　　今天，当我们走进庞波慕斯花园，怎会不惊叹于花园的美丽和植物的多样？游客可以漫步在园里的小道上，小道两旁是各个品种的棕榈科植物，为游客遮挡阳光——有酒瓶椰子、象牙椰，还有极为神奇的贝叶棕。我多么想看到它们开花的场面啊！到时候，成千上万朵小黄花挂满枝头，像是给树戴上了一头浓密的假发。棕榈科植物一生只开一次花，大多是到了 60 多岁的时候才开花。繁花落尽之时，也便是树将死之日，这无可挽回的命运真是可悲可叹！庞波慕斯花园里还生长着很多桉树，它们的树皮白得透亮；还有猴面包树，它们骄傲地向游客展示着周长 12 米的树干；另外，还有吊灯树、肉桂树、肉豆蔻树和丁香树；当然，园里还种着皮埃尔·普瓦夫尔 1753 年引进的不少香料树木。

花园里随处可见水池，水面上尽是睡莲和荷花。在所有的水生植物里，我最喜欢亚马孙王莲。它的巨大叶子漂浮在平静的水面上，令人陶醉。要欣赏亚马孙王莲的花也着实不易，它开始是白色的，第二天变成玫瑰色，接着就凋谢了。

我们当然可以列举所有到过毛里求斯岛的大人物，但我尤其想到了博物学家菲利贝尔·科梅尔松和驾驶着"赌气"号环游世界的探险家路易斯·安东尼·布干维尔。我还想到了来此游览和小住的夏尔·波德莱尔，接待他的是毛里求斯岛当地人阿道夫·奥塔尔·德·布拉加尔。阿道夫·奥塔尔·德·布拉加尔是一位法官，同时拥有很多农田。他在法国求学，获得法学学士学位，然后回到毛里求斯岛生活。借着作家夏尔·波德莱尔来做客的机会，阿道夫·奥塔尔·德·布拉加尔向这位客人提出一个请求：为他妻子创作一首诗。波德莱尔欣然应允，在给阿道夫·奥塔尔·德·布拉加尔的信中写道：

您在毛里求斯请我为尊夫人写首诗，我没有忘记这件事。既然是一个年轻人给一位夫人写诗，那么最合适和得体的办法就是先把诗交给她的丈夫，然后再到她手中。因此，我把这首诗寄给您，如果您喜欢，可以给尊夫人看。

于是，波德莱尔为她创作了一首绝妙的十四行诗：

致一位克里奥尔夫人

在阳光爱抚的芳香国度，

在紫红色的树盖下，

在把慵懒淋向眼睛的棕榈枝旁，

我结识了一位魅力不被人知的克里奥尔夫人。

她的脸庞白皙而温暖；

这位棕色头发的女巫扬着脖子，

神情高贵而骄傲；

身材高挑而苗条，走起路像女猎手。

她笑容平静，眼神坚定。

夫人啊，如果您去那真正的荣耀之地，

来到塞纳河和绿色的卢瓦尔河边，

您的美将点缀古老的庄园，枝叶掩映中，

您会让诗人的心中萌生一千首诗，

您的大眼睛会让他们臣服，

比您的黑奴更顺从。

这位克里奥尔女人名叫埃米莉娜·德·卡尔瑟纳克，她安息在圣弗朗索瓦教堂旁的小墓地里，不远处就是庞波慕斯花园的大门。

Pellerin (Guillaume)

纪尧姆·佩尔兰

见 Vauville 沃维尔。

Persan (Le jardin)

波斯花园

花园有很多种风格，有法式花园、英式花园、中式花园、英 - 中式花园，还有神父花园、高山花园等。所有这些花园在设计时都遵循严格的规则。波斯花园也不例外。

波斯花园的设计灵感来自《一千零一夜》，园子的风格纯洁无瑕，不带一丝杂乱，就像这则谚语说的：建造花园的人是光的盟友，绝不会有花园是从黑暗中产生的。

波斯花园诞生于四千年前，一般由四个部分组成，分别对应世界上的四大元素——天空、水、大地、植物。它们被四条水流分隔开，这四条水流代表天堂的四条河流。建造波斯花园必须使用指南针，因为四条河流的走向要完全符合东南西北的方向，这样象征着富饶和永生。花园的中央是一个喷泉或水池，意为生命的源泉。

在历史长河中，有些迷人的花园没有经受住时间的考验而消亡了。但所幸借助流传下来的诸多艺术品，历史学家能很容易地描绘出它们。当时按照惯例，每年2月10日，波斯花园的管理者都要向国王进献一张描绘花园的画作。这样，花园始终处于国王的恩宠和荫庇下，而这幅画也表明君王与大自然之间存在着一种神圣的联系。

公元4世纪起，波斯花园建造得越来越多。园子的主人借此表达他们对宇宙的理解，同时向周围人展现他们对自然的掌控力。以花园的形象做的模型和绘制的色彩丰富的蜡笔画是人们的送礼佳品。画里面最常用的一种颜料来自珍贵的藏红花。伊朗人最早使用藏红花种子，又将它推广给地中海沿岸的民众。当时，藏红花出现于各种重大场合，新婚夫妇、出行的人或国王都可以抛藏红花，以祈祷长命百岁、富贵吉祥。

波斯花园有着高高的围墙。在街上无法瞥到它，没有邀请也无法进入。它们是"秘密花园"，是天堂的一隅，里面生长着最美、最稀有的花朵。波斯花园是人类的建筑瑰宝，是献给造物主的礼物。公元8世纪，《一千零一夜》第一次出现了手抄本。谈到波斯花园的美丽，没有什么比《一千零一夜》里的故事更能打动人心了：

　　我打开了第一扇门，走进一个无与伦比的果园里。我
们死后升入的天堂应该也没有这等美好。一排排的树木整
齐、干净、赏心悦目；水果的种类丰富多样，很多见所未见，
果实全都新鲜、漂亮。夫人，这个美丽的花园有着奇特的
灌溉方式，我必须讲给您听：灌溉的沟渠匀称而颇具艺术
感，根据树木的需求不同，沟渠的送水量也不同——送给
树苗的水最多，因为它们的根部需要最多的水，以长出最
初的叶，开出第一朵花；正在形成果实的树需要少一些的水；
正在生长的树需要的水更少；还有的果实已经长大，只是
在等待成熟，给它们一点儿水即可，而这果实比普通花园
的果实大得多；果实已经成熟的果树需要的水最少，它们
只需保持湿润，令树木保持现状，不至于凋零。我欣赏着

这个美丽的地方，流连忘返；如果不是想到还要去其他地方，我可能会永远待在那里。我的脑袋全被园里的美景占据了。我关上门，走了出来，然后打开了第二扇门。

这扇门里面不是果园，而是一个十分奇特的花园。花园里有一个宽阔的花坛，给它浇灌的水不如果园的多，但水的分配极为得当，保证每一朵花都恰好得其所需。玫瑰花、茉莉花、紫罗兰、水仙花、风信子、银莲花、郁金香、毛茛、石竹、百合花……还有数不尽的花期不同的花在这里竟然同时开放。满天的芬芳扑鼻，令人陶醉。

我打开了第三扇门，这是一个巨大的鸟笼。地上铺着不同颜色的大理石，质地精细，十分罕见。笼子以檀香木和老沉香雕刻而成，无数的鸟儿栖息在内，有夜莺、金翅鸟、金丝雀、云雀……我从未听到过如此和谐悦耳的鸟鸣。盛鸟食和水的小罐用最贵重的碧玉和玛瑙镶嵌而成。另外，这个鸟笼非常干净。以它的宽敞程度，我判断得至少需要100个人才能将它打扫得如此一尘不染，但这里看不到一个人。刚刚的花园也是一样，没有一根杂草，没有一点儿破坏视觉的冗余之物。太阳已经落下，我陶醉于鸟儿的婉转歌声，而它们已选择了最舒服的枝头，在那里度过漫漫的长夜休憩。我回到我的寓所，决心在接下来的日子里打开更多的门。

1922 年，莫里斯·巴雷斯出版了《奥龙特斯花园》一书。

这部小说完美地呈现了波斯园林艺术的魅力。小说家确实比历史学家更善于讲述过去的故事：

> 卡拉特的花园是叙利亚最美的花园，阿拉伯人极擅长运用水和花来表现他们对爱和宗教的无限向往。我们可以在园子里看到黄色花蕊的的黎波里玫瑰和蓝色花蕊的亚历山大港玫瑰；芳香的草坪上点缀着鸢尾花、黑加仑、水仙花和紫罗兰；奥龙特斯河改道过来的小溪带来了清新的气息；枝叶繁茂的香橼树、扁桃树、橘子树和桃树在风中簌簌作响；可爱的小亭子分散在园子里，上面装饰着安提阿和波斯的绸缎、阿拉伯的玻璃和中国的瓷。但所有这些都无法与建筑物里面的奢华相提并论。

Perspectives

透视法

1959 年，吉勒格朗吉耶执导的《流浪汉阿尔基麦迪》上映，让·加本扮演主角阿尔基麦迪。影片中的阿尔基麦迪本名叫约瑟夫·于格·纪尧姆·布捷·布兰维尔，是一个身无分文但冒充高雅的流浪汉。有一天，他去拜访一位女富豪（由雅克利娜·马扬扮演）。对女主人墙上的名画发表了一通见解后，这位流浪汉走到窗户前，极为严肃认真地对女主人说："我以前并不知道，凡尔赛宫的窗户外面还有一条透视线呢。"我非常喜欢编剧米歇尔·奥迪亚尔写的这句话，它很好地反映了人们对花园里的透视法的印象。人们通常会认为，在凡尔赛宫和其他布局规整的花园中，透视线是必不可少的。这是事实，但有点儿片面了。不是只有法式花园或大型花园才使用透视法。

透视法（perspective）一词来源于拉丁语的"perspicere"，意为"穿过……的视线""透过……看"。透视法是一门艺术，它使用一些技巧，让人们的视觉产生错觉。园林设计大师都很善于运用透视法，人为地"改变"一个花园的面积或深度。在阿尔基麦迪如此看重的凡尔赛宫花园里，勒诺特尔巧妙地使用透视法，"扩展"了大运河河岸的长度。他改变了河岸的平行度，矫正了距离过远造成的狭窄感，增强了整个花园的纵深感。凡尔赛宫的另一位设计者——建筑师儒勒·哈杜安·孟萨尔同样采用了很多影响视觉的方法。他设计马利城堡时，从佛罗伦萨建筑师菲利波·布鲁内莱斯基（卒于 1446 年）的作品里获得了灵感。列奥纳多·达·芬奇同样曾借鉴菲利波·布鲁内莱斯基的经验：

> 透视法有三种分支：第一种，物体离眼睛越远，看起来体积越小；第二种是颜色的变化方式……第三种，物体越远越模糊。[1]

1　列奥纳多·达·芬奇:《达·芬奇笔记》。

皮埃尔·布瓦塔尔对透视法很感兴趣。他这个人很奇怪,既是植物学家、地质学家,又喜欢去发现千奇百怪的动物。皮埃尔·布瓦塔尔是第一个对袋獾(亦被称作"塔斯马尼亚恶魔")做出描述的人。他著作颇丰,与《种植、园艺和农业经济杂志》合作直至 1841 年。我承认,我对皮埃尔·布瓦塔尔的文字并不感兴趣。但关于透视法这门需要数学和美学知识的学问,他竟然用寥寥数语就讲述得特别清楚:

> 透视法适用于所有的花园设计,因此,了解它是必需的。我们就谈一谈它的基本原则。
>
> 园林设计师就像风景画家,他们运用同样的方法和手段,迷惑观者的双眼,让观者对距离产生错觉。有时,设计师让事物看起来比实际远很多;有时,设计师又让事物显得更近。他运用几种方法做到了这些,而这就是透视法的艺术。

皮埃尔·布瓦塔尔把一切都说清楚了:所有的花园都运用了透视法,都用行道树引导视觉、用厚厚的灌木丛遮挡视觉。

当然,除了凡尔赛宫花园,还有很多花园都有漂亮的透视线。但同阿尔基麦迪一样,我最爱的是凡尔赛宫花园的透视线。

彼得宫

　　众所周知，法国人对自己的国家十分自豪，他们喜欢拿法国的好东西与外国的做比较。参观国外的花园时，我不止一次听到同胞感慨：这个花园比凡尔赛宫花园小，而且不如它漂亮和奢华。但在彼得宫花园的小路上，我听不到这样的话。从各个层面上讲，彼得宫都与凡尔赛宫不相上下。人们很难选出哪一个花园更壮观，因为它们同样令人叹为观止。

　　彼得宫的历史与凡尔赛宫的历史紧密相连。沙皇彼得大帝1717 年造访法国，看到凡尔赛宫后，决定在离圣彼得堡不远的地方建造他自己的夏宫。

　　彼得大帝到访凡尔赛宫的日期是 5 月 19 日。他随身带了300 名精锐士兵，一路雄赳赳气昂昂。他的很多行为非常怪诞，这让当时的摄政王奥尔良公爵颇为震惊。

　　彼得大帝的访问很成功。他与摄政王进行了富有成果的谈话，并和年仅七岁的路易十五相处愉快。5 月 24 日至 26 日期间，彼得大帝住在凡尔赛宫中勃艮第公爵的套房里。他自由自在地参观凡尔赛宫花园，在大运河里划船，还游览了动物园。他流连忘返，直到 5 月 30 日才动身回俄国。

　　当然，彼得大帝没有忘记自己的外交使命，他积极致力于改善法俄两国的关系。借此机会，彼得大帝还记了很多笔记。

他仔细地观察水池管理员的工作，欣赏园里的雕塑，还去参观了马利城堡。

因此，彼得大帝可以很清楚地告知他的建筑师，自己想要的宫殿是怎样的。沃子爵城堡启发路易十四建造了凡尔赛宫，而凡尔赛宫又让彼得大帝萌生了建造彼得宫的想法。走在彼得宫里，游客不难体会到凡尔赛宫对它的影响。另外，彼得宫的很多工匠也来自法国，比如勒诺特尔的得力助手、杰出的园林设计师让-巴蒂斯特-亚历山大·勒布隆。他满怀热情地参与了彼得宫的所有装饰工程，彼得大帝甚至下令："所有的建筑师开启新的建筑项目时，必须经过勒布隆签字确认。"

彼得大帝早就想找一个法国人设计他的花园。他的使节佐托夫找到了勒布隆这位奇才：

　　建筑师勒布隆精通建筑学，完美地掌握花园、教堂和王宫的设计技巧。……他设计过码头、运河、水坝等

水利方面的设施。另外，巴黎周围的宫殿和花园有很多
出自他手。

彼得大帝的夏宫以前所未有的速度建造着，于 1723 年
竣工。

我不敢说彼得宫的成就超越了凡尔赛宫，但我相信，如果
凡尔赛宫毁掉了，我们是不可能再建得起同样一座宫殿的。而
彼得宫在"二战"时期遭到了破坏，德军的轰炸让它满目疮痍，
几万棵树被炸弹连根拔起。苏联的工匠们竟然奇迹般地把它恢
复了原样。到了今天，彼得宫的光芒可能不比凡尔赛宫更胜，
但至少与它持平。

Pillnitz (Le château de)

皮尔尼茨宫

总体来说，皮尔尼茨宫的历史发展比较平稳。宫殿位于德
累斯顿市东端的易北河岸，于 15 世纪开始建造。它的建筑奢华，
在随后的几百年中经历过困难时期，也曾被装修和扩建。皮尔
尼茨宫更换过很多主人，也接待过很多名人，这让它成了赫赫
有名的宫殿。1812 年，拿破仑来此参观，惊叹道："我生来就
是为了看到如此美景的。"当时，皮尔尼茨宫花园里的日本山

茶花还远没有如今的规模。这种植物很值得讲一下。

山茶花体形不大，原产地是中国。另外，它也分布在日本、印度、韩国、爪哇岛和苏门答腊岛。山茶科下面有 250 个山茶花种，大部分都生长在山区的林下灌木丛里。它们一般生活在安静无风、比较潮湿的环境里。"日本山茶花"的名称误导了我们，其实它的"故乡"并非日本。公元 7 世纪，一些对植物学研究感兴趣的中国佛教徒将山茶花引入日本。

在所有品种的山茶花中，中国山茶花无疑是在世界上传播最广泛的。1500 年前的亚洲人已经用山茶花做香料，并将其入药。而被做成茶叶的，则是另一种植物，我们称之为"茶"。1559 年，茶成为商业化的饮品，被推广到威尼斯，然后是伦敦、巴黎和阿姆斯特丹。茶在当时十分名贵，买得最多的是英国人（如今，他们依然保持着这个纪录）。英国人对茶非常痴迷，尽管其价格越来越高，但他们依然坚定不移地买茶。后来，茶的价格高到离谱，英国人为了节约开支，开始购买茶的种子，然后在当地种茶。不过，中国的商人特别精明，他们不想失去这个重要的收入来源，于是把日本山茶花的种子卖给英国人，不让英国人得到珍贵的中国茶树种子。英国人没有及时意识到这个骗局。他们后来才发现，日本山茶花的叶子不好泡茶，但到了春天，它开的花却异常漂亮。英国人便把这种花命名为"中国玫瑰"。

16 世纪，欧洲人开始种植山茶花。但直到 18 世纪，它才真正出现在植物收藏家的温室或橘园里。1735 年，为了纪念约瑟夫·卡迈勒（1661—1706），林奈以他的名字命名了山茶花。约瑟夫·卡迈勒是一位耶稣会会士，对植物学有着异乎寻常的热爱，是他把东南亚地区的山茶花带到了萨克森自由州。我们几乎可以断定，位于萨克森自由州的皮尔尼茨宫花园是德国最早栽种山茶花的地方。它当时的主人奥古斯特·勒福尔热衷于搜集异国植株。据相关资料记载，1794年，在日本采集的几棵山茶花的样本被送到了皮尔尼茨宫，还有几棵被运到了汉诺威。那不勒斯南部的卡塞塔和英国也各自引进了一棵。在法国，约瑟芬皇后在马尔梅松花园的温室里种上了日本山茶花。人们纷纷效仿皇后，各地掀起建造山茶花花坛的热潮。1848年，小仲马写出了《茶花女》。小说的主人公玛格丽特有着严重的肺病。她喜爱山茶花，但山茶花散发的味道让她不舒服。事实上，山茶花的花朵几乎闻不出香味。小仲马知道这一点，他故意选择这种花，但他弄错了山茶花名字的正确写法。本来单词"山茶花"（camellia）中应该有两个"l"，小仲马却写成了一个"l"。这本书获得了巨大成功，于是这个错误的拼写最终被语言学家接受了。

皮尔尼茨宫花园里那棵1794年从日本带过来的山茶花后来长成了小树，需要把它移出温室。于是，园丁把它种到了温室外的地面上。为了保护它不受严寒侵袭，整个冬天里，人们会在它的下部铺上一层厚厚的树叶当作毯子。后来，人们决定用木头和玻璃为它修建一个可拆卸的小温室。十月份安上小温室，冰冻完全结束后再拆除它。花园在1905年发生了一个事故。有一个炉子里的火引发了火灾，烧毁了花园的不少设施。那天的气温是零下二十摄氏度。为了灭火，人们浇了几百升的水，水立刻结冰。出人意料的是，厚厚的玻璃罩保护了山茶花，使它没有被冻死。

这种保护植物的方法并不新鲜。在凡尔赛宫的大特里亚农宫旁，让-巴蒂斯特·德·拉·昆提涅就是采用这种方法种植的橘子树。时至今日，玻璃罩还保留着，只不过铝代替了木头。当然，皮尔尼茨宫及其花园不止山茶花这一个看点。"山水宫"、英国楼和中国楼都各有风情，错过它们是遗憾的；如果没有观赏延伸向河流的壮观的阶梯，没有看到哥特式的建筑废墟，没有仔细欣赏 1964 年建成的装饰艺术博物馆中的作品，那么您的皮尔尼茨宫之行将是令人惋惜的。皮尔尼茨宫花园是植物的王国。来自世界各地的美好的树木生长得很有气派，橘园里果实累累，棕榈林里"居住"着数百棵珍贵而脆弱的棕榈树。无论山茶花来自哪里，曾生活在何种气候条件下，我们都应该向它致敬。因为它的高度不到 9 米，但每年最多可盛开 35000 朵花。

Pivoines

牡丹

牡丹是我最喜爱的花，我送人最多的也是它。牡丹盛开，春天即来，它的色彩让人愉悦。在成为重要的观赏花之前，牡丹主

要是药用的。两千年前的中国人发现，牡丹的花瓣和根可以减缓胃疼，还能减轻幼儿长牙时的疼痛。除此之外，牡丹还有诸多药用价值引人关注，如抗癫痫、解痉、缓解痛风。寺庙、大庄园和王室宫殿的花园里常种着牡丹。直到公元 8 世纪，中国人才对牡丹的装饰功能产生兴趣。它珍贵的价值和美丽的外表让它备受推崇，到了今天，牡丹依然是中国人最爱的花卉之一。2003 年 10 月 15 日，牡丹还登上了中国的"神舟五号"飞船。科学家们以此来研究牡丹种子的生长状况，验证一下无重力环境是否能改变种子的品质和发芽情况。很遗憾，我不知道该试验的结果如何。

牡丹登上太空之前，来到中国的日本佛教徒已经将它引入了日本。日本的植物学家们对这种奇特的花特别着迷，他们不断尝试改良牡丹品种。

在中世纪的欧洲，牡丹也是以药用为主，大多数种药的花园里都种着牡丹。欧洲人也十分重视它的药用价值。除了中国人发现的那些价值，欧洲人还把牡丹加入了治疗肝病、精神疾病和失眠的药方当中。基于此，欧洲的植物学家将牡丹命名为"Paeonia"。该名称来自于帕埃翁（Paéon），相传他是一位古希腊的医生，曾救过在战斗中受重伤的哈得斯和战神阿瑞斯。帕埃翁比任何人都更熟谙植物的秘密，他以牡丹为原料制作的金疮药对促进伤口愈合有神奇的功效。帕埃翁的牡丹是阿耳忒弥斯和阿波罗之母勒托赠予的，勒托还将牡丹的价值告诉了帕埃翁医生。由此可见，古希腊或古罗马神话对植物的命名有着多么大的影响，这太有趣了！

17 世纪，有些探险家称他们见过牡丹。但直到 1787 年，第一株牡丹才正式引进欧洲，被种植在伦敦附近的邱园里。公园的负责人叫约瑟夫·班克斯（1743—1820），他十分自豪于公园购买的这棵牡丹。约瑟夫·班克斯是一位备受同行尊重的科学家，他参与过众多探险考察活动，有的是在陆地上，有的是去太平洋和加勒比海上。他把很多植物引进欧洲，比如桉树。1802 年，英国又引进一棵牡丹。尽管很多人跑去观赏了这种可媲美玫瑰的植物，但关于牡丹的栽种技术，英国人一直秘而不宣。几十年以后，牡丹才出现在英吉利海峡那头的欧洲大陆上。

中国人到现在依然深爱着牡丹花。国家举办大型活动时离不开它。在山东省菏泽市，人们栽种了非常多的牡丹花，专门供给国内市场。"神舟五号"载上天的牡丹花种子即来自菏泽市的一个农艺研究中心。

在花语中，牡丹象征着真诚。在过去，它含有"害羞"之意。当一个人尴尬得脸红时，人们会说他"脸红得像牡丹"。人们可能忘了，牡丹花还有其他的颜色——玫瑰色、白色、淡紫色、紫色和黄色。不同颜色的牡丹花有不同的花语。如果你送给别人红牡丹，你想表达的是："我的爱与你同在。"这句话美则美矣，只是有些过时了。白牡丹的意思是"保佑我们"，此话听了不会让人非常喜悦。玫瑰色牡丹的花语是"你唯一可信任的人是我"，赠此花的人绝对不谦虚。

门

当你是孩童，你在一个美丽的夜晚推开花园的门

你从门槛一直往里走，追着燕子黑色的影子

突然，你在两臂之间感受到了整个世界

和你自己的力量，一切变得有可能了。[1]

在中世纪，花园像一个庇护所，人们在里面尽情地放松自己。为了获得更多的宁静，人们给花园围上墙，将它与外界隔绝起来。想要进去必须穿过一扇大门，从门外是看不到园内的。这扇大门把园外的人与未知的园内隔绝开来，表明野性、自由的自然同人类维护和掌控的社会是对立的。

花园还有宗教意义，象征着"乐园"。如果说使徒彼得掌管着进入天堂乐园的钥匙，那么在人间，花园大门的钥匙便归其主人所有。花园主人只允许够格的、品行俱佳、不会玷污花园的纯净的人进入。

从文艺复兴到 18 世纪上半叶，花园建得越来越大，而花园的门也越来越多。门成为园子重要的装饰物，但依然禁止陌生人进入。它们不只隔断花园和外面的世界，还分隔了园子内部的一些部分。一些大花园内部的小树林就有单独的一扇门与

1　路易·阿拉贡：《魔鬼般的美》，载《没有完成的小说》，Gallimard 出版社，1956 年。

花园其他部分相隔。如此可以防止偷盗，也可以保证小树林里寻欢作乐之人的私密性。

自然风景园的到来改变了门的用途。这种风格的庭园注重自由，反对所有象征压制和权力的东西。因此，"禁止别人入内"的门显得不合时宜了。从前密不透风的大门不见了，取而代之的是木栅门。这样，人们可以毫无阻碍地看到花园内部，凸显了花园的真正价值，甚至让花园变得神圣起来。

紧闭的门让人充满好奇心，想推开它，进去一探究竟。花园的门是探索未知、美丽和珍宝的邀请函，一定不能用锁锁住。

Potager de Versailles (Le)

凡尔赛宫菜园

路易十四热爱他的宫殿、勒诺特尔设计的花园和林荫大道。他具有鉴赏家的眼力，经常不知疲倦地欣赏一座古代雕像或一个喷泉。除此之外，路易十四也喜欢女人、打猎和美食。他命令园艺师让 - 巴蒂斯特·德·拉·昆提涅建造一个菜园，专门为他和他的客人提供食物原材料。这是一项巨大的工程。王室是大家族，国王的客人也不少。菜园每天都要提供可口的饭菜，把 3000 至 5000 个人的肚子填饱、伺候好、侍奉周到。如果拉·昆提涅能早生几百年，雇用他的是克洛维一世或查理大帝，他的任务会轻松得多。在克洛维一世或查理大帝的时代，他不需要种植美洲大陆来的蔬菜，如豌豆、番茄、南瓜、菊芋、玉米，也不用引进亚洲的蔬菜送上餐桌……在凡尔赛宫，拉·昆提涅必须给热爱异国美食的路易十四提供新鲜的珍果奇蔬。在法国的阳光下，石榴和无花果怎么可能成熟得特别好呢？为此，凡尔

赛宫专门建造了一个屋子，种下700棵无花果树，保护它们不受冬季冰冻的损害，就跟凡尔赛宫的橘园一样。

凡尔赛宫的菜园里生长着杏树、几百棵苹果树和梨树，还有榛树和李子树。

园子里每年产出大量的草莓供国王享用，据御医法贡说，国王因为过量食用草莓患了胃病。另外，路易十四还酷爱豌豆。这可不是随便说说的。他对豌豆爱到什么程度呢？曼特农夫人甚至嘲笑廷臣们不顾一切地学习国王，他们硬是逼着自己吃很多豌豆：

> 这几天，亲王大臣们只做三件事：焦急地等待吃豌豆，高高兴兴地吃豌豆，盼望着再次吃到豌豆。有些夫人参加过国王的晚宴后，回到家里，在睡觉前都要吃一些豌豆，全然不顾消化不良的风险。这是一种潮流、一种狂热，人们竞相这么做。

凡尔赛宫菜园里只种植粮食和蔬菜，肉类和鱼类都有专门

的供应商。宫里采购之前必定要同供应商进行激烈的讨价还价，毕竟花国库的钱容不得开玩笑。路易十四喜欢吃肉，尤其是母鸡肉、小鸡肉和阉鸡肉。人们的饮食习惯随着时代演变而发生了很大变化，文艺复兴时期，人们还在吃天鹅、孔雀、苍鹭、鹤和其他涉禽鸟类。

拉·昆提涅和他的园丁队伍忙着锄地、修剪枝叶和采收，宫里的厨师们也忙得不可开交。首席御厨的手下除了十几名接待人员和试味人员，还有一整个让如今的厨师汗颜的团队：共有 500 名厨师、伙计和学徒每天为凡尔赛宫做饭。

1687 年，凡尔赛宫及其花园还未竣工，庞大的工地上共雇用了 36000 名工人。同年，路易十四意识到菜园和果园的重要性，为拉·昆提涅升官加爵。这是无可厚非的。菜园其实并不大，只有 9 公顷。它的前身是一个池塘，其实更确切地说是一条臭水沟。尽管这里土壤的条件并不好，但拉·昆提涅用自己的聪明才智彻底改造了它。在 17 世纪末的凡尔赛宫，三月份，人们可以品尝到最新鲜的草莓；四月份，一筐一筐的樱桃等着人们采摘；哪怕到了冬天，冰雪覆盖了植被，人们也能吃到芦笋和各种各样的生菜。让 - 巴蒂斯特·德·拉·昆提涅是园艺学领域的一位先驱、一位模范。他的存在验证了伏尔泰的一句话："园丁是所有职业中最高贵的。"

梅花形栽法

　　梅花形是由五个点构成的图形，其中四个点分别位于正方形区域的四个角，第五个点位于该区域的中央。

　　梅花形栽法是园艺师的噩梦。

　　种树是一件快乐的事。诚然，种树也不那么容易，在种下选好的那棵树之前，我们需要挖一个深坑，把很多土刨出来。但是，当看到它在春天冒出第一缕新芽，到了秋天换上新装，然后一年年长大，我们的内心是多么幸福啊！种一棵树是一回事，采用梅花形栽法种树又是另外一回事了，这是一个挑战，一个噩梦。我们参考 1767 年出版的《法语词汇大词典》，给"梅花形栽法"一个更确切的定义：

　　　　树木的栽种呈梅花形，每一片树木区域之间的距离相等，且均由几行树构成。每一片树木区域所朝的方向都不同。梅花形栽法的优势是，林间的小径排列整齐，而且互相穿插，彼此之间紧密相连。

　　然而，书上的话只是理想状态。按照我自己的经验，无论在哪儿，梅花形栽法实施起来都是很艰难的，一般只有第一棵行道树能看得清楚，对角线上也是一样。1982 年，我第一次承担梅花形栽种的任务——恢复大特里亚农宫外面一个巨大的梅花形栗树阵。我当时 25 岁,像大多数年轻人一样的恃才傲物,长辈们的话根本听不进去,我只按照自己"确定"的方法进行。我仔仔细细地弹拉线,标记出每一棵树的具体位置,保证每一棵栗树的栽种位置精确到厘米。这是一项过于繁重的工作。平行的和垂直的行道树进展很顺利,但对角线上的就不同了,树木不是在这边凸出去,就是在那边探出来。把对角线上的树木调整好了,平行和垂直的行道树又不整齐了……

杭布叶

　　杭布叶市有着光辉的过往。在进入这座城市的所有路口，司机们都可以看到一个牌子，上面说明了杭布叶市与法国国王、皇帝和总统的深厚渊源。杭布叶市的历史与杭布叶城堡直接相关。

　　杭布叶城堡建于 14 世纪，15 世纪被抢掠和烧毁，16 世纪人们重修和扩建了它。城堡位于一座大森林的中心地带，森林里猎物众多，吸引了不少喜欢打猎的人前来，其中就有弗朗索瓦一世。这位国王常来猎捕野鹿。1547 年 3 月 31 日，他就是在杭布叶城堡去世的。

　　经过多次改造后，1706 年，杭布叶城堡成为贵族的资产——路易十四的儿子图卢兹伯爵买下了它。城堡的原主人弗勒里奥·达梅农维尔对此很不满。然而，国王金口玉言，没有人胆敢违抗国王的命令。路易十四把沃子爵城堡据为己有，而他的儿子则侵占了杭布叶城堡。图卢兹伯爵完成了一桩好买卖，因为弗勒里奥·达梅农维尔花在装修上的钱是购买整个城堡价格的四倍。城堡外的花园是法式花园，设计师很好地利用了周围潮湿的环境。城堡的形状像星星一样，在它对面是一条水渠，花园的大部分被它环绕着，水面上还立着几个小岛。水渠的不远处是一个大草坪，将我们的视野拓展至远方。水渠的一条支流延伸到城堡窗下的花坛，城堡周围的小灌木丛充盈了整片景色。1779 年，这里建造了一座英式花园，包含了英式花园的所有要素：点缀性小建筑、当时十分流行的静修小屋和建在岩石上的中式凉亭。

1783 年，这片土地成为国王的领地——路易十六从他侄子手中买下了杭布叶城堡及其花园。由于路易十六喜欢捕猎野鹿，所以他经常来此打猎。但他看不上这座城堡，一度想要重建它。后来他改了主意，只是修建了一个乳制品厂，以取悦他的妻子玛丽·安托瓦内特（她其实并不喜欢这个地方）。此外，路易十六还命人建造了很多大马厩，可饲养超过 500 匹马。花园在画家于贝尔·罗贝尔的推动下被翻修，但在法国大革命爆发后又废弃了。

拿破仑当上皇帝后，下令重新整修杭布叶城堡及其花园。他经常来此打猎，但对城堡不满意，觉得它太阴暗、无光彩。拿破仑要求建筑师设计几套改造方案，但无一令他满意。他命人在城堡的花园里种上一片落羽杉，这片落羽杉林后来慢慢变成了散步的绝佳去处。

杭布叶城堡对君王来说像是一个不祥之地：弗朗索瓦一世去世于此，流亡中的拿破仑一世在此停歇，查理十世在这里退位。可能正因如此，路易·菲利普不喜欢杭布叶城堡及其花园，建议把它租出去。

1886 年，法兰西第三共和国总统菲利·福尔同他的那些大名鼎鼎的前任一样，也来到杭布叶城堡狩猎。按照他的建议，杭布叶城堡正式成为国家元首的府邸之一。

通过对杭布叶城堡历史的简单梳理，我们发现，当共和国成了花园的主人时，国家是不会对它进行改造的。这一条规则适用于很多花园。而从前的国王和皇帝都对花园毫不留情：他们随心所欲地拆毁、扩建、改造，甚至还卖掉它们。这大概是由于共和国比较审慎，不想像君主制国家那样对待花园吧？法国大革命以后，收归国有的领地仿佛凝固了一般，历史的时钟似乎永远停在了 1793 年 1 月 21 日。人们不再改变领地里的任何东西，只满足于维护它们。然而，有些共和国总统为了后代着想，果断对一些领地进行整修，将它们镌刻进了历史。1993 年，弗朗索瓦·密特朗总统邀请雕塑家卡雷尔创作了一个杰出的雕塑，如今，它矗立在杭布叶城堡花园两排椴树的中央。雕塑的内容是一个身形健美的裸体男人站在一艘太阳船里。若是仔细观察一下，我们会发现，这个男人的面庞不就是密特朗总统本人吗？这是一种狂妄，还是对历史抛了一个"媚眼"，好让历史记住自己？我认为两者都有，但我相信，花园本应与时俱进。跟不上时代的花园只能死去。

滨海赖奥尔花园

　　我们很难想象，一个世纪之前的地中海沿岸该是多么美丽。如今，商人利欲熏心，政客相互勾结，选民天真幼稚，共同导致曾经天堂般的海岸变成了混凝土堆砌的窄窄的地方。所幸还有滨海赖奥尔花园这样的区域，现在由国家海岸保护局管理和保护起来。国家海岸保护局创建于 1975 年，它的贡献特别值得称道：它以购买或接受捐赠的形式，获得了很多海岸的土地，使它们免遭城市化的破坏。

　　20 世纪初，地中海沿岸仍处于蛮荒状态，鲜有游客问津。当时，日光浴还未兴起，而且只有少数拥有特权者才享受假期。

　　滨海赖奥尔卡纳代镇是一个面积很小的市镇，位于圣特罗佩镇和莱拉旺杜镇之间，摩尔高原脚下。小镇上的居民生活安逸，没有什么能打扰他们。火车把第一批游客带到了滨海赖奥尔卡纳代镇，他们参观了伊埃尔岛和乐旺岛，观赏了那无边无际的大海。

　　阿尔弗雷德 - 提奥多·库尔姆是一位富有的银行家。他为滨海赖奥尔卡纳代镇的魅力所倾倒，于 1909 年在镇上修建了一座豪华的别墅。他为别墅配备了一个二十多公顷的花园，里面遍植异国的植株。1940 年亨利·波泰从阿尔弗雷德 - 提奥多·库尔姆手里买下了这片土地，扩建了别墅，并按装饰艺术风格翻修了花园。亨利·波泰出生于 1891 年，是一位经验丰富的飞行员。他与马塞尔·达索一道发明了螺旋桨，1917 年以后，螺旋桨被安装在了战斗机上。1936 年，人民阵线政府把亨利·波泰的公司国有化了，他拿着获得的资金建立了巴黎商业银行。这位昔日的飞行员变成了深谋远虑的商人，其财富足以支撑他买下滨海赖奥尔别墅及其花园。

"二战"期间，滨海赖奥尔别墅成为避难所。波泰的财务顾问阿贝尔 - 弗朗索瓦·希拉克便请求波泰允许自己不到十岁的儿子雅克在此躲避战乱。这个小男孩后来成了法国总统雅克·希拉克，但他很少提及这段往事，我相信他对那里的记忆肯定非常美好。

"二战"快要结束时，人们终于可以正常维护滨海赖奥尔别墅及其花园，共有 12 位园丁悉心照料着园子里的几百种植物。1949 年，园子里建起了颇为壮观的阶梯，时至今日依然是这里的主要建筑之一。但是，到了 20 世纪 60 年代，别墅和园子几乎荒废了，大自然重新"接手"了它们。杂草肆虐，珍贵的植物被挤占得没有立锥之地，小径被覆盖得密不透风。1974 年，一家保险公司买下了它们，但这种糟糕的状况没有任何改变。滨海赖奥尔花园不可避免地消失了，只剩下大自然在彰显它的威力。80 年代是可怕的年代，这里的土地面临混凝土的威胁。房地产商垂涎这里 20 公顷临山傍海的土地。幸运的是，1989 年，国家海岸保护局买下了滨海赖奥尔花园。吉勒·克莱芒被任命为设计师，在此建造一个 7 公顷的地中海花园，以种植和展览亚热带花卉为主。

　　游客在游览地中海花园时，首先穿过一片龙血树林，然后会看到来自加那利群岛的壮观植物。这是一种巨大的草，最高可达 20 米，外形有点儿像棕榈树。这会让人们产生错觉，以为自己置身于加利福尼亚海峡的拉帕尔马花园或特内里费花园。从美洲大陆运来植物不是一件容易的事，因为相关法律规定十分复杂。最早运来时，这些草还很小，需要耐心地等待几十年，它们才真正长成现在的模样。吉勒·克莱芒绝对无愧于"风景设计师"的称号，尽管他更喜欢把自己称作"园艺师"。他擅长改造风景，并使它与周围环境融为一体。地中海花园的建造是一个手艺活儿，吉勒·克莱芒完成得极为出色。在这个大花园里，我们可以看到很多不同风格的小花园——"南美小花园""澳大利亚小花园""新西兰小花园""东南亚小花园"，另外还有以炎热地区植被为主的花园——美洲沙漠花园。

　　在如今的滨海赖奥尔花园，我们可以漫步在阿勒颇松树的绿荫下，也可以迷失在茂密的丛林中。这里是梦一般的地方。滨海赖奥尔花园由十个小花园组成，其实还可以加上第十一个——附近的海洋也算是一个花园。滨海赖奥尔花园所在的海湾有个漂亮的名字——"无花果树"海湾。我们游览的最后一站是"海洋花园"，鱼儿在水草丛中嬉戏，它们好似明白自己触不可及，于是神气十足地在游客面前玩耍。

Renaissance (Le jardin de la)

文艺复兴园林

　　"复兴"是一个漂亮的词汇，它宣告着复苏、春天和重生。而"文艺复兴"时代就像是让人们从麻木昏沉中苏醒了过来。那是一个比"启蒙运动"还要早的"启蒙"时代，其代表人物是古腾堡、哥伦布、提香、波提切利、委罗内塞、达·芬奇、米开朗琪罗、拉斐尔、蒙田、拉伯雷。文艺复兴时期，人们的内心充满愉悦，不再恐惧。连城堡也不再是之前那种坚不可摧的堡垒了，而是变成度假、休闲、精致的所在。这从弗朗索瓦一世沿着卢瓦尔河建造的城堡可见一斑。花园也参与到这场变革中来，它们成了住宅的延伸物，绿荫环绕、繁花似锦，古代雕像随处可见。它们失去了中世纪时期的宗教意味，甚至有些反倒成为荒淫享乐的场所。不过，花园的设计并没有变得天马行空。对称规则仍是主流，园里的水依旧是死水。文艺复兴园林的灵感直接来自意式花园，但与意式花园不同的是，文艺复兴园林里建造着宽阔的台地、壮观的装饰黄杨，台地之间的高度差也远小于意式花园。今天几乎没有花园保持着最正宗的文艺复兴园林的样子。大部分 15 世纪和 16 世纪的花园都经历了很多变迁，例如新式花园风格的兴起、某一个花园主人破产、从亚洲或美洲引进新的植物，以及战争、劫掠、暴风雨、盲目的城市化等。即便有的墙还保存完好，花园也几乎都消失了，或者遭受了无穷无尽的改造。盖隆、瓦勒里、韦尔纳伊和沙勒瓦勒的花园还留下了什么？昂布瓦斯城堡和阿内城堡的花坛变成了什么模样？所幸，文艺复兴的精神依然存在于维朗德里城堡花园、舍农索城堡花园、圣日耳曼昂莱城堡花园、枫丹白露宫花园和卢森堡公园里。以上这些花园在数百年间也被整修多次，但它们保留了文艺复兴时期的一些建筑、雕塑、行道树和透视法的元素，有眼力的内行可以从中看出它们往日的辉煌。您若是想参观真正的文艺复兴园林，请务必从法国穿过阿尔卑斯山，到邻国意大利去看看。

Richard (Antoine)

安托万·里夏尔

　　在凡尔赛宫出人头地并不容易。不是所有的凡尔赛宫的建造者都能像勒诺特尔一样名垂青史。起码大部分人是做不到的。

不过，安托万·里夏尔被人们遗忘实在是不公平的。

　　安托万是路易十五的御用园艺师克劳德·里夏尔的儿子。克劳德·里夏尔的才能极为出众，小特里亚农宫要雇用他时，他提出了自己的要求——只遵从国王一个人的命令，而且薪水要直接从国王的私人财库中拨出。很明显，克劳德·里夏尔是一个很有锋芒的人。他富有才华，路易十五毫不犹豫地为他建造了一座宅邸。宅邸不远处就是国王位于小特里亚农宫的套间，周围还有各种各样的珍贵植物。能居住在王室领地是一项来之不易的特权，为此，直到临终前的最后一刻，克劳德还一直对路易十五的恩情念念不忘。

　　当克劳德在凡尔赛宫建造最壮观的植物园、与来自全世界的大师们交流时，他的儿子安托万则在环游各地，寻找最漂亮、最稀有的植物。安托万去过葡萄牙、西班牙、巴利阿里群岛、亚洲和北非。他从旅途中带回了几百种树木和灌木，有各种品种的松树、黑桦树、桑树、刺槐、橡树和落叶松。另外还有一棵当时无人认识的榆树，安托万·里夏尔把它命名为"杂性榆树"。这些神奇的植物被栽种在凡尔赛宫和巴黎的皇家花园里。国王十分赞赏他的成就，赐给他"植物学家"的称号，并任命他为皇家园艺师。在当时，教授植物学的都是最著名的大师，"植物学家"的称号是至高的荣誉。但安托万·里夏尔的人生并没有因此停滞。他又游历英国、荷兰、瑞士和德国。他买来世界各地的种子，租船去美洲，在港口接收国外同行寄过来的货物。

　　父亲去世后，安托万子承父业，担任小特里亚农宫花园总管，还当上了王后玛丽·安托瓦内特的首席园艺师，风头一时无两。但他很快就遇到了为难的事情。王后对植物学不感兴趣，她想立刻在小特里亚农宫外建造一个乡野式的花园和一个风景优美的小庄园。安托万的任务将是彻底摧毁他父亲之前的成果，砍掉或者移走他父亲种下的树木。他很难抵挡得住任性的女人，更何况这个女人还是王后。但令安托万感到羞辱的是，他提交的建造新花园的方案并没有被王后采纳。王后任用卡拉曼伯爵和建筑师里夏尔·米克接替安托万完成她的指示。这位真正的艺术家找不到知音，而那些擅长玩弄权术的廷臣却很吃得开。不过，所幸里夏尔的本事人所共知，人们后来也让他加入到花园的建造工程之中。

我仰慕这位杰出的园艺师，不仅是因为他杰出的专业本领，还有他的勇气。他的父亲克劳德很有骨气，他也同样如此。

法国大革命风起云涌之时，国民公会将小特里亚农宫花园的土地分块拍卖掉。安托万第一个——也许是唯一一个——提出小特里亚农宫会因此遭受灭顶之灾。他奋力维护那些老树和从遥远的大洲收集来的珍贵植物，还提醒人们，花园的缔造者中有很多知名人物。但这无济于事，革命者对他的呼吁充耳不闻。他们要卖掉所有东西，包括画、家具、宝物、土地，还有记忆。安托万·里夏尔并没有因此放弃抗争。他竞选上议会议员，在离凡尔赛宫不远的地方开办了一所园艺学校，在凡尔赛宫花园的花坛里栽种土豆，在花园的树林里种植苹果树。很快，安托万庄严地宣称，凡尔赛宫花园成了民众的"粮仓"。对此，没有人持任何异议。花园的变卖计划就此搁浅，凡尔赛宫被拯救了。安托万又当了一段时间的皇家园艺师，直到拿破仑一世让他告老还乡。1807 年 1 月 28 日，他孤零零、一贫如洗地死去。他的资产清单如是写道：

> 破旧的人字斜纹布裤子，一张坏了的写字桌，破破烂烂的衣服，一双破鞋，两顶织着糟糕花边的圆帽，花园里有两个损坏了的红铜喷水壶，一辆破旧的手推车，一套用坏了的园艺工具；院子里有一架小马车，车轴是铁的，拉车的是一头灰色的驴子，看不出年龄。[1]

在那个时候，不遵守命令是一项可以杀头的罪名。安托万·里夏尔以他的勇气、决心，以及对小特里亚农宫花园和对植物学的热爱，挽救了凡尔赛宫及其花园，让它们免遭拆毁、抛弃和灭亡。这位英雄在近两百年前去世了，但是人们从未举行过一次仪式来纪念他，从未举办过一次展览来向他致敬、给他荣誉。甚至没有一块指示牌提醒凡尔赛宫数以百万计的游客：他们能在 21 世纪参观这里，要归功于一位园艺师。在凡尔赛宫留名青史真是太难了——除非你是勒诺特尔。

---

1 加布里埃拉·拉米：《小特里亚农宫的皇家园艺师：安托万·里夏尔（1734—1807）》，载《园林艺术杂志》第 4 期，2005 年秋季刊。

Rodin (Les jardins du musée)

罗丹博物馆的花园

　　每当人们想要翻修历史悠久的花园时，有一个问题总会成
为争论的焦点：应该按照什么状况或什么年代对它进行翻修？
我无数次听到专家、历史学家或建筑师说，恢复到花园最原始
的状态是最优选择。请设想一下凡尔赛宫及其花园如果回到最
初建造时会是什么样子？基本上什么也没有，只有一个红砖砌
成的屋子作为打猎时休息的场所，周围只有几公顷的土地。还
有人认为，花园主人的个性特点比花园的历史进程重要。我们
还是以凡尔赛宫为例，若是把宫殿及其花园恢复到路易十四时
期，那么路易十五建造的小特里亚农宫和玛丽·安托瓦内特修
建的小庄园统统要被拆除！万幸的是，历史遗迹的管理者都是
理智的人，他们善于思考，表现稳重。所以，最终确定的整修
凡尔赛宫的参照日期是 1789 年王室离开宫殿的日子。但是，
问题还是没有得到解决。我认为不应该忘记那些促进凡尔赛宫
历史遗产传承的人，比如路易·菲利普或者拿破仑。

　　在巴黎的所有花园中，我最后一个参观的是罗丹博物馆的
花园。花园离荣军院很近，因为四周都是高墙，所以在街上几
乎看不到它。如果不是被邀请去罗丹博物馆聆听一位部长的演
讲，我都无法想象在这个博物馆里有一个维护得如此良好的大
花园。花园的雇员告诉我，人们正在重新思考花园的未来，有
些专家甚至希望重新设计花园。1999 年的大暴风雨过后，这

些专家认为应当机立断，砍下园里的所有树木！他们给出的理由是，树被大风吹得摇晃得厉害，让树继续存在的危险太大。由于行政手续过于繁琐，而且博物馆的预算减少，"砍树行动"没有落实，这些椴树、栗树和千金榆奇迹般地存活了下来。它们正常地生老病死，并没有造成什么"危险"。

我们做一个简单的假设，如果有人问我，最适合罗丹博物馆花园的设计应该是什么样的，我会怎么回答呢？其实，在为一个花园设计未来的时候，我们必须了解它的过去。

有一个银行家叫亚伯拉罕·佩朗克，他在金融市场上投机挣了大钱。

他出身于一般家庭，刚来巴黎的时候，成功地给一位叫弗朗索瓦·法尔热·德·波利捷的富豪当上了仆人。他刚工作不久就爱上了主人家的女儿玛丽-安娜。1715年，他们喜结连理，后来还生了三个孩子。他们的大儿子成为路易十五的财政总监。

亚伯拉罕·佩朗克举家住在如今旺多姆广场旁的一个豪宅里，但他认为自己配得上更好的住所。于是，1727年，他买下一块宽阔的土地，建造了"符合他身份"的大宅子。但有钱难买一命，1732年，新房子的建造还没完成，亚伯拉罕就去世了。他把遗产和"莫拉侯爵夫人"的贵族称号留给了妻子玛丽-安娜，这个贵族称号是他几年前花钱买的。

玛丽-安娜忍着悲痛盖好了房子。她还按照当时最时兴的风格、用四年时间建造了一座花园。她买下了周围的土地，请设计师为花园设计花坛、小树林和水池。建好的花园异常美丽，玛丽-安娜于1736年将它租给了路易十五的儿媳——曼恩公爵夫人。1753 年，亚伯拉罕家族的继承人把房子和花园卖给了路易 - 安托万 - 德·贡托 - 比隆。德·贡托 - 比隆是一位贵族，后来当上了元帅。这位新主人大范围翻修了花园。草坪上撒了新的种子，装饰黄杨比之前多了一倍；种着植物的小屋子用华丽的栅栏围着，近一万个栽着紫菀的彩釉花盆装点着花坛。跟凡尔赛宫花园一样，厚厚的玻璃罩温室里生长着无花果树和橘子树。比隆元帅是巴黎市中心第一个种植油桃的人，对此他极为骄傲。他在园子里开凿了一个大水池，还沿着园子里的小路竖立了很多漂亮的雕塑。他自认为自己的花园是法国最美的花园。1788 年 10 月 19 日，比隆元帅驾鹤西去，终年 87 岁。他活着时没有遇上法国大革命，否则会因为与玛丽·安托瓦内特交好而被判决，但他的妻子和子女没有这般运气，法国大革命爆发后，他们走上了绞刑架。

同当时的很多地方一样，这座府邸和花园都成了无主之地。穷苦人砍了里面的树烧柴取暖，有的人做了些违法犯罪的勾当，还有的人偷窃花园里的东西，把能卖的东西变卖掉。尽管有的人不喜欢拿破仑，但必须承认的是，拿破仑当权后，这种极端行为被画上了句号。

主人不断变换，比隆府邸和花园渐趋破败。1820 年，修女们接管了这里，状况变得更糟了。圣心教堂的圣会修女们在这片区域的高墙里建造了一个给女孩们住的寄宿学校，还在旁边建了很多附属建筑。由于经济不宽裕，她们无心种植装饰的植物，而是在花园里种粮食，还卖掉了所有值些钱的东西。花园中间的水池被填上了，小路上杂草丛生，黄杨无人料理。比隆元帅引以为豪的花园变成了乱糟糟的果园，里面是半死不活的苹果树、李子树、樱桃树和梨树。

1905 年，修女们离开了。财产清算人准备把花园分块处理，拆毁附属建筑，卖掉那座大房子。

在此期间，因为租金便宜，一些艺术家来到比隆府邸居住或工作。诗人莱纳·玛利亚·里尔克是最早来此的艺术家之一。他曾为罗丹做过一段时间的秘书，还娶了罗丹的一个女学生。1908 年 8 月 31 日，莱纳·玛利亚·里尔克在给罗丹的信中写道：

> 我亲爱的朋友，我今早搬进了一座漂亮的房子，您应该来看看它。我住的屋子里有三扇窗户，它们朝向一个荒芜的花园。园里的草像旧地毯一样，有时会有野兔跳来跳去。

罗丹毫不迟疑地去参观了那里，他被花园的魅力折服了。对这位雕塑大师来说，在巴黎市中心看到被果实压弯的树，或者从牵牛花丛中艰难地辨别出玫瑰花的颜色，都是极大的快乐。罗丹想在这里放置他的雕塑，他今后只在这里接待顾客、朋友和仰慕者。当时，蒙帕纳斯和巴黎郊区之间已经通上了火车。每天晚上，罗丹都要返回默东镇工作，他的夫人萝丝在那里等着他。他把个人生活和工作区分得很清楚。比隆府邸的一楼被罗丹放满了书、雕塑和绘画。1910 年，时任法国总理阿里斯蒂德·白里安申请由国家出资购买比隆府邸及花园。为此，住在里面的艺术家被劝离开，但罗丹坚持留下来。他有资格这样做，因为他名满天下，广受爱戴，还刚刚获得了法国荣誉军团勋章"大军官勋位"。罗丹的艺术家朋友们还是被驱走了，他借此扩大了自己屋子的面积。

"一战"期间，罗丹的花园来过很多游客，其中就有圣克洛狄德圣殿的副本堂神甫，他这样描绘道：

> 比隆府邸空间很大，两个三角楣饰形成一个整体，其中一个正对花园，花园里有一个雕塑，上面的人物形象是花神佛洛拉。园里的所有植物都自由地生长，椴树绿油油的叶子下面伸出黑色的枝丫，像是枝形吊灯的灯臂。苹果树花开正浓，整棵树上绽放着白色的花朵。茂盛的树木、被杂草占领的小路、欢唱的鸟儿让我们以为置身天堂。修女们应该会后悔没有继续待在这儿吧？在这么美的地方，劝人信教绝非难事啊！

1917 年 11 月 17 日，奥古斯特·罗丹在默东的房子里逝世。在离世前十年，他已经写好了遗嘱：

> 我把我的所有石膏、大理石、青铜、石头雕塑作品，以及绘画作品和我为了给艺术家和工匠们提供学习和教育素材而收集的古董，悉数捐献给国家。我请求国家把所有作品存放在比隆府邸，将它改为罗丹博物馆，让我的生命与它同在。

1919 年 8 月 4 日，按照罗丹的遗愿，罗丹博物馆成立了。遗嘱执行人莱昂斯·贝内迪特被任命为馆长。他热爱博物馆的花园，并在一封信中这样描绘它：

> 太震撼了！在汽油的臭味萦绕、路面油腻的巴黎市中心竟还有这等绿洲一般的地方！这片绿地里面什么都有——荆棘丛、蓟、女贞树、梨树、冷杉，还有在宽阔的地毯般的地面上延伸的常春藤。鸟儿成群结队，与小路旁的古代雕塑成了朋友。

这种状况没有维持很久。1926 年，罗丹博物馆被国家列为"历史遗迹"，花园里的一部分土地被转让出去了。人们按照当时的偏好改造了花园，时至今日仍旧可以发现改造过的痕迹。

漫步在罗丹博物馆的花园里，我们可以在椴树下寻找罗丹的一座座的雕塑。我不想列举所有作品的名字，但是怎能不提到无与伦比的《地狱之门》《加莱义民》，以及藏在茂盛的紫杉后面、矗立在高高的底座上的《思想者》？

最近几年，有些"专家"认为应该整修罗丹博物馆的花园。我听说有人想改变花园"脏兮兮"的状态，重新设计它，让它恢复历史上的样子。我对此感到惊恐。首先，我承认，园里玫瑰花坛的样子确实不在最好状态，但花园绝不"脏"。然后，我们回到最初的那个问题：要把它恢复到什么状态、什么时代？恢复到 17 世纪的样貌是不可能的，而且存留下来的相关文件很少，依此重建就太武断了。那么，难道可以无视看中这片土地的亚伯拉罕·佩朗克吗？而且，我们怎能不纪念他的遗孀——建造此花园的第一人呢？不致敬路易-安托万-德·贡托-比隆也是不可能的，因为府邸就是以他的名字命名的。若是恢复比隆元帅时期的花园，那么留下罗丹的青铜雕塑就是不合适的！用当代雕塑替代花园本来的雕塑，花园的灵魂就得不到尊重。我最推崇的方案是：恢复罗丹发现它时的样子。方案实施起来很简单，把园丁们解雇，等几年就好了！如果再放进几只兔子、几只鼹鼠，效果就更好了……不过，没人对这种翻修方案感兴趣，因为几乎无利润可图，也带不来丝毫荣誉。如果真的这样做了，我们也毁掉了罗丹去世前后为花园忙里忙外的人的贡献。

我认为，任何人都无权重造历史。花园需要安宁。只有当园里的树木被风暴毁坏，变得危险时，我们才可以考虑它的未来，用新树代替老树。罗丹自己也说过："有安宁的地方就有风景。"

Rose

玫瑰花

小王子去看那些玫瑰。

"你们根本不像我的那朵玫瑰，你们还什么都不是呢。"

他对她们说，"谁都没跟你们亲近过，你们也没跟谁亲近过。你们就像狐狸以前一样。他那时和其他成千上万的狐狸一样。可是现在，我和他做了朋友，他在这世上就是独一无二的了。"

那些玫瑰都很难为情。

"你们很美，但你们是空虚的，"小王子接着往下说，"没人能为你们去死。当然，我那朵玫瑰在一个过路人眼里，跟你们没什么区别。但对于我，她自己就比你们全部都重要得多。因为我给她浇过水，我给她盖过罩子，我给她遮挡过风雨，我给她除过毛虫（只把两三条要变成蝴蝶的留下）。我听她抱怨和自夸，有时也和她默默相对。她是我的玫瑰。"

玫瑰花是人们最喜欢的花朵之一，几乎所有的画家、诗人、歌手都赞颂过它。自古以来，数不胜数的艺术家都颂扬过玫瑰花的美丽和它美好的象征意义。很多人认为玫瑰花象征着绝对的完美和至上的美丽。但同时，它也提醒我们生命的短暂。维克多·雨果说过，欣赏一朵玫瑰让他感到安详。他常常写到死亡，把玫瑰花和死亡的忧郁联系在一起：

坟墓对玫瑰说：
——爱之花呀，黎明用泪水浇灌你，
你把这泪水如何了？
玫瑰回答坟墓：

——落入你常开的深坑里的人，

　　你把他们如何了？

　　玫瑰说道：——阴沉的坟茔啊，

　　我把暗影中的泪水

　　变成了花香和花蜜。

　　坟墓说道：——哀怨的花朵啊，

　　我把每个前来的灵魂

　　变成了苍穹上的天使！[1]

　　在我心中，玫瑰花也一直代表着伤感。我还记得同妹妹去上学的路上哼唱的民歌《白玫瑰》。这首歌的演唱者是雅克·朗捷，它引起了很多人的共鸣。歌词令人悲伤，我们都是带着呜咽腔哼唱着它：

　　今天是周末，

　　我美丽的妈妈，

　　送你这些白玫瑰花，

　　你那么喜爱它，

　　当你永远地离去，

　　去那边的大花园里，

　　所有的白玫瑰花，

　　你都带去吧。

1　维克多·雨果：《心声集》。

从那时起，我一直对白玫瑰花心存芥蒂，也从不把它送人。我总是觉得它意味着永别。玫瑰花的颜色也是一种语言，表达着某种情感。例如，我们不能送人黄玫瑰，因为它代表见异思迁。但我很喜欢黄玫瑰，如果有一天我可以拥有一朵以自己名字命名的玫瑰，我希望那是朵黄玫瑰。

诚然，玫瑰花经常同死亡联系在一起——人称"盛放耶稣圣血的圣杯"，但它也是爱情之花，送人玫瑰证明爱之深切。自从人们开始种植玫瑰，它就成了男人追求女人的工具。这一招仿佛很管用。1966 年，亿万富翁冈特·萨克斯拜倒在碧姬·芭铎的魅力之下。当时，碧姬·芭铎不只是一位偶像，更是一个符号。为了在众多的追求者中脱颖而出，冈特·萨克斯驾驶直升机飞到碧姬·芭铎家上方，从天空撒下成千上万朵玫瑰花瓣。碧姬·芭铎没有抵挡住攻势，嫁给了这位富豪。

数千年以来，人们都喜爱玫瑰花。古希腊科学家泰奥弗拉斯托斯曾热情地写到昔兰尼、菲律宾和马其顿的玫瑰花。

古希腊诗人尼坎德称赞过产自墨伽拉和帕塞利斯的玫瑰的美丽，老普林尼提到过生长在特拉奇内的著名的玫瑰花。从未有花朵像玫瑰花一样得到过如此多的宠爱，或许只有荷花在亚洲的地位可与之媲美。公元前 5 世纪，罗德岛的硬币上印着玫瑰花的图案，罗德岛自然也赢得了"玫瑰之岛"的美名。古埃及人十分崇拜玫瑰花，考古学家证实，金字塔内就有玫瑰的图案。而在神话当中，玫瑰花是生命力和智慧的象征，玫瑰花之神是阿佛洛狄忒和雅典娜。古罗马人也一样，比如罗马皇帝尼禄就很擅长发挥玫瑰花的"威力"。为了显示一次宴会的奢华，他花费四百万银币在餐桌上铺满了玫瑰花瓣，其效果超乎预期。后来，这位暴君又把数以万计的玫瑰花瓣铺在了那不勒斯附近的海岸上。公元 81 年，诗人马提亚尔写过几句有教诲意义的话，其中就提到了玫瑰：

> 在美丽的帕埃斯图姆树林中，我们可以嗅到春天的芬芳、欣赏花朵的娇艳。无论在哪儿，目之所及，行之所至，街上永远都有亮丽的玫瑰花环。尼罗河啊！既然你的冬天被迫顺从罗马的冬天，那就请为我们带来丰收的粮食，请接受我们的玫瑰。

皇帝埃拉伽巴路斯（203—222）效仿尼禄，制造了一个极尽华丽的场景：无数的玫瑰花瓣像下雨一样落到人们头上。而且由于花瓣过多，有的人差点儿窒息身亡。

两千年来，玫瑰的魅力有增无减，它出现在所有作家的笔下。不知道安杰勒斯·西莱西乌斯是否喜欢龙萨的"宝贝儿，走，去看那玫瑰……"，但他描写玫瑰花的诗歌也很美妙。这位德国诗人给我们留下了意味深远的诗句：

> 玫瑰不问缘由，它开花就是因为它要开花
> 它对自己毫不在意，不会自问：别人在看我吗？

我非常喜爱圣-埃克苏佩里笔下的小王子，以及他那种讲话方式和思考世界的方式，当然还有谈论玫瑰的方式：

"你这儿的人"，小王子说，"在一个花园里种着五千朵玫瑰，却没能从中找到自己想要的东西……"

　　"他们确实没找到……"我应声说。

　　"然而他们要找的东西，在一朵玫瑰或者一点儿水里就能找到……"

　　"当然了。"我附和道。

　　小王子接着说：

　　"但是只用眼睛是看不见的，得用心去找。"

Rouge-gorge

红喉雀

　　可以称得上"园丁之友"的鸟类很少，红喉雀肯定算是一个。总的来说，尽管鸟类可以消灭不少害虫，它们同样也以植物种子和果实为食。我讨厌那些在樱桃树上筑巢的灰雀，它们多少次让本应到来的丰收毁于一旦！

　　红喉雀不怕生，每当寒冷的冬天来临时，它们就飞来与人们相约。它们的攻击目标是蚯蚓和冒失的昆虫，还常常停在人们刚刚用过的工具的柄上，向园丁表现它们的友好。红喉雀的外表看上去很柔弱，但我们不要被其误导。其实，它们攻击性很强，它们之所以与人类亲近，是为了更好地利用人类。作为独来独往的鸣禽目鸟类，红喉雀会让不速之客离得远远的，有时为了捍卫自己的领地，它们甚至斗争到死。我们不是故意要惹诗人勒内·沙尔不高兴，但红喉雀的确不是他笔下的"乡间可爱的弦乐高手"，它的歌声也不像"雨水般一滴滴地敲打着窗户上的玻璃"。还是伊拉斯谟说得更对："同一棵树上绝不会同时有两只红喉雀。"

　　我女儿小的时候，为了哄她睡觉，我会给她讲故事，并让她决定故事的主题。有一天晚上，她选择了红喉雀，因为那天下午，有一只小小的红喉雀停在了我家窗户边休息。于是，我搜出阿尔丰斯·都德的诗作《女恋人》，从中找出那篇献给红喉雀的诗。我把它完整地读给女儿听。可惜的是，和无数诗作一样，这首诗开头很欢乐，但结尾很悲凉，读完后我的女儿泪眼蒙眬。

　　　　这个奇怪的鸟儿

　　　　它在房间转了两圈，

　　　　停下来，我看到它的每根羽毛都在颤抖，

　　　　像一根芦苇，

　　　　它到处寻找一个

　　　　可以安睡的地方；

　　　　它神情痛苦地坠落，

　　　　落到地板上；

　　　　它的双眸金黄，

　　　　照向我，像一束光，

　　　　它微微呻吟，拍打翅膀，

走向了死亡！[1]

关于红喉雀，还有一个悲伤的传说：这种小鸟小心翼翼地一根根叼走耶稣受难时荆棘头环上的刺。尽管它很谨慎，但刺还是弄伤了它，血流下来染红了它的羽毛。从那天起，它才变成了红色。

这个传说颇有些孩子般的天真。但园艺师不就应该保持孩子般的灵魂吗？

Rousseau (Jean-Jacques)

让 - 雅克·卢梭

我之前讲过，让 - 雅克·卢梭并非第一个宣扬花园应当回归自然的人。在他之前已有一些人提出过类似见解，比如英国人约瑟夫·艾迪生。卢梭或许不知道约瑟夫·艾迪生的贡献，但卢梭依然是花园设计领域无可争议的先驱。直到今天，园林设计师和所有浪漫式花园或乡村式花园的设计者仍从卢梭的作品中汲取灵感。1761 年，他的《新爱洛依丝》出版时，法国的大片花园处于凋零状态。国王路易十五只追求个人享乐，任凭他的祖父路易十四留给他的花园破败不堪。尽管路易十五在

1　阿尔丰斯·都德:《女恋人》。

小特里亚农宫附近成立了一所农业学校，并鼓励著名的植物学家来此授课，但凡尔赛宫花园却几近废弃了。到了 1776 年，他去世两年后，凡尔赛宫花园里的小路和小树林已到了不得不修整的地步。园里的树木就像被藤蔓爬满了的骨架。可见路易十五对前人留下来的花园漠不关心。卢梭看不上法式花园，极力批评限制自然的行为。在小说中，他生动地批判一位富有的巴黎人或伦敦人买下自然风景园时的样子，这其中体现了他的态度：

> 他来到这个简单的、平淡无奇的花园时，内心对它多么鄙视！找人拔除园里的植物时，他又是多么不屑！他要种上整整齐齐的行道树！他要开辟出漂亮的小路！他要建造三角形岔路，栽种伞形的树、屏风一样的树！还有雕工精良的格子架！构思巧妙的绿篱！

卢梭可谓面面俱到了。他对园林设计领域非常熟悉。他还提到修剪良好的草坪、剪成龙形的紫杉、青铜花瓶和石头雕塑。他的结论不无讽刺意味：

> 所有的这些实现以后，建成的花园会很漂亮，但人们不会去观赏。人们会迅速从里面出来去寻找真正的乡村自然风光。这个花园将是一个悲哀的地方，人们不会在那里散步，只会在去散步时路过它。

同其他学生一样，我年少时就读过《新爱洛依丝》，那时还不知道自己会成为园艺师。多年过后，我重读此书，不得不承认卢梭对自然风景园的见解很正确，鞭辟入里，《新爱洛依丝》甚至可以说是一本园艺学概要。

> 一个地方如果完全变了样子，跟之前有天壤之别，那么这肯定是人们辛勤改造的结果。但我在这里看不到任何改造的痕迹。一切都是绿莹莹的、新鲜的、充满生命力的，看不出园艺师雕琢过的痕迹：我们像是走进了一个杳无人烟的小岛，没有一点儿人类的足迹。

然而，卢梭的这部作品并非植物学论文，而是一部小说，里面有很多人物，包括朱莉，花园是故事的背景。卢梭在书中谈到了园林设计，毫无疑问他极好地掌握了这门艺术。卢梭十分乐于用自己的笔"打点花园"，到了晚年，他花很多的空闲时间去高山牧场采集植物标本。他想了解关于自然的一切——它的富饶，它的多样性，它的秘密。卢梭是一个孤独的漫步者，把花园当成了庇护所。他用笔创造了一个完美的自然，把它变成了自己生命的一部分。显然，他的这个自然、这座花园周围筑着高墙。我们不能随意进入它，得有钥匙才行。

遮挡墙的不是有果子的行道树，而是厚厚的灌木。灌木构成天然界线，尽头即是树林。另外两边竖着生机勃勃的篱笆，上面装饰着槭树、山楂树、冬青、女贞树和其他灌木，从外表看不出篱笆的样子，更像是矮树丛。你看不到任何被校直或被整平的东西；这里看不到拉线，大自然里的植物不是靠拉线长出来的。不规律的蜿蜒曲折设计带有艺术感，可以延长散步的区域、隐藏"小岛"的边界、扩大视线范围；另外，曲线的设计不能给人带来不便，其使用不能太频繁。

卢梭已经说得再透彻不过了，他建立了一种新式花园的原则和基础，给 18 世纪中叶的花园设计带来巨大的震动。但历史给了卢梭一个莫大的悲剧性的讽刺，他穷尽一生追求自然，却长眠在巴黎的市中心。民众把他的骨灰从埃尔芒翁维尔镇移到先贤祠，这里安息着众多给法国带来荣耀的伟人，他们沉睡在阴森森的大理石石棺里。

圣克卢公园

Saint-Cloud (Le parc de)

  读者若去阅读园林艺术领域的专著或指南，您会了解到，圣克卢公园曾被看作欧洲最美的公园。读者肯定对此感到诧异。在许多人看来，过去和现在是两码事，勒诺特尔给圣克卢公园设计过小路，那曾是圣克卢公园最辉煌的时刻，但这不足以让它直到今日仍然被列入建筑和植物学瑰宝之中。行色匆匆的汽车司机每天都穿过圣克卢公园驶进巴黎城，避开城西拥堵的高速公路。很多园林爱好者是圣克卢公园的常客，他们来此享受"家庭式花园"。所幸，公园的四周被强制围上了绿篱，能遮挡住园林爱好者们的金属水桶和塑料温床——他们势必会用到这些工具。几乎所有匆忙赶路的法兰西岛居民穿过圣克卢公园时都不做停留。不少运动员来公园里训练，甚至有一家手工工场也定址在此。工场里，杰出的工匠们制造出美丽的色佛尔瓷器。公园里有简单就餐的地方，到了夏天，在栗树的阴凉下吃午饭相当惬意。圣克卢镇也是法国军备事务处、巴黎高等师范学校和巴斯德学院下属的几个机构的所在地。另外，国际计量局的总部也位于这里，我们可以看到一米和一千克的度量标准。这些离历史公园的传统价值有些远。不过，圣克卢镇还有 460 公顷的花园，里面有雕塑、瀑布、水池、花坛和树林。

  我花了一些时间才理解和喜欢上这个地方。我也曾是行色匆匆的司机中的一员，穿过圣克卢公园，逃避高速路上令人崩溃的交通堵塞。我偶尔停下车，稍微逛一逛公园里的大路，然后急不可耐地重新上路。我对圣克卢公园的印象一般，它的养护一般，里面的花也一般。我甚至期待野草把花坛吞没，花盆里不要再种植单调的老鹳草。我希望看到天马行空，看到疯癫痴狂。然而，我们怎么能期待一个拥有血泪史的花园活泼起来呢？

当年，维京人袭击巴黎，他们在圣克卢镇停歇。历史上，圣克卢镇共被洗劫过四次。1358年，英国人侵占了它。百年战争导致民不聊生，圣克卢镇深受其害，镇上的房屋被烧，民众被屠杀。1411年，阿马尼亚克人同勃艮第人打起仗，圣克卢镇及其周围地区遭了殃。

亨利三世想必很喜欢这里，时常住在热罗姆·德·贡迪设计建造的城堡里。1589年，亨利三世被一个叫雅克·克莱芒的教士刺杀身亡，死在了圣克卢镇。愿他安息！

圣克卢城堡今天已经不在了，但法国历史上很多大事都发生在这座城堡：拿破仑·波拿巴在此发动了"雾月政变"，他由将军变成了第一执政，又在圣克卢城堡称帝。拿破仑把如此具有象征性的日子选定在这里，成为圣克卢镇辉煌的一页。但好景不长，1870年，普法战争爆发。普鲁士军队把营地驻扎在圣克卢城堡。法国军队轰炸城堡，将敌人赶走。城堡几乎被炸成废墟，二十年之后被彻底清除了。如今，有些协会致力于重建圣克卢城堡。这个想法很奇怪，因为国家保护现存的文化遗产已经感到捉襟见肘了。

圣克卢镇还遭受了现代化的冲击。一条高速公路和一条铁路把它分成了两半，它的"五脏六腑"被一条隧道穿过。到了周六晚上，这里的汽车尾气比香榭丽舍大街上的还多。不过，我必须得承认，我很喜欢来到圣克卢公园，坐在一张长椅上，从这里看到的巴黎是独一无二的。我花几个小时任思绪飞驰，思考这个公园，开始去了解它。我对它的荣耀不感兴趣，比如国王的弟弟要求勒诺特尔重新规划了公园主道，或在"美好时代"（指从 19 世纪末开始至"一战"爆发结束），公园里聚集了那些最优雅的上层阶级。圣克卢公园有一种特殊的感人气质。在这里，时间仿佛离我们很遥远，一切都离我们很遥远——但我们可以看到巴黎。

Saint Fiacre

圣·菲亚克

以前，8 月 30 日是一个特殊的假日，是为了纪念"园艺师之父"圣·菲亚克而设。这个传统已经消失很久了，菲亚克家族也早已不在。

那么，这位保佑园艺师的圣·菲亚克究竟是谁呢？

传说菲亚克于公元 610 年出生在苏格兰或爱尔兰，公元 627 年移居法国，在莫城安家。他奋力向主教争取来一小片树林。仅用一天，这位隐士就在主教分配给他的树林周围开凿出深坑。更奇的是，他的手杖比斧头还厉害，仅用一天就"砍下"

几十棵树，把它们锯断、搬走。然后，菲亚克开垦土地，开辟出一个专门种粮食的花园，以接济穷人。越来越多的穷人慕名而至。这个花园里肯定种着蔬菜；菲亚克还养了一些花，提醒人们世界的美丽多姿，让人赞美上帝；另外，他还种了一些有药用价值的植物。菲亚克成了远近闻名的"神

医"，据村民们说，他的药水和油膏有奇效。他的专长是治疗"圣·菲亚克病"，即痔疮。刚刚工作的时候，我驾驶一种大型的机动犁，上面的座位是金属的。机器的每一次震动都搅动五脏六腑，经过一个坑洞就是经历一场噩梦。我的同事们俏皮地把这个可怕的机器称作"拍屁股机"，我为此祈求神灵圣·菲亚克让我少受苦楚，但未见效果。圣·菲亚克死后的名声比活着时还大。

从前，有些人把刻有圣·菲亚克肖像的圣牌戴在胸前。比如路易十三，他的脖子上戴着这样的圣牌，他的王后奥地利的安妮去做祷告，感谢圣·菲亚克赐给了他们一个儿子（即未来的路易十四）。圣·菲亚克越来越受欢迎，巴黎市中心圣昂图万街道的一栋楼就是以他的名字命名的。1650 年，运送游客到巴黎大街小巷的马车队就停在圣·菲亚克楼下，这种出租马车自然就叫作"菲亚克车"。

因此，圣·菲亚克也曾是马车夫的守护神，只不过现如今这个行业已经消失了。但他依然在庇佑着园艺师，感谢他。

圣热昂德博雷加尔

Saint-Jean-de-Beauregard

本来在这部书中，我不想谈论圣热昂德博雷加尔城堡的花园。它最出名的是每年举办两届植物节，但不管怎样，它是比较平庸的花园。城堡的建筑让人看着比较舒服，仅此而已；鸽棚维护得很好，但里面再没有一只鸽子；花园一部分是法式的，一部分是英式的，非常普通。园子里的树主要有栗树、椴树、千金榆和橡树，其中几棵树有上百年的历史了，但大部分树很年轻。另外，由于巴黎奥利机场就在附近，一直有飞机在较低的海拔飞行，其噪声让园里的游客无法思考或打盹儿。也许有些人会说，对噪声习惯了就好了，但我不行。我每年在两次植物节时去圣热昂德博雷加尔城堡，一次是在春天，万物复苏；一次是在初秋，果实和蔬菜丰收。我知道，圣热昂德博雷加尔城堡花园的菜园很有名，但我一般都是远远地观看。在一个明朗的清晨，我沐浴着阳光，来到园里的菜田间。这改变了我以往对它的看法。这个菜园很美丽，打点它的人很有智慧。我并不很喜欢那种用拉线修剪的笔直的菜园，所谓的"野草"被清理得干干净净。圣热昂德博雷加尔的菜园则不然，它很整洁，但也允许几个"不速之客"恣意生长着，既不破坏园里正常植物的生长，也不影响美观。指示牌上标明这个菜园在17世纪就存在了，里面的蔬菜很稀有，不同蔬菜的花期正好错开。

这正是它的魅力所在。我在这里发现了我祖父时代的一些植物，像大丽花、紫菀、翠菊、大波斯菊。它们生长在花菜、茄子、土豆和洋蓟旁边。说到洋蓟，我忽然想到一则轶事，现在想起来还不禁觉得好笑。植物节吸引来自各地的许多有趣的游客。大部分游客都严格遵守着装标准：女士戴珍珠项链、束发带，穿百褶裙；男士穿罗登呢的衣服。我当时正在欣赏墙边上的黄杨，它们被修剪得很好，让人错以为是它们在支撑着墙体。有一小群人在我旁边停了下来。一位女导游戴着花帽，详细地向大家介绍洋蓟的种植和起源。她貌似非常清楚事情的来龙去脉，二十多位女士虔诚地听她讲。这位女导游说，洋蓟是凯瑟琳·德·美第奇王后从意大利引进的，玛丽·德·美第奇王后也曾大力鼓励其种植。就在那时，我走过去，很自然地继续说道，那时候，法国王后的晚宴经常成为众人的性爱狂欢，因为大家吃了太多的洋蓟——洋蓟有刺激性欲之功效。当时，巴黎的大街小巷都在传唱着："洋蓟，洋蓟，心灵温暖，炕头有伴。"

民众对洋蓟的作用深信不疑——食用一定数量的洋蓟会让人欲火焚身，失去理智……当然，有一颗"洋蓟之心"[1]就不总是一件好事了。当我说起上面那句民歌时，一双双严肃的眼睛

---

1 avoir un cœur d'artichaut，法国习语，意为"花心"。——译者注

齐刷刷地盯着我，然后所有人的脸上都绽放出了笑容。我成功地把带有情色意味的故事讲给了这群高贵的女士听，她们平时习惯的是彬彬有礼、来自上层社会的恭维。我本来还想继续讲一讲茄子的故事，但我认为应该适可而止了。于是我继续朝前走，来到种满葡萄的温室。葡萄周围长着百里香、鼠尾草、细香葱，它们分布得杂乱无章但饶有趣味。葡萄藤像是给墙穿上了一层衣服，墙把 2 公顷的土地围了起来。碧草覆盖的宽阔的路把一块块菜田分隔开，水果、花朵和蔬菜的颜色与这绿色交相呼应，这一切让我不知不觉屏蔽了来往的飞机无休止的轰鸣声。

Saleccia

萨尔西亚

2009 年 7 月 14 日，我很高兴能与居伊·贝多斯在他位于卡尔维镇的房子里共进晚餐。他是法国著名的幽默剧演员，尤其擅长政治讽刺。这对我来说是个很好的机会，我可以更好地了解这位才能出众的人，也能好好熟悉科西嘉岛。我对那一晚记忆犹新。餐桌安置在露天的空地上，面前是浩瀚的地中海。由于是国庆日，海岸与天空都被庆祝的烟花照亮了。

居伊·贝多斯是一个跨越多领域的全才，也是一个重感情的人。为了过上闲适安静的生活，他搬来科西嘉岛，并很快爱上了这里。居伊·贝多斯常常说起圣-埃克苏佩里的一句话："太阳与大海爱得狂热，诞下美丽的科西嘉。"在离开他的住所回到宾馆前，我热情地感谢了他，并开玩笑地跟他说，他比我预想的要友善得多。居伊直勾勾地盯着我说："不要再说这种话了，这会损害我的名声。"

晚宴进行得非常愉快，同桌的还有萨尔西亚花园的主人伊雷娜·德穆斯捷和布鲁诺·德穆斯捷夫妇。萨尔西亚花园是一个建在密林当中的美丽植物园。这个花园的继承人怀着巨大的激情维护着它，我对此很是钦佩。他们大可以卖掉它，获得一大笔钱，但他们一直不知疲倦地美化这个已然很美的花园。伊雷娜侃侃而谈，告诉我，这个花园里的植物来自澳大利亚、南非、加利福尼亚，当然还有地中海沿岸。我只有一个愿望，那就是马上赶到科西嘉岛的这个小角落参观它，闻一闻里面的迷迭香、薰衣草和百日红。

若是第一次参观萨尔西亚花园，它的美肯定会让你目眩神迷：曲曲折折的小路在柏树和野草莓树之间蜿蜒，山丘上尽是树，从这儿或那儿的树缝隙中，偶尔瞥见与天相接的大海。这里的风景如梦境一般，空气中弥漫着诱人的芬芳，鸟儿欢唱，风在林间穿梭。我花几个小时参观了它。以前，我连它在哪儿都不知道；如今，我了解了它的历史。

自古以来，人们都对这片区域爱怜有加，考古发掘出的墓地和建筑遗址可以追溯到青铜时代。一般来说，随着时间的推移，花园的面积都在缩小，花园的主人会抛弃一部分土地，满足其他方面的需求。而萨尔西亚花园恰恰相反，直到19世纪末，它的面积都在不断扩大。有趣的是，如今，这片土地是开发商垂涎的对象，他们希望能用混凝土"浇灌"这片海岸——建造别墅卖给百万富翁们；而在从前，这里的土地一文不值，因为离海岸太近，容易受到海盗或强盗的袭击。另外，疟疾泛滥的年代，据说传播疟疾的昆虫在海边大量繁殖。事实确实如此，最近的一次疟疾爆发在 1973 年。出于以上原因，过去在分割一个人的遗产时，如果他（她）在海边有地产，那么分到这部分土地的将是其家中的女性，男性分得的土地要更好些。

19 世纪末，维多利亚·马拉斯皮纳成了萨尔西亚花园的所有者。她已经结婚，有了自己的孩子，每天过着幸福的日子。直到有一天，她决定在家中雇用一位年轻的意大利人。悲剧就此上演。年轻人倾慕美丽的维多利亚，而维多利亚对丈夫忠心耿耿，拒绝了他的示好。年轻人怒火中烧，举着刀扑向可怜的维多利亚，刺死了她。做了如此疯狂的举动以后，年轻人备感绝望，也用刀结束了自己的性命。按照遗产分割规定，维多利亚的丈夫不能独自拥有萨尔西亚花园，必须把它卖掉。买家是一个富商，他把附近的土地也买下了，扩大了花园的面积。后来，他把花园卖给了一家意大利银行。这家银行资金充足，又把周围的土地与花园合并了。至此，萨尔西亚花园的覆盖面积达到90 公顷，面朝大海，视野开阔。

1952 年，萨比娜·阿夸维瓦和让 - 巴蒂斯特·阿夸维瓦买下了花园，在园子里重新种上农作物。自从"一战"以后，萨尔西亚花园就再没有种过农作物了。他们让儿子莫里斯播种大麦和葡萄。莫里斯是专业的园艺师，他开垦出一片田圃，将收获的粮食提供给住在这片地区的人们。1967年，莫里斯的姐姐伊雷娜嫁给了园艺师布鲁诺·德穆斯捷。布鲁诺·德穆斯捷专心维护那片田圃，很快以其高质量的产品打响了名声。

在科西嘉岛，即便没有了海盗和疟疾，火灾的危险还是一直存在的。每年夏天，大火都会吞噬几百公顷的树林。1974年8月11日，科西嘉岛鸣响了警钟。"二战"以后，凝重的钟声第一次回响在岛上的各个村庄。民众急忙走出屋子，在村里教堂前的广场集合。白天，天空被烟雾染成了黑色，整个岛仿佛已经到了晚上。空气简直无法呼吸。大火所到之处皆成废墟，萨尔西亚花园在火灾的第二天变成了废墟。近1200棵油橄榄树被烧成了灰烬，其中还有几百岁的树；但有十几棵树奇迹般地活了下来。布鲁诺没有气馁，他决定重整旗鼓，又买来了几千棵植物种在花园里，还丰富了园里的植物品种。布鲁诺是一位细心的设计师，亲自建成了7公顷的花园，栽种上了树木和灌木。他有理由为自己的成就骄傲。2005年，布鲁诺决定将花园开放给游客参观。

萨尔西亚花园完美地展示了科西嘉岛密林里的植物，如岩蔷薇和小灌木。有的小灌木高达2米，可以长时间抵御干旱。这些植物能在火烧过的土地上生长，还能产出香气扑鼻的树胶，着实令人惊叹。《创世记》中数次提到过这种树胶，名曰"劳丹脂"：

　　当他们坐下来就餐时，一抬头，看到一个来自基列的以色列人商队。他们的骆驼上载着树脂、乳香和劳丹脂。他们的目的地是埃及。

每年，数以万计的游客前来参观这个绝无仅有的花园，很多来自内陆的人终于见到了从前只知其名的植物，比如阿月浑子、冬青栎、白桑、扁桃树、野草莓树……

居伊·贝多斯非常熟悉萨尔西亚花园，经常去那里散步。或许就是萨尔西亚花园里漂着水草的水池给了他灵感，让他写下："人是一棵衰败、孤独而快乐的芦苇。"

Saule pleureur

垂柳

法式花园无一例外都有黄杨或紫杉，几乎所有的英式花园里都种着南欧紫荆或山樱花，日本庭园里必然见得到杜鹃花，而浪漫风格的公园里肯定有垂柳。垂柳的命运很悲惨。如果单独让它长在一片草坪上，它会非常美丽动人，而在现实中，它基本上都会被安置在河边或水池边，甚至是墓地上。它的名字里有"哭泣"[1]的字眼，因此人们自然而然把它看作悲伤或忧郁的标志。在俄罗斯西部，人们甚至相信，栽种垂柳就是为了给

---

1 垂柳的法语名为"saule pleureur"，字面意思为"哭泣的柳树"。——译者注

自己提前准备棺材板。垂柳与死亡的关系极为密切，连拿破仑都要求在圣赫勒拿岛自己的坟墓种一棵垂柳。拿破仑去世后的几年里，很多在圣赫勒拿岛停留的船员都从他坟墓的垂柳上折一根枝，带回法国。如今在欧洲的很多花园里都专门种着一棵垂柳，纪念流亡的拿破仑。1692年从中国引进垂柳时，植物学家就把垂柳看作"丧葬之树""死亡之树"，于是把它命名为"哭泣之柳"。它的命运就这样被书写好，从此生活在了坟旁或水边。我们必须承认，垂柳柔软的枝条轻轻掠过平静的水面，这一画面漂亮极了，为什么非要说它在"哭泣"呢？有几次难得的机会，我见过几条旁边种了垂柳的小路。垂柳行道树非常壮丽。奇怪的是，浪漫风格的花园中常见垂柳，而我们在乡间常见的一般的柳树，几乎都不会出现在花园里，因为它们太土气、太平庸了。在众多传说中，柳树都有治愈疾病的功效。古希腊医师希波克拉底用柳树皮缓解发烧和分娩的疼痛。古罗马人发现，生病的马会主动吃柳树皮来自我治疗。他们继续研究，得出结论：柳树皮有益健康，尤其对医治痛风有奇效。在法国，有些地方的人们曾用柳树皮熬制的水与尿混合，制成药水。这种脏兮兮的药水被用来治疗驼背，年轻女性喝它可预防意外怀孕。很难想象喝过它的人是什么感受……科学家对柳树的特性依然心存疑惑，想要做出更多探索。专家们研究了一下柳树皮。1825年，一位叫弗朗切斯科·丰塔纳的意大利药学家从白柳中提取出水杨苷，并以柳属植物的统称"Salix"命名了这种物质。1889年起，水杨苷成为制造阿司匹林不可或缺的物质。后来，人们在制药工业中用化学物质代替了水杨苷。不过，与传统习惯相反的是，柳树也代表着幸运。据说只需抚摸它的树干，就能让霉运消失呢！

柳树是法国自然和乡村风景的一部分。夏多布里昂曾写道："有一天，我兴高采烈地折下溪边柳树上的一根柳枝，我思绪飞驰，把一个个想法寄托给一片片叶子。"

柳树很美，柳叶的背面是白色的，风一吹，整棵树摇曳生姿。在中国西藏，柳树象征着永生；在北美，印第安人把它视为神树。对喜爱自然的人来说，柳树代表着周而复始的新生。而在法国，它是"纪念之树"。不管是垂柳还是一般的柳树，都陪伴着逝去的人抵达另一个世界。阿尔弗雷德·德·缪塞希望柳树陪伴自己走完人生的最后一段路：

> 我亲爱的朋友们，当我死去，
> 请在我的坟旁种一棵垂柳，
> 我喜爱它幽怨的树叶，
> 那种苍白多么温柔可爱，
> 让它轻轻的倒影
> 洒在我长眠的土地。[1]

缪塞的愿望实现了，据说如今荫蔽他坟墓的老柳树就是人们在他葬礼的那天种下的。我对此很怀疑，但我不想去刨根问底。逝去的人和老年的树都不应被打扰。

---

1 《露西》，《诗歌新集》。

索镇公园

现在的公园里经常举办庆祝活动，而在从前，这些活动的举办地点都是教堂前的广场或村里的中心广场。

很多公共或私人花园开门迎客，成为一些庆典活动的举办场所。这对花园的所有者来说是一笔可观的收入，尤其是因为花园的正常养护需要耗费大量资金。这类活动除了带来收益，还能促使游客参观花园，甚至之后反复回来参观。面积较小的花园主要举办当代艺术展、绘画或雕塑展，以及在"遗产日"时介绍艺术行业的专业知识。大型花园最常举办规模宏大的声光秀，如烟火表演、戏剧演出，这些活动给花园留下了深深的烙印，名人的出场也扩大了花园的名气。有的历史公园还在园里的小路和草坪上搭建巨型舞台，不同类型的艺术家、摇滚歌手纷纷登台表演。最早做出这种尝试的是索镇公园。1983年，英国摇滚乐队 Supertramp 在索镇公园举办了一场演唱会，观众达八万人。演唱会并没有给公园带来过大压力，也没有造成损失，因此公园的管理层决定继续承办此类活动。四年之后，1987 年 8 月 29 日，麦当娜在索镇公园举办演唱会，观众如潮。麦当娜的 13 万名粉丝前来观看演出，在烈日下站了几个小时。为了避免有人晕倒，公园的安保人员还向观众群中洒了一些水。演出当晚，我被主办方邀请前去观看，座位处于绝佳位置。我舒舒服服地坐下，手里拿着一杯酒，等待演出开始。身处索镇公园，我无法欣赏勒诺特尔设计的草坪、修剪成椎形的紫杉，也无法观赏雕塑、水池和壮观的椴树行道树。目之所及，人潮挡住了视线，巨大的广告牌成了屏障。我对我的同行深感同情，索镇公园的园丁在第二天肯定看到垃圾遍地、灌木折断、草坪踏坏。但我同时也想到，媒体会对当晚的演出大肆宣传，这是——至少我希望是——介绍索镇公园的绝佳机会。要知道，索镇公园是现今保存最完好的 17 世纪的花园之一。但我的希望落空了。媒体的新闻稿中无一提及索镇公园里 1672 年建造的有趣的"曙光楼"，或儒勒·哈杜安·孟萨尔设计的橘园，或 1828 年安娜 - 玛丽·勒孔特 - 斯图尔特要求重建的城堡。纸质媒体、广播、电视只提到麦当娜把内裤扔向观众，无巧不成书，捡到它的是当时的巴黎市长雅克·希拉克。

Secret (Le jardin)

秘密花园

  国王从来不孤独。他的身边永远围着一群廷臣、官员和贵族，他们到了晚上才会回到自己的住处。在凡尔赛宫，路易十四起床要遵循严格的仪式，无时无刻不在彰显着他的绝对权力。他当众用餐，一举一动都备受关注。他无法凑近一位年轻女性的耳朵跟她说悄悄话，因为立刻会有几十双耳朵凑过来听他在说什么。当然，国王在打猎时拥有一定的自由空间，他也很懂得利用这个机会；但随着年岁渐长，国王就不那么容易摆脱随从了。

  路易十四热爱花园，喜欢向别人展示他的花园。普通民众只要衣着得体，可以不受限制地进入花园参观。

  1687 年，大特里亚农宫建成，路易十四非常满意。他宣称建造凡尔赛宫是为了整个法国，建造马利城堡是为了宾客，而建造大特里亚农宫是为了他自己。在大特里亚农宫，几十名廷臣同样密切注意国王的举动，时刻准备满足他的要求。

  路易十四命令儒勒·哈杜安·孟萨尔建造一个封闭的花园，让他可以独享园林艺术的美妙。这个专供国王享受的小花园很普通，装饰着黄杨，还有一座圆形水池。花园周围是高墙，一旦路易十四进了花园，就没有人知道他在干什么。在这难得的安静时光，他会思考国家事务，还是同最爱的情妇孟德斯潘夫人尽情享乐？

国王的这个私人花园不允许闲人入内。这是一个秘密花园。花园成为路易十四的庇护所，我相信他非常喜欢这里。他可以在里面无所顾忌地为玛丽·曼奇尼哭泣，这可能是他唯一爱过的女人。国王的御用史官让·拉辛在《贝勒尼基》中写道："陛下，您是君王，但您哭了。"让·拉辛写下这句话时脑海里想的肯定是玛丽·曼奇尼和路易十四。另外，这个花园见证了路易十五在情妇蓬帕杜夫人去世后的茫然无措，见证了已经离婚的拿破仑和约瑟芬在一个圣诞夜的促膝长谈。

因此，秘密花园可以承担悲痛、悔恨和哀伤。但另一方面，它也是玩乐之所。很多玩乐活动都是在老树的绿荫下或高墙锁住的花园深处进行的。关于这一点，我们可以在 15 和 16 世纪法国和意大利的绘画中找到证据：有的画着裸女在花园的水池里洗浴，旁边的矮树林中藏着几个偷窥者；还有的画的是裸女同几位裸体的俊美小伙子欢快地跳舞。

在所有文明中，花园都像一个庇护所，例如在古代中国，皇帝几乎都拥有私密的花园。花园禁止外人进入。皇帝可以在园里观看一些裸露的美女在水中嬉戏，彼此完全不难为情。而按照当时的传统，如果有谁在未被允许的情况下误入这里，这个人可能会被处死。

秘密花园当然也出现在文学作品中。创作于 1275 年左右的诗集《玫瑰传奇》便讲述了一个关于秘密花园的故事。一位年轻小伙子想要去一个花园里与他的心上人见面。后来愿望成真，他见到了那个他为之疯狂、日思夜想的叫作"玫瑰"的女孩。《玫瑰传奇》描绘的是感情在花园里的游荡，这个花园是乐趣的源头，它本身就是一个秘密花园。

　　我经常想到祖父家的花园。一想到它，我仿佛立刻回到了无忧无虑的童年，那时候的生活是最安逸的。回想起这个花园，我的思绪便被撩动，思乡之情油然而生。在费德里科·加西亚·洛尔迦的笔下，这不是思乡，而是忧伤：

　　　　花园留给我的回忆是无比模糊的……穿过园里绿荫下的小径时，我感到忧伤爬上心头。……所有的忧伤在本源上都与花园有关……黄昏时刻，花园里满是轻轻的震动声，它们有细微的差别，共同构成所有悲伤的色彩。[1]

Senteurs

✺ 香味

　　阿里斯托芬说："鼻子？它只是用来擤的！"他真的蠢到说这样的话还是故意使出他拿手的幽默？康德则严肃地指出："嗅觉是一种远距离的感觉；不管怎样，其他人都要被迫闻到你的气味；因此，嗅觉是与自由相悖的。"

　　但在我看来，嗅觉代表着生活，跟其他感觉相比，它可能是回忆里最纯正的一种感觉。记起一种香味，就想起了童年时

1　费德里科·加西亚·洛尔迦，《印象与风景》。

代某一位挚爱的或者已经逝去了的人。

戏剧里最有魅力的场景莫过于一个女人轻抿朱唇，微微碰一碰花朵，品味它的香味。可是，香味多么难表达出来呀！1796 年，贝尔纳丹·德·圣皮埃尔出版了《关于花香》一书。我认为很难或者不可能表达出来的东西，他能找到合适的词来形容：

> 植物学词典甚至找不到合适的语言来形容气味。气味其实跟颜色、形状、运动和声音一样有着丰富的形式，但关于它们的术语都很有限。基本颜色有白色、黄色、红色、蓝色和黑色；基本形状有线形、三角形、圆形、椭圆、抛物线状；运动有纵向的、横向的、循环的、椭圆的、抛物线形的；仅空气振动发出的声音就有闭口音、低音、闭音、长音、哑音……然而，气味却缺少专门的词来表达，不管是极端美妙还是极端丑恶的词，都没有被用来形容气味。其实，若是想描述某种气味，应该直接借助产生这种气味的植物。例如我们可以说，丁香味、紫罗兰味、橙子味、茉莉花味、玫瑰味。

遗憾的是，如今的花朵再也嗅不出之前那样的芬芳。在凡尔赛宫花园，我试着种植散发香气的植物，希望来参观花园的游客不仅记得花园里植物的样子和颜色，也记得飘入他们脑海里的香味。如果一位游客讲到，一种香味让他回忆起了凡尔赛宫花园，那对我来说是多么美好的一件事！

有些花园香气扑鼻，有些花园无甚气味，还有的则臭气熏天。最令人不快的是闻到废弃的水池里死水的臭味，或者清晨喷洒的杀虫剂残留的刺鼻味道。同样应该小心花园里的装饰植物，尤其是勒诺特尔先生乐于使用的黄杨。我极其不建议嗅觉敏感的人去闻这种植物，因为它散发出一种可怕的味道，像猫尿！

有的香味让人不舒服，即便剂量不大，也足以让敏感之人鼻子难受。路易十五时期，特里亚农宫的花园里栽种了不少晚香玉。它的气味太冲，以至于宫里一些夫人闻之竟昏厥过去！

我不是故意跟康德过不去，但他的观点我不敢苟同——我认为嗅觉是自由的。

经常有人禁止我们触碰、品尝、观看，但从来没有人禁止我们去闻一朵玫瑰、一个女人身上的香水味，或者生活本身的香味。

Séquoia

 巨杉

见 Courson (Le parc du château de) 库尔松城堡花园。

Simples (Le jardin des)

药草花园

　　从古至今，人们常使用植物治疗疾病。当然，这种江湖郎中式的"土方法"经常受到质疑，但科学家确实发现有的植物可以缓解病痛，甚至救人性命。例如从金鸡纳树皮中提取出来的金鸡纳霜对医治疟疾很有效。对熟悉植物的人来说，花园几乎可以替代药店了。随着医药技术的进步，如今的处方跟18世纪药剂师开出的药方已经毫无关系了，查阅一下当时的相关文献便可知这一点。例如，按照古书上的记载，四盎司没药、三棵芦荟、两朵藏红花就可以造出"长生药丸"，且"有奇效"，对老年人或纵欲过度的人的身体极好。不过，若我们知道当时人们的寿命，便知道该药效必然不属实。为了给民众提供药草，几乎所有的城市都建造了药草花园。按照植物学家的说法，植物能包治百病。忍冬香味甜美，内服之可增进食欲，有助于伤口愈合，而且可治疗咳嗽、哮喘和脾脏之病；外用之可医治溃疡、祛除脸上斑痕；从忍冬花中提取的水分可以强化神经系统、增强心脏活力；忍冬的叶子还可帮助消除脸上或头皮上的伤疤；此外，秋天采集成熟了的忍冬的红浆果，捣碎然后隔水加热，或者与马粪搅拌在一起，敷到新的伤口上可以使其迅速愈合。但是，跟槲寄生、冬青、海芋和常春藤的果实一样，这种浆果也是有毒的，随意开药带来的悲剧将不堪设想。植物很少能置人于死地，但会对人体器官造成严重损害。当我读到欧洲夹竹桃的叶子可医治马蜂蜇伤、软化肿块、缓解牙痛时，我感到震惊。我很早就知道，摄入欧洲夹竹桃的叶子会影响呼吸系统功能，造成意识模糊，严重时可致人重度昏迷。从中世纪到19世纪末，花卉、灌木和树木总是被拿来入药，好像植物的什么部位都可以用，不管是叶子、浆汁、根，还是芽、花朵、树皮。人们用植物治病，也用植物美容。当然，人们普遍知道的一些有毒植物基本被排除在外了。然而，人们并没有完全放弃使用它们。颠茄对人体是有害的。但在文艺复兴时期的意大利，优雅的女士们称颠茄为"美女"，还把从中提取出来的汁液滴到眼睛里。这样能使瞳孔放大，眼睛变斜视。当时，献殷勤的男人们喜欢有斜视的女人，认为她们非常性感。

另外，其实人们无须种植古柯、大麻或罂粟来达到"天堂"般的"享受"，几乎每个花园里都有卖的几种小花可以达到同样的效果，但我坚决不建议人们这么做！

人们强行赋予了一些植物过多的功效，比如在刺激性欲方面。我的书房里藏有丰富的古书资料。阅读它们很有趣味，我从中也能学到很多知识。我非常敬佩一些18世纪的植物学家，他们仅凭植物的叶子或花蕊就可以判断植物的物种。如今，若不借助配有众多照片的相关专著，我们做不到他们那样。科学家善于描绘周围的世界，但他们探讨哲理时却很滑稽。有些科学家相信，看一眼芦笋就能让贞洁的姑娘躁动不安。科学家的话当然不容置疑，于是，直到19世纪末，芦笋在寄宿学校里的餐桌上都是明令禁止出现的……茄子也一样。它的原产地是东非。中世纪时，人们把茄子叫作"魔鬼的苹果""驴子的阴茎"。人们认为，茄子会让女人异常兴奋。因此，直到16世纪末，英国还禁止种植和售卖茄子。很多植物有奇奇怪怪的名号，嘲笑它们很容易，但搞清楚它们是什么却很难，谁知道"魔鬼之棍""椰子屁股""女人的任性""空中的女孩""处女葡萄""小细棍"或者"金细棍"是什么呢？多愁善感的人更喜欢给植物起浪漫的名字，比如"激情之果""夜之公主""月之花""白日美人""夜美人"，还有"轻浮的爱情"。

现已证实，很多植物确实有药物的属性，但药草花园已经不存在了。它们是时代演变后的遗迹，成为人们游览的景点，在里面可以发现一些不同寻常的植物。从前，医药学专业的学生都要沿着药草花园的小路参观，记下各种植物的名字，同他们的老师交流。他们必须接受植物学培训。1545年起，佛罗伦萨、帕多瓦和比萨出现了第一批药草花园。1593年，法国的蒙彼利埃建起了一座药草花园，这也是法国最古老的一个植物园。当时，亨利四世命皮埃尔·里歇尔·德·贝勒瓦尔设计一个花园，全部用来种植药草。药草花园落成后，来自全欧洲的学者纷纷前往蒙彼利埃观赏园里的植物。贝勒瓦尔于1632年去世，六年之后，皮埃尔·马尼奥尔出生。皮埃尔·马尼奥尔后来成为蒙彼利埃花园总管，玉兰（magnolia）就是以他的名字命名的。

药草花园又被称作"单味药花园"，因为里面的植物在治病时，不需要同其他药物混合，也不加入其他东西，只用一味药就可治愈疾病。纯正主义者还把装饰植物或纯食用性的植物从"药草"中剔除出去。"单味药"可浸泡、捣碎、碾压、煮沸，但它们不是食物。最常见的药草是仙鹤草、常春藤、薰衣草、鼠尾草、百里香、牛至、野芝麻、罂粟和春白菊。从前的医生非常忠于《希波克拉底誓言》，他们用药草精心研制解药去治病，而不是制造毒药去害人！我们不能把他们同贩卖毒药的人混为一谈，后者靠杀人的毒药大发不义之财。科学家相信，自然是上天赐予的礼物，每一棵植物都是一个奇迹。德国药学教授奥斯瓦尔德·克罗利厄斯告诉他的学生："所有的草、树和其他来自地球深处的植物，既像一本本书，又像一个个神奇的符号，是无限慈悲的上帝创造了它们。"

Taj Mahal (Le)

泰姬陵

　　有的花园显示了其主人的权力，有的花园是财富的证明，有的花园是为了取悦女人而建，还有一些花园是为了纪念一位早逝的爱人。1631 年，姬蔓·芭奴在生下自己的第 14 个孩子时去世了。她的丈夫莫卧儿皇帝沙贾汉痛不欲生。为了安葬这位他寄予深情，并称之为"宫廷之光"的女人，沙贾汉决心建造一个绝无仅有的墓地——必须是最美丽、最壮观、最大的陵墓。在建筑师乌萨特·艾哈迈德·拉哈里的带领下，20000 名工人夜以继日地工作，历时 17 年终于建成泰姬陵。泰姬陵是建筑史上的杰作，使用的都是最珍贵的建筑材料——白色大理石、碧玉、缟玛瑙、石英。

泰姬陵纯白无瑕

它是石头建筑的奇迹

镌刻在大地上

和时光里

一个男人深爱着的女人

葬在那里

可见的是美丽

不可见的是永恒。[1]

建成后，泰姬陵的主体建筑没有发生过什么变化，但其花园却饱经沧桑。泰姬陵前面的花园本是波斯风格的，里面种着果树和数千朵花。20世纪初，印度总督寇松侯爵拆掉了花园，以草坪取而代之。在通向花园的大门上面，我们可以看到取自《古兰经》的一句话（第89章）："安定的灵魂啊！你应当喜悦地、被喜悦地归于你的主。你应当入在我的众仆里；你应当入在我的乐园里。"

没有任何一个陵墓可以媲美泰姬陵。泰姬陵的花园很简朴，没有过多的点缀，没有丝毫的浮夸。花园与陵墓和谐统一。

1　苏珊·梅里奥（Suzanne Mériaux），《一些地方，一些梦》，L'Harmattan
出版社，2011年。

塔勒西

　　我对塔勒西城堡及其花园的记忆有点模糊了。十五年前，我和一些同样是历史遗迹负责人的园艺师同行去过塔勒西，之后就再也没有去过。我当时任职的机构经常组织外出交流，让我们有机会参观考察其他花园。我就是在那时去的塔勒西。这个小城堡位于博斯镇中心地带，但与世隔绝。曲曲折折的小路旁都是刚刚栽上的植物。新整修过的花园永远不可能多么漂亮。这次整修可能在花园的整个历史中很有意义，可能丰富了植物资源，或者在将来会很美，但就当时来说，它魅力尽失，激不起任何的情感。我想起一个之前去过的花园，它的铁门锈迹斑斑，但透过这道铁栏杆，我们可以看到花园外面的村庄的秀美风光。我喜欢那些建在乡村边上的花园，把花园和自然风景放在一起是一件快乐的事。在我看来，至今，还没有哪位设计师的作品能比大自然的创造更美、更壮观。我特别喜欢乡村风光，如果我是画家，它必然会出现在我的画板上。

　　正是在这小小的塔勒西城堡花园，我还曾向一位美丽的园艺师姑娘表白。我很赞赏几百年前龙萨向姑娘献殷勤的方法。当年，龙萨所住庄园的主人是贝尔纳德·萨尔维亚蒂——佛罗伦萨一位富有的银行家。作为弗朗索瓦一世的亲信，龙萨邀请贝尔纳德·萨尔维亚蒂的女儿卡桑德拉陪他去参加国王举办的宴会。龙萨和这位年轻的姑娘一见倾心，在接下来的几周里，他们在塔勒西城堡花园一起度过了很多美好时光。龙萨献给了他的缪斯一首诗,这也成为所有法国人最熟知的一首诗——《致卡桑德拉》(至少是第一小节)。我把它完整地引述在这里:

> 宝贝儿,走,去看那玫瑰
>
> 清晨才刚刚绽开花蕊
>
> 它那紫色的裙沐浴着阳光,
>
> 夜色刚刚消褪
>
> 紫裙的衣褶飘飘,
>
> 像花一样的,是你的脸庞。
>
> 啊!只过了一会儿,
>
> 宝贝儿,看那花
>
> 美丽已经凋零!
>
> 自然太过残忍,
>
> 那花仅仅存在了
>
> 从朝到夕。
>
> 宝贝儿,若是你相信我,
>
> 就趁着花样年华
>
> 趁着青涩时光
>
> 采摘吧,采摘你青春的花:
>
> 因为岁月会侵蚀你的美
>
> 就像它凋谢了这玫瑰。

虎父无犬"女"。在萨尔维亚蒂家族,一代又一代女人成为艺术家们的缪斯女神。例如萨尔维亚蒂的女儿卡桑德拉启发了龙萨的灵感；而阿格里帕·德奥比涅着迷于萨尔维亚蒂的孙女戴安娜。阿格里帕·德奥比涅深深地爱着她，为她写了6000多首诗。他的诗集有个漂亮的名字——《春天》，但里面的内容却黑暗得可怕：

> 我吝惜你女神般的美丽
>
> 你的境遇多么凶险
>
> 你的命运多么曲折
>
> 上天对你多么无情
>
> 命运裹挟着你
>
> 日日夜夜
>
> 骄傲的、错误的、漫无目的的命运
>
> 让你的生命与死亡一起
>
> 变得狂热而盲目

　　卡桑德拉的女儿嫁给了纪尧姆·德·缪塞，诗人阿尔弗雷德·德·缪塞就是他们的后代。

　　我希望再去塔勒西花园，看看当初新种下的植物都成了什么模样。我希望自己能想得起整首《致卡桑德拉》。

鼹鼠

　　有一晚，拿破仑住在了大特里亚农宫，享受着夜的静谧。他走出房间，悠闲地漫步在花园里。这时，一个女人走了过来，粗俗地勾引他。拿破仑震惊了。他立刻找来他的副官，询问到底怎么回事。副官很快给出了解释。原来，宫里雇了一位专门捕鼹鼠的人，叫利亚尔，这个人寒碜的宿舍离大特里亚农宫很近。他把这里改造成了一间小酒吧，晚上营业，士兵们和姑娘们都来此寻欢作乐。拿破仑立刻下令驱逐此人。这件事发生在1812年。我认为拿破仑在那一刻根本没有考虑鼹鼠和草坪的问题，因为他有更重要的事情要做：为远征莫斯科组建一支强大的军队。

　　鼹鼠造成的问题轮不到一国之君来解决，但这种小动物带来的损失有时会给一个国家带来悲剧。1702年，威廉三世所骑的马其中一只蹄子踩到了鼹鼠捕捉器被绊倒了，威廉三世从马上摔下来，最终不治身亡。如果他平时多加留心草坪的养护，可能就不会在52岁就死于非命了。

　　在法国，"鼹鼠捕捉匠"曾长期是一个父业子传的职业。路易十四时期，利亚尔家族已有一人负责清除凡尔赛宫花园里的鼹鼠。按照王宫建筑部门的统计，每年王宫花园消灭掉的鼹鼠为7000只。这个数目太庞大了……由于鼹鼠捕捉匠的薪水以消灭鼹鼠的数量为标准，我猜他们很有可能夸大了事实！这份工作收入不菲，一位鼹鼠捕捉匠去世了，他的儿子或孙子必将继承其衣钵。这份工作不费力气，只需要在一些地方放上捕鼠器即可。捕鼠器是一个小桶，中间有一个阀门，鼹鼠进去时阀门打开，进去后阀门关闭，这样就把它"囚禁"在内了。

我不知道最后一个在凡尔赛宫工作的利亚尔家族的人结局如何，但利亚尔家族在其他地方继续施展他们的手艺，甚至跨越了国门。

1875 年 3 月 8 日，瑞士弗里堡州罗桑村的村民议会召开大会，商讨如何对付鼹鼠猖獗的现象。议会决定雇用一名鼹鼠捕捉匠，并按照惯例以他消灭的鼹鼠数量为标准计酬。鼹鼠捕捉匠把死鼹鼠的尾巴留着作为证据交给议会。当天，巴西勒利亚尔被聘请为罗桑村的鼹鼠捕捉匠。

鼹鼠是园艺师的敌人，但我并不讨厌它。所有养护英式花园草坪的园艺师都害怕这种小动物，但我却觉得它很可爱。的确，鼹鼠有很多可恶之处。它在行动时不喜欢浪费时间，尽可能地避免绕远路。它直直地往前走，除了一些完全难以跨越的障碍，一切阻碍它前进的植物的根都会被它咬断。但是，对于翻动和移走土壤这件事，我们好像也没法责怪它。即便园艺师容忍鼹鼠挖的地道，也绝不能接受它不知疲倦地刨土出来堆到花坛里、菜田里和草坪上。园艺师花费几个小时修剪、耙净、浇水、除草，但鼹鼠很快就将这些毁于一旦，把草地和栽种的植物变成一个战场。它不受人待见也就不足为奇了。不过，它也有值得我们尊敬的地方。为了避免近亲繁殖，雄性鼹鼠不与生活在附近的雌性鼹鼠交配，而是去寻找另外的雌鼠。为此，雄性鼹鼠会先准确定位它要征服的对象，然后持续不断地挖洞，直到挖到它"对象"的洞为止。我很钦佩它的方向感和勇气。为了能与情人见面，它像做苦役一样整夜整夜地挖洞。鼹鼠还有一个引人注目的特点。由于挖的地洞管道很窄，鼹鼠几乎无法回头。但大自然非常神奇，它让这个小动物拥有不惧怕往反方向蹭的毛皮。而且鼹鼠尾巴上的毛触觉敏感，使它可以察觉到很细小的障碍。因此，它可以毫无困难地退后，而且速度跟向前走一样快。

福楼拜说过："应该把自己封闭起来、不停歇地埋头干事业，就像鼹鼠一样。"

Tempête

暴风雨

1999 年 12 月 25 日和 26 日夜晚，强风袭击了法国北部。数百万棵树被风吹折或连根拔起。法国的公园和花园遭受重创，凡尔赛宫花园也未能幸免。几小时之内，狂风以 172 千米每小时的速度吹过，把凡尔赛宫花园里的 18000 棵树掀翻在地。损失惨重的凡尔赛宫甚至成为体现这场风暴的破坏力的一个标志。接着，风暴又席卷了法国西南部，所到之处，一切摧毁殆尽。数百名记者赶到凡尔赛宫，报道园丁们的心酸绝望。这些树是他们的骄傲，是他们安身立命的理由，也是数百年来植物学历史发展的见证者。我不敢想象，若是大风再多肆虐一个小时，或者达到1967年旺度山上那场大风 320 千米每小时的速度，结局该会有多糟糕……

大风几乎可以消灭或卷走沿途的所有东西，不过幸运的是，不是所有的大风都是毁灭级别的。话虽如此，但大风绝对是花园，尤其是树木最大的威胁，而且远远超过其他威胁。拉封丹笔下的芦苇[1]知道在风中弯腰避免折断，但当它旁边的橡树被连根拔起压在它身上时，它应该无法保持骄傲的姿态了。拉封丹不是唯一一个描写树与风的作家。诗人塞居子爵的诗歌也有拉封丹的风韵。塞居子爵即便不是模仿拉封丹，也至少从他的寓

1　这里指的是《拉封丹寓言》中《橡树和芦苇》的故事。——译者注

言中获得了灵感:

桃树和杨树

一棵年轻的杨树，对自己的青枝绿叶很自豪，

骄傲的枝头一直伸向天空。

一棵桃树，人和自然共同把它养大，

树上结满了世间最美的果实。

有一天，杨树对桃树说，

啊！你受人控制多么可悲！

残忍的园丁总是拿剪刀剪你，

几乎不让你的枝任意生长，

人们无休止地限制你；

自由对你来说遥不可及，

而我完全享有它。

我自豪地让繁茂的树叶向上长，

直到消失在云端；

有时，为了展示我的柔韧性，

我把枝头弯下来看向你……

听到这番漂亮的演讲，桃树很羞愧，

只能暗暗叫苦；

它第一次感到自己是那么不幸；

杨树的话让它备受打击。

突然，一场暴风雨遮住了太阳，

狂风呼啸，闪电划破长空，

惊雷响彻山间，

在野外的牧羊人逃回村庄；

细心的园丁从屋里跑出来，

给自己的桃树提供帮助；

他给它盖上东西，用结实的木棍撑住它，

保护它不受暴风雨的侵害。

杨树的叶子被风吹掉，哀嚎着；

它的树枝一片狼藉，纷纷落下，

在这次匆匆而来的灾害面前，没人可怜它。

桃树的好命让它羡慕；

它用可以救命的照顾

换来了自由；

风的暴怒加倍，

把杨树吹倒、连根拔起了；

这个下场是它应得的。

绝对的不受束缚是疯狂而不切实际的；

无论是谁，无论在哪，无论老幼，

这个劝告都是理智的、有益的：

我们都需要帮助，需要朋友。

　　风是园艺师的敌人，它可以是一阵一阵的、集中的、一下一下的、急骤的、突发的、短暂的，有时还夹带着雨。风的名字里还标明它来的方向，比如"ponant"风指的是"西风"，"suroît"风是"西南风"。在加拿大的圣劳伦斯河河谷，有一种可怕的暴风雪叫"理发师"。这种风里面夹杂着很细小的冰块，吹到头上像是给人理发一样，因此得名。

但风有时候是园艺师的伙伴。在炎炎夏日，高温让人喘不过气，还有什么比徐徐微风更舒服的呢？

风也是一种声音、一种乐调，花园因之有活力、有生命力。

Tête d'Or (Le parc de la)

金头公园

一般情况下，动物以植物为食，其实反过来也是有可能的，只不过比较少见。有些肉食植物的食物便是昆虫。肉食植物从昆虫体内可以吸收自己生长所需的氮元素，而这在它们生长的土壤中是不存在的。为了能"吃到"活的动物，肉食植物必须捕获它们，而每一种肉食植物都有特殊的猎捕技能。

猪笼草的叶子末端像一个小壶，叶片底部覆盖着糖分。冒失的昆虫被这琼浆吸引，靠近花托非常滑的边缘，一下子就落进了陷阱。它们变成了阶下囚，然后命丧黄泉。

猪笼草有时会捕捉到比较大型的猎物，但这极其罕见。几年前，在里昂金头公园的温室里就发生过这样一幕：有一株猪笼草"逮到"了一只老鼠，用自身分泌的消化液体把它杀死、腐蚀了。这在法国还是头一次。这种"肉食植物"的确撑得起这个名号——它们竟然还会袭击小型哺乳动物！这个消息让我汗毛直竖。我承认自己比较感性。我在年轻时喜欢阅读科幻小说，还记得有一个故事是讲主人公被困在一片丛林里。林子里有一棵巨型藤本植物，它试图吞掉主人公。经过漫长而英勇的战斗，他终于成功逃脱。

看到植物捕获老鼠的消息，我禁不住赶去里昂，参观了一下这个著名的金头公园。这是一个城市公园，面积达一百多公顷。我一走进公园，便询问一位散步的人，他知不知道公园为什么叫这个名字。那个人看着我，非常友好地说不知道。我没有灰心，继续问了一位坐在长凳上的女性，她正享受公园的宁静，坐在那里专心读书。我得到了同样的回答。普通游客喜欢来这里，但可能不知道此地的来历，这是可以理解的；但当我询问公园的一位管理者时，他也回答说不知道，这就令人气愤了。我回到家，终于在一本介绍里昂的小册子上找到了答案。

据传说，一个金子做的耶稣的头像可能埋在这里。很多人试图寻找过，但始终没有找到它。我相信，肯定有人夜晚来到公园，拿着金属探测器，想要定位宝物的所在。然而，金头公园真正的财富是温室，里面种着几万棵异国植物，是世界最美的十大植物资源宝藏之一。园艺师和专家共同照料这些珍贵的植物，其中有热带植物，主要用于治病或食用，如可可树或咖啡树。

玫瑰花是里昂的一个重要特产，除玫瑰之外，金头公园的其他植物也很有名，如秋海棠、牡丹、蕨、天竺葵，以及水生植物，比如亚马孙王莲。亚马孙王莲的巨大叶子直径可达一米，能够支撑一个中等体重的成年人。园里还有肉食类植物，每年吸引一大批游客前来观看……当然，也吸引来了因为好奇而死掉的老鼠。

金头公园于 1859 年建成开放。时任里昂市长的克劳德 - 马里于斯·韦斯借鉴巴黎市长的经验，决定在市里建造一个公园，"让无法享受自然的人拥有自然"。后来公园没有经历大的变化。人们可以边散步边看动物，在老树的阴凉下欣赏熊、长颈鹿、阿特拉斯狮，还有"璐璐"——一只出生于 1961 年的雌性长臂猿。璐璐已经成为孩子们和动物园管理员们的吉祥物。

Tondeuse à gazon

修草机

雷蒙·德沃认为，一个马马虎虎修理草坪的园丁无异于谋杀草地的凶手。这位幽默家说得很有道理。我们不可以随意对待草坪，而判断一个花园的优劣经常要看它的草坪质量。

我不主张修剪凡尔赛宫玛丽·安托瓦内特花园里的草坪。我认为，这片区域本来是田园风格的，而让游客们看到割过草的场面实在是很荒谬。园里的虞美人、矢车菊、雏菊、毛茛等野草长势喜人，受到孩子们和恋人们的喜爱。但是，对我的批评从各处传来，很多人认为，只有荒芜的花园才不修剪草坪。草坪的定义很明确：草必须短而绿，上面只能有禾本科草坪草，不得有任何杂草。蒲公英是草坪的死敌（但皮埃尔·拉鲁斯反而认为草坪上的一个标志就是蒲公英）。不过，我感到人们的思想观念也在进步，提到杂草时已经基本摒弃了"mauvaisesherbes"[1]的说法，园艺师更常说的是"野草"。但人们对杂草的偏见依然存在，它在很长一段时间内肯定还是无秩序和烦恼的代名词。

语言对园艺师来说很重要，仅仅指代草坪的名词就有很多。打高尔夫球的人要穿特殊的鞋子踩在"green"上；而从前的贵族们则把玩滚球游戏的草坪叫作"boulingrin"。安托万·汉密尔顿说："这是体面人的游戏；玩它需要艺术、需要智慧；一般玩滚球游戏时要在美丽的季节，玩游戏的草坪是绝佳的散步去处：人们管这种草坪叫boulingrin。它由一些小方块草皮组成，草皮平坦均匀，像台球桌上的绿毯一样。"

"草坪"和"草地"很难区分。专家们认为，草坪由短而细的草组成，而草地是一片覆盖着低矮而浓密的草的土地。修草机针对的是草坪。

修草机的发明者是一个叫埃德温·比尔德·巴丁的英国人。1830年，他首次设计出一种机械装置代替大镰刀和小镰刀。这个装

---

1 字面意思为"坏草"。——译者注

置缺陷很多，需要把一匹马套在机器上来牵拉引擎。三十多年以后，修草机才正式投入工业化制造。1870 年，蒸汽动力代替了动物；1902 年，修草机真正变得机械化了。自那以后，所有的花园都用上了修草机，无一例外。但技术进步也有其负面影响。詹姆斯·登特说得很对：一个完美的夏日应当是"阳关普照，微风拂面，鸟儿欢唱，修草机故障"。

在所有不同类型的草坪的定义中，我最喜欢的是"vertugadin"。按照字典上的解释，"vertugadin"指的是"阶梯式的草坪"，但同时也有另外一层意思：撑环。女人用它来撑开裙子让其显得蓬松。这有点儿意思。

Topiaires

花园林木修剪术

我们在人名辞典里不可能找到格纳尤斯·马蒂尤斯其人，只有花园林木修剪术的爱好者，同时还得对这种以艺术的方法修剪林木的起源感兴趣的人才熟悉他。格纳尤斯·马蒂尤斯是古罗马人，他园艺经验丰富，是当之无愧的花园林木修剪大师。第一个对他的贡献做出记载的是小普林尼。在参观格纳尤斯·马蒂尤斯的花园时，小普林尼写道："沿着斜坡往下走，两边都是对称的修剪成动物形状的黄杨。在别处，黄杨的形状千奇百怪，有的是字母，拼成了园艺师或花园主人的名字。"因此，按照以上记述，我们可以很容易判断，花园林木修剪术起源于公元元年初。

当时，园艺师备受推崇，其地位与雕塑家（他们用来雕刻的材料比较名贵，如大理石）不相上下。同雕塑家一样，园艺师也给自己的作品署名，只不过署名的方式是用自己设计的植物。园艺师也在作品中致敬神灵。他们从不缺乏想象力，黄杨、冬青、紫杉或月桂树在他们的手中变成几何图形、动物或人物图形。园艺师在当时被称为"topiari"，即"布景园艺师"。

在文艺复兴时期的意大利，花园林木修剪术十分盛行，与雕塑艺术一样都是当时的主要艺术领域。在法国，受罗马军团的影响，人们对花园林木修剪术着迷了一阵，但它在中世纪就过时了，只在一些宗教场所还能见到。花园林木修剪术最常用的植物是紫杉和黄杨。全世界的天主教徒都很崇尚黄杨，因为它是耶稣受难的见证者：

耶稣死去时，高加索山上的黄杨感觉到有一股悲伤的微风吹过其枝叶，那是濒死的耶稣的胸膛里发出的深沉的叹息，他将从各各他山升上天堂。黄杨的茎里的汁液因恐惧而干涸，它的叶子变得更加阴郁，它的树枝更加盘绕交错。黄杨低语说:"耶稣死了,为了表达我的悲痛,我今后将扎根荒芜和满布石子的山丘。我的枝叶将守候墓地旁的小路。就像俯瞰坟墓的不朽的灵魂一样,我的常绿的枝杈由基督教徒佩戴着,让人想到耶稣走进阳光照耀的街道。"[1]

直到 17 世纪,花园林木修剪术才重新出现。首先运用这种艺术的是一些精致的花园,比如尼古拉斯·富凯的城堡花园。路易十四也想让凡尔赛宫花园的小路两旁装饰上修剪成特定形状的植物,但他的要求更高:被修剪的林木必须呈现各种大小和形状,从质量上必须超过富凯的沃子爵城堡。勒诺特尔欣喜地投入到林木修剪的设计工作之中,他的草稿流传至今,让今天的园艺师们可以展示出几百种样式丰富的林木修剪法。路易十五也极为赞赏这门艺术。他甚至在凡尔赛宫的一次化装舞会上乔装打扮成修剪好的紫杉的模样。蓬帕杜夫人也来到舞会,热切地想在舞会上碰到国王,吸引他的目光。她好不容易才认出穿着奇装异服的国王。蓬帕杜夫人询问国王为何选择这样的服装,路易十五回答说,因为紫杉代表着永生而且全年常绿。

如今,人们对花园林木修剪术的热爱有增无减。人们可以买到修剪好的盆栽林木。苗木培养工提供各式各样的盆栽,从最经典的样式到跑车或战斗机的形状。植物几乎可以被做成任

---

1 奥斯卡·阿瓦尔(Oscar Havard),《我们父辈的节日》,1900 年。

意样子。虽然历史古迹、有些人家的阳台和台地还会用到林木修剪术，但小型花园中已经见不到它了。

四十多年前，我们全家前往阿尔卡雄湾度假时，总要途经一些乡村道路。当时，西南高速公路还在筹建当中，而国道10号线既经过城市也经过乡村。我和我的三个姊妹挤在车里，观察之前度假时在同一条路上曾见过的房子。每当看到黄杨被修剪成大母鸡或巨大的切片红肠的样子，我们总是乐不可支。现在，不知道完成这些作品的园丁结局如何，他们可能已经去世了。而这两株植物估计也没人修剪，重新回到它们原来的样子了吧。园丁们的杰作不在了，但林木还在。黄杨如今肯定还完好，它是坚持不懈的象征。

Trenet (Charles)

夏尔·德内

画家把花园画出来，作家把花园写出来，诗人把花园吟出来，而夏尔·德内把花园唱出来。我们怎会不为夏尔·德内1957年作词作曲的《绝美的花园》感动呢？那年正好是我出生的年份。我喜欢听这个疯子一样的人唱歌，但他的人品让我恼火。夏尔·德内自视甚高，傲慢无礼，总之不是一个好人。但他的作品着实令人赞叹。他的歌曲触发了我对生活的感慨，令我想起一些幸福的时光。当我思绪翩飞时，他的《绝美的花园》

很能表达我的心境：

　　　　　有些鸭子在说英语

　　　　　我给它们面包，它们摇着尾巴

　　　　　还能看到一些雕塑

　　　　　静静地站上一天

　　　　　但我知道，到了夜晚

　　　　　它们会到草坪上跳舞

　　我无数次地想过，入夜后，凡尔赛宫里的雕塑可能会在
跳舞。

　　　　　绿色的角落蛙声一片

　　　　　这是一首赞美月亮的歌

　　　　　月亮一出现，所有含情脉脉的玫瑰

　　　　　将跳起褐色的华尔兹

　　我不知道"褐色的华尔兹"是什么样子，但我喜欢在夜晚
的池塘边听蛙鸣。

　　　　　母亲，在这绝美的花园

　　　　　我突然看到最美的女孩经过

　　　　　她来到我面前，洒脱地对我说：

　　　　　我非常喜欢您，因为您的眼睛在闪烁！

我的花园里经常有美丽的女人经过。很多人没有注意到我，有几个人对我微笑，但从没有人夸赞过我的眼睛！

　　这首歌的结尾是这样的：

　　　　想知道这个花园在哪儿的人呀

　　　　我告诉你，它就在这首歌里

　　　　当我感伤时，我就徜徉其中

　　　　这得需要点想象力！

　　　　这得需要点想象力！

　　　　这得需要点想象力！

　　对于我这种不缺乏想象力的人来说，所有花园都很美，我要做的就是走进它们、体悟它们。

Trianon

特里亚农宫

凡尔赛宫花园里面有一片区域，花园管理部门称它作"玛丽·安托瓦内特花园"。以前，人们简单地叫它"特里亚农宫花园"，因为园里有两个宫殿——大特里亚农宫和小特里亚农宫。前者是路易十四建造的，后者是路易十五为其情妇蓬帕杜夫人修建的。可惜，蓬帕杜夫人在宫殿竣工前就去世了，漂亮的杜巴利伯爵夫人搬了进去。小特里亚农宫宫殿主体由建筑师加布里埃尔设计。路易十五又命令克劳德·里夏尔在宫殿周围建了温室和田圃，并从世界其他地方引进植物。路易十五对农业和植物学很感兴趣。他把凡尔赛宫里面的一块土地专门开辟出来，供全欧洲最知名的农业学家和植物学家使用。这块土地上种植了几万株植物，包括花卉、树木、灌木，人们养护、培育它们，给它们分类、整理。贝尔纳·德·朱西厄经常亲自来查看他在这里种下的植物的健康状况，还同在花园里现场讲授植物学的克劳德·里夏尔沟通交流。

1774 年，路易十五去世。科学家们也拂袖而去，抛下这片土地，任凭野草生长。但园里的其他地方还是那么精致可爱，温室和橘园里长着咖啡树、菠萝、无花果。可是，玛丽·安托瓦内特却感到厌倦无聊。据说，路易十六把小特里亚农宫送给她时曾说："夫人！您喜欢鲜花吗？我送您一束花——小特里亚农宫。"王后玛丽·安托瓦内特接受了它，但在里面度日如年。另外，她对宫殿周围的花花草草漠不关心。当然，她偶尔会同园艺师一起走进那些壮观的温室，看看里面来自世界各地的植物，但她惊讶于有人竟对植物如此感兴趣。无论是多珍贵的植物，玛丽·安托瓦内特都完全提不起兴趣。她是一个崇尚自由的人，希望拥有一个带着她个人风格的花园。搬进小特里亚农宫几周后，玛丽·安托瓦内特便请求国王为她修建一座田园风格的花园。她请来自洛林的建筑师里夏尔·米克为她设计一座面积不大的花园，里面的树不要用拉线裁剪得整整齐齐，而是让植物自由自在地生长。选择植物时只看它们的叶子或花朵漂不漂亮。尽管玛丽·安托瓦内特要求的花园面积不大，但她的心大得很。她到过的地方不多，但那又有什么关系呢？她无法游览整个法国，那么就让整个法国来到她的花园里吧。

花园里有田野、树林、林间草地、菜园、果园、种着阿尔卑斯山树木的山谷，可谓应有尽有。河流、泉水、瀑布、岩石、点缀性小建筑，一个美胜一个。为了实现玛丽·安托瓦内特的这个"花园梦"，温室拆毁就拆毁吧；克劳德·里夏尔和他的团队悉心栽种的树木，拔掉就拔掉吧。当时流行的是田园式花园，那么王后的花园就该是田园式花园。从1775年8月份开始，几百名挖土工人开始在小特里亚农宫王后寝宫外面的土地上挖掘一条河流。为了让河流看起来"更自然"，园丁们在河边的草坪上种了150棵柳树。园丁们还在草坪和树林里栽种了几万棵树木和灌木。我们可以查阅到他们所选的都是什么种类的植物，因为历史档案里保存了购买它们的收据。我们也可以在史料里看到描绘小特里亚农宫花园的绘画。但有一种更浪漫的方法了解小特里亚农宫花园：读一读当时的诗人写的诗。贝尔坦骑士是王室的亲信，他是极少有权独自漫步在这个花园里的人之一。他很欣赏这个花园，1780年，他写下了下面这首诗。诗本身并非美到令人窒息，但包含了丰富的信息：

忧郁的春蓼

成串，吊着她的花——

弗吉尼亚鹅掌楸，

向天空展示它的丰富色彩，

印度木豆树，骄傲于它的阴凉，

珍贵的槭树、深暗的落叶松

谁滋养了温柔的哀伤？

每条路旁立着开花的灌木丛，

曲径通向新的树林，

树皮上挂着胶，

雪松在小榆树中挺拔，

脆弱的金雀花喝着纯净的水，

外来的橡树立在绿草丛中，

伸出的柔韧的枝像阳伞。

　　玛丽·安托瓦内特对花园的建造工程很关心，时常去看一看。花园建造期间，她从博沃公主那里听说卡拉芒伯爵在普瓦西和巴黎拥有几个极高档次的花园。她立即赶去参观，在那些漂亮的花园里流连忘返。她随即任命卡拉芒伯爵为凡尔赛宫新建花园的总管。建筑师里夏尔·米克、园艺师克劳德·里夏尔和安托万·里夏尔父子二人，再加上卡拉芒伯爵，合力满足王后建造花园的急切要求。不过，整个工程花费高昂，这引起了路易十六的不满，他甚至因此拒绝出席宴会。国王的埋怨没能阻止年轻的王后继续大兴土木。她还要建造爱神庙、音乐阁、剧院、岩洞。她还决心在特里亚农宫附近建一个小村庄。1783年，各项工程开始动工。由于花园的风格是英式的，所以她雇用的草坪养护员必须是英国人。安托万·里夏尔向她极力推荐约翰·埃格尔顿。但这位老兄有个缺点：他太沉迷于女色了……里夏尔深知这一点，因为有人给他写信说：

> 王后殿下将会发现，约翰·埃格尔顿是一个有才华的人，可以设计任何类型的草坪。他甚至对花园的建造也颇有见地。我仅知道他的一个缺点，那就是生活放纵。因此，我建议必须将他置于另外一位园艺师的管理之下。

但里夏尔没有理会这封信。玛丽·安托瓦内特果然极为器重约翰·埃格尔顿。可惜啊，别人的建议是有道理的。埃格尔顿与很多女人享受鱼水之欢，然后把性病传给了她们。光给这些人治病就花费了不少钱。他的上司和王后的财务官实在忍无可忍，几个月之后就把他辞退了。

1789年10月5日，玛丽·安托瓦内特正在花园的岩洞里冥想。这时，国王的一位信使突然赶到，中断了她的思考。国王让她迅速跟自己会合，大革命之火已经燃到凡尔赛宫的大门口。

1999年12月26日，狂风席卷凡尔赛宫，园子里的树木是首当其冲的受害者。18500棵橡树、栗树或悬铃木被风吹折或掀翻。在接下来的几周里，超过30000棵树被砍掉。玛丽·安托瓦内特花园成了一片废墟，如植物的坟墓一般。花园奄奄一息。但是，令人难以置信的是，各方力量团结起来，促使政府有效地开展了行动。很多捐赠者慷慨解囊，帮助花园最终渡过难关。人们重新规划、改造花园，还栽种上植物。小路恢复了之前弯弯曲曲的样子，树林的透视感又让人们拥有了开阔的视野。

我很有幸能每天在凡尔赛宫花园里工作，我很熟悉并且热爱它。每天都有来自全世界的数以万计的游客参观它。而玛丽·安托瓦内特的花园从没有像现在这样受欢迎，这不是偶然。它看起来自由、自然、现代，一如曾经的玛丽·安托瓦内特。

Tuileries (Les)

杜乐丽花园

法国真是一个古怪的国家。有些建筑遗产面临毁灭的命运，比如几个古罗马时期的小教堂因为存在倒塌危险而被关闭了。为了维修建筑遗产，人们搭建了脚手架。但这些架子好像一直存在，工程好像几十年都干不完，严重影响了遗迹的面貌。与此同时，有些协会却极力怂恿重建圣克卢城堡和杜乐丽宫。我对此感到震惊。养护好这些"病入膏肓"的遗产已经不易，为何还要重建荡然无存的东西呢？

风景、建筑、花园有生有灭。杜乐丽宫于 1871 年巴黎公社期间被焚毁，这令人心痛，但正因为此才诞生了杜乐丽花园。当我得知一个花园获得一块地盘时，我很高兴，尤其想到这是在巴黎市中心。七百年来，杜乐丽花园抵挡住了所有袭击、城市化项目和破坏行为。

如今，园艺师们会严厉指责那些让狗在花坛里随意乱跑的人，以及到了晚上把花园当成妓院的人。当年，科尔贝为了避免花园被毁坏，曾计划关掉这个当时已经是巴黎人最常去的散步场所。夏尔·佩罗在著作中曾写到过自己与科尔贝的对话：

　　走在花园的主路上，我告诉他，先生，您可能不相信，所有人——甚至是最卑微的人——都对花园极为尊重：女人和小孩从不会采摘花坛里的花，甚至连碰都不碰，他们都很理智。先生，园丁们可以为此作证。如果再也不能来此散步，民众将无比悲伤，尤其是因为现在卢森堡公园和吉思城堡也进不去。而他告诉我，来这里的都是些游手好闲的人。我回答他，其实不然，这里都是来呼吸新鲜空气的人，他们中有病人、谈生意的人、谈婚论嫁的人。总之，所有不适合在教堂里谈的事情都在花园里进行。不然，人们难道要在教堂里约会吗？我继续说道，我相信国王陛下的花园足够大、足够宽敞，可以让他的所有子民来此散步。

为了验证佩罗的说法是否属实，科尔贝特意找来一些园丁，询问他们的看法，他们异口同声地回答："大人，来此的人真的只是在散步和欣赏美景而已。"

关闭花园不妥，开放得太过分也不合适。杜乐丽花园里经常举办各种游行活动、T台秀、社交晚宴、庆典，还有关于园林艺术的展览会。自古以来人们便喜欢在这里集会。法国大革命期间，一群无套裤汉聚集在杜乐丽花园，为了庆祝"人的至高无上"而吃喝作乐。1794年10月10日，人们把让-雅克·卢梭的灵柩从埃尔芒翁维尔镇移出，在杜乐丽花园做了短暂停留，然后安放到了冰冷的先贤祠。很多人来到花园为他默哀。1783年12月1日，雅克·夏尔驾驶着他自己设计的热气球在杜乐丽花园升空。这不是热气球第一次升空，却吸引了几千人来此观看。公园里的树木应当很想念13世纪，因为当时这里只活跃着几家制造砖瓦的作坊。

我时常想，植物到底有没有意识或者沟通能力。如果有，我很希望能听到它们在1837年12月都说了些什么。那年为了庆祝圣诞节，人们在宫殿前面竖起了圣诞树。这是一棵针叶树，来自阿尔萨斯的森林，上面点缀着五颜六色的饰带。这是最早的圣诞树之一。

　　的确，我曾经批评过这个花园。我认为它太平庸了，它的四周没有阻挡，任何方向的风都能吹进来，而且太喧闹。但年纪大了以后，我的观念发生了变化。我经常去那里散步，还去花园里的一个小型图书馆看书，里面有很多关于植物学和园艺学的书籍。图书馆就在利沃利街与协和广场交会处的一角，正前方有一个大摩天轮。谈起这个大摩天轮，到了晚上，香榭丽舍大街的一端被它照亮；而到了白天，街道的风景又被它玷污。

　　我是一个热爱观察的人，可以在长凳上坐几个小时，观察周围的事物。我还喜欢了解大的历史事件对花园的影响。举一个例子，"二战"期间法国被占领，德国参谋部设在莫里斯宫，一些生活贫苦的人来到宫殿前的花园里种植蔬菜。他们忙于消灭马铃薯甲虫，照料芜菁，应该想不到1564年下令修建宫殿的凯瑟琳·德·美第奇，也想不到设计花园的勒诺特尔，是他建成了花园现在的样子——或至少一部分是他建的。

　　1990年，密特朗总统要求整修杜乐丽花园，任命雅克·维尔茨设计卡鲁索花园，由帕斯卡尔·克里比耶和路易·贝内什共同设计花坛。花园里新栽了植物，至今已经接待过近千万的游客。游客们可以欣赏园里竖立的众多雕塑，比如阿里斯蒂德·马约尔的作品；还可以参观园里的网球场及里面的当代艺术作品；水池里偶尔还泛着几叶小舟。但是，有多少游客穿过花园时步履匆忙，从拿破仑三世建造的不大起眼的橘园前经过，却不知里面收藏着令人惊叹的画作[1]？

　　我曾在书中写过，杜乐丽花园不招人喜欢，哪怕是恋人也不想在园里说些甜言蜜语。但是，也有人在杜乐丽花园谈情说爱，有雨果的诗为证：

> 两位老爷
> 去杜乐丽花园
> 悠闲地散步，
> 在栗树底下，
> 向面若桃花的侍女
> 说几句甜言蜜语。

　　但现在的杜乐丽花园里已经没有面若桃花的侍女，而是换作了跑得飞快的热爱运动的女人。我只是静静地看着她们，这或许比向她们献殷勤要知趣一些。

Tulipes

∽ 郁金香

　　见 Breteuil 布勒特伊。

1　指的是橘园博物馆里陈列的莫奈的巨作《睡莲》。——译者注

鹅掌楸

见 Editeur (Le jardin de l') 出版人花园。

Utopie

空想

人们经常说，"工欲善其事，必先利其器"。时代在变化，今天的制造商造出的给园艺师使用的"器"与从前相比，性能好太多了，而且让园艺师更省力。

我还记得以前花园入口的门都很沉重，推起来颇为费力。现在则只需按一下门上的按钮，门自动就开启了。锁卡住、丢钥匙这种事情已经一去不复返。

为了选择合适的植物，让前来花园的游客喜欢它们，从前的园艺师要亲自把手伸到园里的土壤里，仔细地察看土壤、揉碎它、感觉它。这样做可以确定土壤的结构，判断它到底是钙质的、沙质的，还是黏土质的。然而，现在电脑已经取代了人的手和鼻。一种革命性的电子仪器通过释放波段，利用其连接的电脑，可以准确地判定土壤的性质；更厉害的是，屏幕上会显示出适合在这样的土壤上栽种的植物。

1888 年 9 月，文森特·梵·高在给他弟弟提奥的信中写道：

> 画中底部一排排的灌木丛都是欧洲夹竹桃，它们疯狂而愤怒，开起花来像得了运动失调症。上面开满了新鲜的花，也有不少凋谢了的花。旺盛的新芽无穷无尽，树的绿装一换再换。
>
> 一棵黑色的忧郁的雪松立在那里，几个穿着不同颜色

衣服的人摇摇晃晃地走在玫瑰色的小路上。

如果那些所谓"帮助"我们的机器有梵·高的表达能力，我肯定会为它们鼓掌。但在屏幕上读着一个个植物的名字，既没有意义也没有趣味。自动浇水器也是一样。拥有这个机器真是一种"幸福"、一种"进步"！有了它，人们再也不用无休止地挪动浇水管道了，只需坐享其成。浇水器自动开启、自动关闭。谁还在乎当晚会不会下雨？谁还在乎政府是否明令禁止在旱季的时候使用它？安装它及其配件的费用高昂，这都不是问题，因为自动浇水器太"酷"了！

可是幸福不应该是走近欣赏花的开放、看小蜜蜂和大黄蜂的舞蹈、抚摸漂亮的花瓣和叶子吗？

拉马丁的诗句深得我心：

　　　　我给我的树起了名字，
　　　　我用手爱抚它们的枝。

再说说修草机。用它修草坪是个苦差事，人们需要连续几个小时推着这个聒噪的机器，更何况启动它就要费很大劲。修草很麻烦，清理断了的草更麻烦。人们需要扛着一个大袋子把断草装起来，它可重得不得了！不过，这已经成了过去。新一代的修草机不需复杂操作，它是电动的，噪声很小。最高级的修草机还配有传感器，能感应到障碍物。它们自动运行，不受时间约束，而且不需要人工清理割断的草。真是太幸福了！园艺师们再也不用早起、不用流汗了！

然而，养护花园需要力气，也需要流汗，只有这样才能更加珍惜花园。机器不可能解决一切问题。它无法闻到潮湿土地的芬芳，无法听到鸟儿的歌唱，无法体会工作完成后的喜悦。

完全相信机器，这是一种疯狂的想法，一种彻彻底底的空想。1929 年，卡雷尔·卡佩克在《园丁之年》中写道：

> 当我们年轻时，我们觉得花应该是戴在胸前，或者送给女孩子的。我们绝不会想到要给花保暖、为它翻土、给它浇水、为它锄草，或是移栽、修剪、捆绑它，帮它除掉地衣、枯叶、蚜虫和霉斑。现在的人们不再踏踏实实地养护花坛，而是寻求刺激、满足私欲、享受并非自己培养出来的果实。总之，人们的活动是纯粹摧毁性的。我想说，一个人若要成为真正的园艺爱好者，必须得有阅历，必须以父亲一般的慈爱之心养护花园。[1]

1　卡雷尔·卡佩克：《园丁之年》，l'Aube 出版社，2004 年。

Val-de-Marne (La roseraie du)

马恩河谷省玫瑰园

　　有的人收集与宗教相关的图片，有的人收集纽扣，有的人收集邮票，有的人收集火柴盒，还有的人收集香烟盒，但没有人收集玫瑰。一个人永远无法集齐所有玫瑰的种类，因为世界上每年都会创造 600 个新的玫瑰品种，而在法国，每周都会出现一个新的玫瑰品种。虽然无法在同一个地方集齐玫瑰的所有品种，但还是有一些花园里全部种植玫瑰。

　　我还没有去过那个全世界最著名的玫瑰园。它叫"欧洲玫瑰园"（Europa-Rosarium），位于德国桑格豪森镇。每年，数十万游客前往这里参观六万株形状各异、颜色不同的玫瑰花。玫瑰花的颜色多种多样，但培育玫瑰花的人绞尽脑汁、竭尽全力，至今也没有培育出黑色、蓝色、绿色的玫瑰花。我们可能在市场上见过这三种颜色的玫瑰花，但那纯粹是人工涂上去的。这几乎算得上商业欺骗了。当我们知道花卉交易额有多么巨大时，或许就对这种行为见怪不怪了——全世界的花卉商人每年卖出的花卉总数达 150 亿株。

　　我没有参观过"欧洲玫瑰园"，但我经常在 6 月份去马恩河谷省的玫瑰园看一看。我第一次去那里是在 20 世纪 90 年代。当时我在寻找一种叫"雪球"的玫瑰花品种。凡尔赛宫花园的爱神庙旁就生长着这种玫瑰花。

　　这个玫瑰园位于拉伊莱罗斯（L'Haÿ-les-Roses）镇，建于 1899 年，建造者是儒勒·格拉沃罗。它是法国第一个现代玫瑰园，以其丰富的玫瑰花资源闻名于世，被誉为世界最美的玫瑰园之一。

格拉沃罗并不是天生的玫瑰种植专家。1844 年，格拉沃罗出生在巴黎附近塞纳河畔的维特里镇。12 岁时，他学会了针织技术。两年以后，他在一家服饰用品店工作，后来在巴黎时尚聚集地——乐蓬马歇百货公司卖手套和小阳伞。格拉沃罗起初只是一名售货员，后来当上了专柜经理。他工作能力强，与店主的关系融洽，这让他成为店铺的股东之一。店主去世后，按照其留下的遗嘱，格拉沃罗又拥有了更多股权，他变成了一个富豪。经济自由以后，1888 年，44 岁的他就不再工作了，开始全身心投入对玫瑰的热爱当中。他在埃松省的拉伊（L'Haÿ）镇置办了一块 1.5 公顷的土地，在那儿种上了几百棵玫瑰。作为当时最有名的园林设计师和修复师爱德华·安德烈的助手，格拉沃罗自己设计了一座花园。他不满足于养护现有的玫瑰，而是不断培育新的品种。格拉沃罗不是最早建造玫瑰园的人，因为在他之前，里昂植物园和约瑟芬皇后在马尔梅松城堡的花园里都有玫瑰园。但是，是格拉沃罗普及了玫瑰花的种植，在他的大力推广下，法国各处出现了几十座玫瑰园。另外，他还致力于研究花香。在 1906 年出版的一个关于农业技术的公报上，他阐释了"拉伊镇玫瑰园玫瑰精油的制作原理"。格拉沃罗对自己的事业非常自豪，国家也十分感激他的贡献，授予了他奖章和荣誉称号。1914 年，国家把他的玫瑰园所在的小镇拉伊镇正式更名为"拉伊莱罗斯"（L'Haÿ-les-Roses，字面意思为"拉伊 - 玫瑰镇")。当时格拉沃罗还健在(他去世于1916年3月23日),获此荣誉他应当很开心吧!

格拉沃罗的这个玫瑰园如今被称作马恩河谷省玫瑰园。园里盛开着来自远东的带有茶香的玫瑰花,还有四季开花或花期只在春天品种各异的玫瑰花。爬满藤蔓的绿廊和棚架包围着玫瑰园,使得整个园子看起来像绿叶包裹起来的一束玫瑰。

我在一位书商那里找到了一本《玫瑰花回顾展览旅游指南》。这本书出版于1910年,书的作者便是格拉沃罗。书的写作方式类似路易十四的《凡尔赛宫花园参观指南》,格拉沃罗在书中指导我们该如何参观他的玫瑰园。到了今天,他那个时代的植物已经所剩无几了,但一切好像又看不出什么变化。这就是花园的灵魂吧。

Valmer (Les jardins du château de)

瓦勒梅尔城堡花园

阿利克斯·德·圣韦南本来可以像其他的城堡主人一样,将自己的瓦勒梅尔城堡向公众开放,赚取门票收益。但是,这位园艺学和植物学的爱好者选择做一名风景设计师。她设计、规划和买卖花园,也养护着自己城堡前的花园。这其实是一个菜园,里面种着上千种蔬菜。

如果有人问这位瓦勒梅尔城堡的女主人，城堡的最稀奇之处在哪里，她的回答肯定是冷藏室。冷藏室里的东西显然不是用来吃的，作为法国最知名的菜园之一，这个菜园产出大量蔬菜，怎么可能储藏起来，而不是趁着新鲜食用呢？阿利克斯·德·圣韦南用冷藏室储存了许多珍贵的蔬菜种子，以防这些植物品种灭绝。在这个不见日光的冷藏室，3000 个不同物种的蔬菜种子安详地"冬眠"着。所幸它们占地面积不大，有的种子非常小，甚至得用显微镜才能看得见。如果装满容量为 1 克的袋子，需要 800 颗莴苣种子、900 颗虞美人种子，或者 100000 颗秋海棠种子！凡尔赛宫花园里的花坛里还种过秋海棠。当时，凡尔赛宫需要专门订购秋海棠，每次的交易都有记录。几克秋海棠种子价值就要几千法郎，对此，财务部门的官员们很是头疼。我们应该让这些官员知道，现在，一公斤秋海棠种子比一公斤黄金还要贵得多！

　　瓦勒梅尔城堡菜园的风格古典而朴素。它的设计灵感来自 15 世纪的花园，共分成四大块，其间都由黄杨隔开，而每一块土地又分成四小块田圃。菜园总面积为 1 公顷，围墙边种植着果树，院子的中央有一个圆形小水池。这 1 公顷的土地上生长着美不胜收的蔬菜，它们的主人阿利克斯称呼它们的方式十分有趣。她并不按照一般的物种命名方法来命名她的蔬菜。她种的豌豆有的叫"公鸡之肾"，有的叫"靓妹的肚脐"。秋天的"明星蔬菜"是葫芦。瓦勒梅尔城堡菜园里种植的葫芦令人叹为观止，它们体形庞大，一个个从棚架上垂下来。人们已不再食用葫芦，而它的味道的确比较平淡。现在，人们从美学角度欣赏它。

晾干以后，葫芦壳变得很硬，便可以成为装饰品了。但在非洲，人们还在食用它。

葫芦的种类非常多，在不同的地方，它们的名称也不一样。比如，"cougourde" "courge-bouteille" "gourde pèlerine" "siphon" "massue" 都是指的葫芦，但我们很难知道它们的原产地在哪里。唯一比较清楚原产地的大概就是"科西嘉葫芦" (gourde de Corse)。

瓦勒梅尔城堡菜园的斜坡上还种着葡萄，生产一种美味的白葡萄酒。这是阿利克斯的丈夫艾马的创造。他学识渊博，风趣幽默，而且精于修剪技术。能与他的个人魅力媲美的只有他的酒。

Vauville

沃维尔

竹子园景

绣球花园景

有待探寻的小路

长着洋二仙草的水池

一棵凤尾兰

园丁们住的房子

一簇花

一株桃金娘

弯弯的月牙

牲畜的饮水槽

大大的太阳

一棵软树蕨

一些桉树

一位浇花的美丽女人

一大块地

花园里的水

一股海风吹

爱人在长凳相偎

十四棵吊钟海棠

蔚蓝的天空

收拾工具的园丁

一只蜜蜂、一只蝴蝶、三只蜻蜓

一棵"布列塔尼公爵"山茶花

矮石墙、夯实的土路、水中的倒影

迷路的游客寻找出口

陶制的绿色的人像

一条有待探寻的小路

一座房子

需要修剪的花朵

长满蕨类植物的大路

睡着的猫

乔木状的蕨类

还有……

玫瑰色的、红色的、白色的花

方形水池

望不到尽头的英吉利海峡

喷水壶、铁锹、修枝剪

一条铁路

一片苗圃

还有爱

还有……

还有……

——雅克·普雷维尔

我们在小时候上学时，可能都思考过构成这个世界的四个基本要素——水、土壤、空气和火。按照智者们的言论，只要其中一个元素消失了，地球的和谐就被打破了。

花园当然也包括这四种元素，还要再加上另外三种：

——植物。没有它们就没有花园。

——园丁。他们播种植物的种子。

——工具。它们延伸了人类的双手，让人类更大胆地做一些事情。

人们使用工具建造篱笆、嫁接玫瑰、整理花坛、运输土壤以及修剪草坪。我在这里提到工具并不是偶然。沃维尔花园的主人纪尧姆·佩尔兰是一位充满热情和恒心的花园工具收藏家，他已经收集了近 15000 件工具。由于空间有限，纪尧姆·佩尔兰无法展出所有的工具。我急切地盼望国家或地方政府能意识到这些独一无二的收藏的价值，把它们藏入博物馆。

纪尧姆的父母是妮科尔和埃里克。1948 年，这对夫妇决心重建"二战"中被轰炸了的宅邸。

埃里克在房屋周围建造了一个花园，里面只种常绿植物，而且都来自南半球。花园离海很近，裹着盐味的海风吹来，给植物的生长带来不小的挑战。但有些人就是喜欢挑战。这个花园就是后来的沃维尔花园——全法国最美的花园之一。园里的植物来自热带，因此比较脆弱。湾流常年影响沃维尔，产生的海风拂过诺曼底和布列塔尼，最后消失于北极。沃维尔花园的植物有时会遭受风暴的侵袭，被风吹折或连根拔起。但佩尔兰家族一代一代的人都很倔强，他们不向自然低头。1987 年，狂风吹翻了花园里的桉树林。三十年后，林子里的桉树又长起来了。纪尧姆用石头支撑起它们，还对它们进行修剪。经过他的照料，桉树林挺立如初，林子还被起了一个新名字——"蓝色天空"。

沃维尔花园是异域植物之园，也是诗歌之园。雅克·普雷维尔每晚都来同埃里克·佩尔兰父子长谈。普雷维尔喜欢园里荒蛮的无序。他或许在棕榈树的树荫下观察到几只蜗牛，然后才写出了《参加葬礼的蜗牛之歌》：

　　两只蜗牛前去
　　参加一片叶子的葬礼

它们背着黑黑的壳

触角上戴着黑纱

在一个秋日的朗夜

它们出发

但直到来年的春天

它们才抵达

已经死去的叶子啊

又冒出了新芽

普雷维尔喜欢在沃维尔散步。科唐坦半岛的美景深得其心。
1971年，他在小奥蒙维尔镇买了一个小房子。他想要在房子
周围建造一个花园，于是自然而然地求助于纪尧姆。1978年，
纪尧姆刚刚获得了法国政府颁发的"优秀建筑师"称号，这个
花园变成了他最初的作品之一。沃维尔花园如今依然是家族财
产。纪尧姆的妻子克莱奥费·德·蒂尔克海姆也是一位出色的
园艺师，她积极地加入到花园的维护当中。我同纪尧姆很熟，
他有很多优点值得称赞，比如懂得感恩。2011年他写了一部
著作，专门描写他的花园。在这部书中，他热情地提到了让-
玛丽·波利多尔和安德烈·弗勒里对他的帮助。这两个人兢兢
业业地为他工作了三十多年。

迪迪埃·德库安非常熟悉沃维尔花园，他用笔写下了自己
的感受：

我体味过各种光影下的沃维尔花园，有时天晴有时雨，
有时月儿弯弯，有时雾霭连连，就像浮世绘画家安藤广重

笔下的花园，蓝色和绿色交相呼应，既美妙又易逝；日本人把慢节奏形容为花朵和树木的安静、暗流涌动的溪水、花蕊不易察觉的舞动，而沃维尔花园正像是这样一幅"描绘慢节奏生活的绘画"。[1]

雅克·普雷维尔长眠在小奥蒙维尔镇的墓地里。沃维尔花园里再也看不到他的足迹，听不到他的欢声笑语，寻不到他吸了一辈子的烟卷。园里只有一件东西与他有关，那就是他于 1972 年 8 月 17 日为花园题的词："这里很美，难道还需要其他赞语吗？"他自己在后面又补充了一句："这里非常美。"

Vaux-le-Vicomte

∼∽ 沃子爵城堡

沃子爵城堡非常壮观，其花园别有韵味。1653 年，尼古拉斯·富凯梦想着修建一座雄伟的宫殿。他召集起当时最伟大的艺术家，共同完成了这一工程。这位路易十四的财务大臣还提前想好了自己的墓志铭："Quo non ascendet ?"（意为"哪里还有他到不了的高处？"）富凯请勒诺特尔为他设计一个最纯正的法式花园。勒诺特尔便为他量身建造了一个伟大的花园——

1 纪尧姆·佩尔兰，克莱奥费·德·蒂尔克海姆：《沃维尔——旅行者的花园》，Ulmer 出版社，2011 年。

沃子爵城堡花园。花园的台地建在三个连续的平面上，小路两旁是装饰的黄杨，按照透视法原则直接通向一条大道，大道一直延伸到远方。勒诺特尔还在花园里设置了很多漂亮的雕塑、喷水量巨大的喷泉，还有瀑布、花坛和修剪成特殊形状的林木。他的设计注重气派和色彩，更喜欢用草皮而不是花卉，用沙子而不是土壤。这里的自然并没有被奴役，也没有被驯化，而是遵循一位权威的、深谙美学的园林设计师订立的规则，一切都规规矩矩。这个美到令人窒息的花园证明，尽管大自然几乎不喜欢被人为地改造，但有时在一些天才一般的艺术家手里，大自然可以焕发不一样的魅力。

这个精致的花园里应有尽有。园里有一个岩洞，夏日供人们乘凉，也可以吸引几位漂亮的侯爵夫人来此暗中约会；还有可以划船的运河、让人迷失的树林。1661 年 8 月 17 日，富凯骄傲地向路易十四介绍他的城堡和花园。为了庆祝国王御驾亲临，他组织了一个盛大的宴会。宴会直到很晚才结束。几千只火把照亮了城堡和花园，华丽的烟火染红了天空，倒映在波光粼粼的水池中。国王对富凯奢华的城堡和花园极为愤怒。富凯确实富有，又是贵族，但国王不能容忍自己的臣子拥有帝王般的府邸。伏尔泰对此事的描写十分传神："8 月 17 日晚六点，富凯成了法国国王。凌晨两点以后，他什么也不是了。"这次宴会过后不久，富凯就被捕了，随后被判终身监禁。沃子爵城堡成了不祥之地。拉封丹是唯一为富凯求情的人，富凯是他的朋友与恩人："请用哭喊声填满您的深深的岩洞；哭泣吧，沃子爵城堡的睡莲，让你的浪花激起来吧。"

同年，路易十四下令开始建造凡尔赛宫。沃子爵城堡的工匠全被征集过来，城堡花园里的异域树木被运到凡尔赛宫花园的橘园里，财务大臣富凯花园里的雕塑都用来装饰国王路易十四花园里的小路。

几百年间，沃子爵城堡花园没有遭受太多损坏。尽管带有喷泉的小运河没有抵挡住岁月的侵蚀，早已消失不见，但是黄杨依然壮观。1920 年阿希尔·迪谢纳对花园进行翻修，让黄杨重现魅力。

我喜欢来这个花园散步，富凯的灵魂或许还在花园上空游荡。我常常坐在老旧的大理石长凳上，思索良久。富凯就像伊卡洛斯（希腊神话中的人物，因飞得太高，双翼被太阳熔化）一样，太想要靠近太阳，反而被其灼伤了翅膀。1661 年 8 月 18 日凌晨 2 点，沃子爵城堡的太阳落下，然后在凡尔赛升起。

Vera (André)

安德烈·维拉

我不讨厌花园，但讨厌园林设计师。

我承认，园艺的发展落后于建筑学、绘画、雕塑和原始艺术；但谦恭的、温顺的园艺应当紧跟其他艺术的发展。

从前，人们设计花园时是那样用心；而现在，人们只

遵循条条框框，而且不求甚解。园林设计师到底还有没有
热情？《新爱洛依丝》和《和谐自然》难道成了园艺方面
的绝唱？

安德烈·维拉在1912年出版的《新花园》的前言中写下
了这样一番话。为什么园林艺术停滞不前了呢？安德烈·维拉
提出了这样一个问题："一个存在了一百年以上的花园风格，我
们有什么理由相信它可以不朽呢？"安德烈·维拉绝非常人，
他的提问振聋发聩。尽管安德烈·维拉设计过几个花园，但他
不是专业的园林设计师，只是一个花园爱好者，对不被公正对
待的园林艺术的未来提出质疑。他勇敢地给出建议，而且我们
必须承认，他的建议极其中肯。

安德烈·维拉疑惑，为什么园林艺术会停滞不前、囿于一
个特定的时期呢？他表达了自己的观点：

我知道，有些园子的主人在住宅周围建造了规规矩矩的花园，但他们为何非得遵循 16 世纪或 18 世纪初花园的样子呢？勒诺特尔之后的法国就没有一点儿变化吗？设想一下，这些园子主人买车的时候应该也是一样的逻辑，他们不是在买车，而是在买轿子。

　　安德烈·维拉生于 1881 年，同巴勃罗·毕加索和费尔南·莱热生于同一年。当时，印象主义绘画盛行，奥古斯特·雷诺阿创作了著名的《游艇上的午餐》。当代艺术蓬勃兴起，与传统艺术抗争，以夺得一席之地。维拉刚刚 20 岁，便对艺术的种种演变产生了兴趣，与守旧派分庭抗争。他撰写文章，发表在《装饰风艺术》或《乡村生活》杂志上。文章主要涉及的是建筑学和园林艺术。维拉同很多艺术家建立了深厚的友谊，尤其是那些后来被称作"立体派"的画家，以及"装饰风艺术"的代表艺术家。

　　维拉的分析和评论十分细腻，妙语连珠，值得品味。时代在进步，花园应当适应新时代人们的需求。园林设计师可以运用新技术，比如用电照明；可以安装一些体育器材，因为如今体育锻炼十分流行；还可以为了方便汽车通行而修一条大路。通过与各种人的交流和自己满怀热情的研究，维拉指出，人们的品味在变化，社会应当顺应潮流："如果说有些人建造的花园是规规矩矩的，那是因为他们比我们更清醒地看出，浪漫主义和现实主义已经过时了，需要有东西来代替。我们若是以同样的理念建造花园，不就是在模仿前人而已吗？"

维拉讨厌英式花园，热爱法式花园，在他看来，后者体现了他那一代人对装饰风艺术的完美追求。但他的言论有时会走向极端或偏执。例如，他曾说"很多人愚蠢地生活着，察觉不到周围的变化"，我觉得这几乎是带有侮辱性的言语。他的言下之意是，保守派不值一提，"明智"的人应当紧跟潮流。但我不同意他的观点，因为花园本身应该是一个自由的空间，没有这么多条条框框。

维拉于 1971 年去世，同年去世的还有路易斯·阿姆斯特朗、勒内·西蒙、费南代尔、让·维拉尔和吉姆·莫里森等人；媒体纷纷报道上述几位名人去世的消息，却对维拉的生平和贡献只字未提。如今，只有少数园艺界的人还知道他，品读他不为人知但内容丰富的作品。

Versailles

凡尔赛宫

路易十四很清楚自己想要什么，那就是所有人无理由地绝对服从他。因此，尽管科尔贝和其他财政大臣都反对，但他依然坚持建造凡尔赛宫。凡尔赛宫的前身是路易十四的父王路易十三打猎时的行宫。1627 年，巴松皮埃尔元帅震惊于这个行宫的寒酸，他在一个会议上说道："国王陛下修建新的宫殿合情合理，国库不会因为这个而枯竭；以前的宫殿太简陋了，哪怕作为普通贵族的府邸都不合适。"路易十四和他的父王完全不同（不是还有人说路易十四的生父其实是红衣主教马萨林吗？），他看得更高、更远，抱负更大。法国的财政官极为担心国家的财政状况，而后来的财政危机也确实证明了他们的担忧。

路易十四年轻而充满激情，在他的推动下，一座崭新的城市——凡尔赛城诞生了。他还建造了美轮美奂的花园，向全人类展示他的无上荣耀。

路易十四把宫殿建在凡尔赛绝非偶然。凡尔赛的土地贫瘠，生活条件艰苦。圣西蒙公爵写道："再没有比凡尔赛更凄凉的地方，这里没有风景、没有树林、没有好水、没有良田，只有流沙、沼泽，臭气熏天。"但是，国王的愿望大于天。路易十四选择了父王建造的宫殿，而不是阴沉沉的圣日耳曼昂莱城堡，也不是他厌恶的冷漠无情、令人心忧的卢浮宫。他忘不掉发生在卢浮宫的投石党运动，那让他十分狼狈。路易十四想以最快的速度逃离巴黎，还命令诗人们热情地赞颂凡尔赛宫：

我的朋友，你可还记得，

玫瑰红色大理石砌成的台阶，

和走出宫殿后向左走，

橘园旁边的水池？

就是在这里，

日落后的夜晚，

无与伦比的国王前来，

看到静静的森林里，

日光逐渐遁去，藏匿，

就好像国王来了，

太阳也要躲起。[1]

这首诗的作者阿尔弗雷德·德·缪塞有点言过其实了。其实，路易十四本来是很亲民的。在他统治初期，他很关心普罗大众的生活。当时法国农村饥荒连连，不正是他成功地帮农民渡过了困境吗？连年战争的胜利难道没有促进国家的统一？丰厚的财政收入让法国国库充盈，若不然，法国怎会成为一个富裕、繁荣的国家？但这种情况没有维持太久。

路易十四一意孤行。他绝不肯住在一个不完全属于自己的宫殿里。他应当拥有一个配得上他的宫殿，它的光辉须超过其他任何人的宫殿。路易十四想赶快忘掉富凯的沃子爵城堡及其花园。

---

1 《在三个玫瑰红大理石的台阶上》，载《诗歌新集》。

　　园林设计师、建筑师、最灵巧的工匠都被召集起来，致力于凡尔赛宫的建造。仅仅过了几年，凡尔赛贫瘠的土地就变成了壮观的花园。建造花坛、修路、种树花费巨大。路易十四是整个世界的主宰，但他无法走遍这个世界。没关系，那么就让整个世界来到他的脚下吧！勒沃设计的橘园里面全是从地中海沿岸收集来的异域植物。苦役犯、囚徒都被命令去收集和运送欧洲夹竹桃、橘子树和珍贵的花卉。结果，运来的植物数量超过了预期，橘园的面积太小，容纳不了这么多珍贵的植物。1684 年，旧的橘园被拆毁，由孟萨尔重新建造。美丽的橘园真是命途多舛！它是一个建筑奇迹，栽培箱里容纳了几百株植物。到了夜晚，橘园就变成了纵情享乐的地方。但橘园的墙也记住了露易丝·米歇尔的绝望——她与其他巴黎公社的成员被关押在这里。1871 年，她写了一首题为《首都凡尔赛》的诗，诗中写道：

> 是的，凡尔赛是首都
> 堕落的、被诅咒的城市，
> 它高举火炬，
> 萨托里镇的军队为它放哨。

当时，萨托里镇已经是军队驻扎的地方，附近是一片树林，林子里有一堵残破的墙，墙的名字很符合史实——"死刑犯之墙"。巴黎公社成员中有的被流放，有的被释放，有的被判处短期监禁，最悲惨的则像狗一样被屠杀了。爱弥尔·左拉也曾被短暂关押在橘园。在凡尔赛宫坐牢的几个月里，他写下了自己的悲伤之情，"凡尔赛宫对一个人的生命来说过于庞大了，人类难承其重"：

> 除草机最熟悉这些断壁残垣里的植物。它知道，虞美人喜欢阳面，蒲公英在阴面生长，紫罗兰喜欢从墙缝里冒出来。青苔像传染病一样四处蔓延。有些植物顽强得很，即便拔起它们的根，它们也会再活过来。在这个皇家墓地里，奇怪的是，已死去的东西会活过来，生长得更茂盛了。

在数千名挖土工挖掘"大运河"之前，按照国王的要求，凡尔赛宫花园里建造了一座动物园。路易十四得以观赏来自各个大洲的动物，如鸵鸟、羚羊、鹈鹕……动物园的管理者是皇家建筑部总监察员夏尔·佩罗，他也是著名的童话作家。

然而，路易十四并不满足。他希望在离凡尔赛宫不远处能有一个专门避暑的场所。于是，大特里亚农宫建成了。最初，大特里亚农宫的建筑材料主要为陶瓷和彩釉。但冬季的寒冷冰冻破坏了它，人们只得用大理石替代了原先的材料，大特里亚农宫便成了如今的样子。宫殿外面的花园极其美丽，花坛里的花卉都是珍贵品种。到了花开的季节，数十万朵花争奇斗艳。吕内公爵经常来此参观，他写道：

> 花坛里盛开着不计其数的花朵，人们把它装在小陶罐里，这样，如有必要，每天都可以更换不同种类的花，甚至一天更换两次都不是难事。

在大特里亚农宫花园的建造中，让-巴蒂斯特·德·拉·昆提涅表现出了非凡的才华。他在宫殿附近设计了一个露天的橘园。到了秋天，人们用木头和玻璃制成的罩子保护橘子树。冬去春来，橘子树开花结果。能想象得出，来参观花园的人看到结满柠檬和橘子的异国果树该是多么震惊！国王的荣耀显露无遗，他是神明般的存在，大自然也在他的掌控之下。"太阳王"当真名不虚传。

1687 年，36000 名工人加入凡尔赛宫的扩建工程和花园的美化工程。他们建树林、挖水池、搬雕像。建好的花园迷宫让人迷失，满眼绿色的温室有个漂亮的名字——"绿色卧室"，它们让人流连。花园不只是宫殿的附属品，更是庆祝和享乐的地方。花园里有时上演戏剧，有时燃放烟火，照亮了凡尔赛的天空。

凡尔赛宫花园是法式花园，勒诺特尔展现了他的天才设计。黄杨承担装饰植物的角色，而所有的小路都被千金榆环绕。花园的大道两旁竖立着 20000 棵树，用拉线修剪得整整齐齐。其中就有栗树，当时它极为稀罕，买下它要花一笔巨资。

　　到了垂暮之年，路易十四心里很满足。他终于可以欣赏自己一生的杰作了。他可以读到自己亲手写的《凡尔赛宫花园参观指南》，在这本书中，他向人们介绍了如何才能最好地参观他的花园：

　　　　从大理石庭院的前厅走出宫殿，来到台地；在台阶之上观赏花坛、水庭和部长喷泉。

　　1715 年，路易十四驾鹤西去。国势衰微，民众怨声载道。晚上，人们不得不把他的灵柩转移走，避免庆祝国王驾崩的民众糟蹋它。路易十四之后的国王、皇帝和总统几乎都没有改造过凡尔赛宫。如果说凡尔赛宫代表国家的统一，那么其花园则证明了凡尔赛宫的国际影响力。路易十四建造它就是为了向全世界证明，没有什么能反抗他的意愿。他把臭水沟改造成了无与伦比的花园，暴风雨、革命和战争都没有让它消亡。路易十四认为自己是"独一无二"的，他的花园也一样。

Villandry (Les jardins de)

维朗德里花园

　　维朗德里花园非常壮观，甚至抢了维朗德里城堡的风头。这是不多见的。大部分花园是因其城堡而出名，游客们也常常是为了参观城堡而来，顺便在花园里的小径上走一走。而位于中央大区的维朗德里花园吸引游客的地方在于园里蔬菜和花卉的交相呼应。维朗德里花园是全法国最有名的花园之一。而这座花园的缔造者却是一位本来与园艺毫无瓜葛的人。

　　他就是若阿基姆·卡尔瓦洛，1869 年生于西班牙。他成绩优异，勤奋好学，思维活跃。他的专业是医学，很快得到了 1913 年诺贝尔奖得主夏尔·里歇教授的赏识。很难说夏尔·里歇获奖有没有若阿基姆·卡尔瓦洛的功劳！若阿基姆·卡尔瓦洛当时身无分文，为了生计而努力工作。20 岁时，他娶了同一个实验室研究生理学的安·科尔曼为妻。婚礼在宾夕法尼亚州的女方家里举行。安·科尔曼从她父亲——一位钢铁商那里继承了巨额遗产。1906 年，维朗德里花园正式开始建造。若阿基姆·卡尔瓦洛买下了几近坍塌的城堡，毫不留情地拆毁了城堡前的英式花园。他认为英式花园的风格不适合这片土地。

　　最初，维朗德里城堡是为弗朗索瓦一世的财政部长让·勒
布雷东建造的。因此，卡尔瓦洛意欲恢复它文艺复兴时期的样
子。他花钱时从不看数额，首先重建了城堡，然后改造了花园。
建造花园时，卡尔瓦洛以史料为基础，同时又想创造一种新的
花园艺术。他想把花卉和蔬菜结合在一起，对此他是这样解释
的："一个真正的园艺师须有画家和装饰家的眼光。光种好蔬菜
是不够的，而是应该按照颜色将它们分类，并用花卉点缀它们。
菜园是至简的存在，也是至美的存在。"

　　若阿基姆·卡尔瓦洛于 1936 年逝世，把美丽的维朗德里
花园留给了子孙。这个满是各种各样花卉和蔬菜的花园就像仙
境一样。

维拉尔索

花园不只是用来散步或思考的，它也是充满回忆的地方。当我游览一个花园时，我看着园里的树，便会想到它们是历史的见证者。如果它们能够言语，它们可以告诉我们很多很多。

维拉尔索城堡花园里的植物若是为我们讲述其主人路易·德·莫尔奈侯爵的风流韵事，想必会让我们笑个不停。路易·德·莫尔奈侯爵的放荡作为估计会让园里的树叶"脸红"吧！

维拉尔索城堡最早建于 12 世纪，当时是一个堡垒，用来抵挡诺曼底人的侵犯。后来城堡逐渐坍塌。散落的石头被用来建造新的城堡，后来就由路易·德·莫尔奈侯爵继承，成了他的府邸。

花园是意大利风格，有台地、装饰植物和林荫大道。1643年 5 月，路易结婚了。他当时 24 岁，潇洒倜傥，相貌堂堂，他的妻子是丹尼丝·德·拉封丹·得埃舍。她并不十分美丽——或许她曾经美丽过——因为她比路易年长很多，而且非常富有，要比路易富得多。这样的妻子对于这位"唐璜"式的人物来说再合适不过了。

路易经常出入宫廷，是出了名的情种。他经常见到他的知己——尼农·德·朗克洛。1652 年，在诗人斯卡龙先生的住处，他们第一次相见。尼农·德·朗克洛毫不掩饰对路易的爱慕之情。情人眼里出西施，她很快臣服于他的魅力。

维拉尔索城堡花园里的椴树应该清楚地记得 1653 年。趁着侯爵夫人出门数周，路易·德·莫尔奈侯爵借机偷腥，请他的情妇尼农·德·朗克洛来住，一住就是整个夏天。路易是国王的"兔子、狐狸狩猎队"队长，当他在森林里打猎时，尼农就游览花园，还邀请自己的好友前来共同畅游花园。路易打猎归来后，宴会就开始了。尼农不是一个好嫉妒的女人，相反，她十分慷慨大方，这让路易很是欣喜。客厅里、卧室里、小树林里都是出双入对、寻欢作乐的人，连最偏僻的角落也不例外。在可怜的侯爵夫人要回来前，参加宴会的人们早就散去，不留一丝痕迹。他们最常去的就是附近的布勒特伊城堡，城堡的主人是路易一位怪异的朋友。

圣西蒙公爵称："所有人都在维拉尔索城堡有一席之地。"尽管有些夸张，但事实也几乎如此。

一天，弗朗索瓦丝·斯卡龙来到了维拉尔索城堡。她当时是斯卡龙先生的夫人，但后来成了路易十四的妻子曼特农夫人。弗朗索瓦丝·斯卡龙对尼农相当了解，知道她肯定会参加路易举办的宴会。当然，事到如今，有人依然宣称这场宴会的主题是文学辩论，但只要了解宾客们的脾气，我们会很容易发现事实肯定不是这样。圣西蒙公爵用他那支警醒世人的笔写道，那时的弗朗索瓦丝·斯卡龙"已经非常会勾引人"。如果说病弱的斯卡龙先生无法参加路易举办的宴会，但他非常清楚自己的夫人弗朗索瓦丝·斯卡龙与路易的情人关系。斯卡龙先生在死之前几周起草了一份遗嘱，指明把自己的遗产全部留给夫人，但前提是她必须再嫁。遗嘱中写道："这样，至少还有一个男人会同情我之前的遭遇而且怀念我。"

尼农·德·朗克洛和弗朗索瓦丝·斯卡龙是亲密的朋友。尼农·德·朗克洛保留了弗朗索瓦丝·斯卡龙的书信，时不时地拿出来读一下：

> 您回来之后，您的所有朋友都叹息不已。您不在的时候，向我献殷勤的人变多了，但这对他们来说只是补偿您不在场的空虚罢了。他们聊天、喝酒、打哈欠……回来吧我可爱的朋友。整个巴黎都在求你回来。如果德·维拉尔索先生知道德·弗莱斯科女士散播的诋毁他的谣言，他就不会让你在外这么久了……回来吧美丽的尼农，您将会带来恩泽、带来喜悦。

这两个女人相处得非常愉快，她们经常在花园里溜达一整天。后来她们彼此隔得很远，弗朗索瓦丝·斯卡龙变成了曼特农夫人，她怀念之前与尼农度过的美好时光。在给尼农的信中，她写道："您还记得维拉尔索城堡花园里椴树的花香吗？"

我时常会想象花园里的树在看我们，而园丁也在看我们。

在这个行业工作超过三十年了，我更加深信，花园里的所有东西都是有"眼睛"的。城堡主人在园丁面前也从不避讳。维拉尔索城堡花园的园丁不止一次看到路易·德·莫尔奈侯爵与尼农和弗朗索瓦丝吵架。随着时间的推移，侯爵对尼农的激情渐退。但她忘不了侯爵，尤其是因为他们两人还有一个孩子。

路易·德·莫尔奈侯爵沉醉在弗朗索瓦丝的温柔乡里。他们的感情只维持了三个月，然后弗朗索瓦丝就离开他，去了凡尔赛宫。

1691 年 2 月 21 日，路易成了孤家寡人，在城堡里死去。他已经身无分文，所有人都弃他而去了，包括园丁。

路易十五时期，维拉尔索城堡又重新焕发生机。人们翻修了它，按照当时流行的风格设计了一个新花园，还建了一片斜坡草地。

路易·德·莫尔奈侯爵曾让花园变成了举办宴会和享乐之地。他已去世多年，但我们仿佛还能听到树林中飘来的笑声和叹气声。当然，前提是我们必须是一个想象力丰富的人，或者是园丁，因为园丁肯定很有想象力。

Viviani (Le square)

维维亚尼广场

我经常去维维亚尼广场。我相信，广场的名称是为了纪念伽利略的弟子温琴佐·维维亚尼。巴黎的圣米歇尔街区饱含艺术和文化气息，因此以一位科学家的名字命名这个广场看起来很符合逻辑。令人惊讶的是，月球上的一个环形山竟也是以温琴佐·维维亚尼的名字命名的。

通过一个偶然的机会，我才知道，这个能看到巴黎圣母院的广场其实是为了纪念法国政治家勒内·维维亚尼。他是一个奇怪的人。他做过议会议员，1906 年成为劳动部部长，协助让·饶勒斯创办了《人道报》，并在 1914 至 1918 年当上了议会主席。他还发明了个人所得税，这让他青史留名。

维维亚尼广场面积不大，旁边就是蒙泰贝洛码头的公路——巴黎最堵的交通大动脉之一。因此，在这里无法享受安静或聆听鸟雀的啁啾。巴黎共有超过 80 个类似广场，我之所以独爱维维亚尼广场，是因为广场上的一棵老树。它是 1601 年被种下的，是整个巴黎所有植物的前辈。植物学家们给它起名叫"刺槐"（robinier），以纪念亨利四世的御用园艺师、药剂师及花园总监让·罗班。人们更经常把刺槐叫作"acacia"，但这是一个错误，因为真正的"acacia"指的是"金合欢"（mimosa），即隆冬时节开黄花的那种。接下来更复杂的是，事实上，真正的"mimosa"根本不是金合欢，它是热带地区生长的"含羞草"，即叶子遇到触碰便立刻收拢的那种植物。我们总结一下："mimosa"（含羞草）生活在非洲，"acacia"（金合欢）绽放在法国南部的蓝色海岸，而"robinier"（刺槐）生长在巴黎的很多街道两旁。维维亚尼广场上的那棵刺槐就长在古老的穷人圣朱利安教堂旁边。四百年来，它抵御住了严寒、狂风和污染。尽管它生命力顽强，但人们还是需要帮助它的老树干挺立起来。它不高，仅 15 米，巴黎市政府雇用园艺师用水泥做支架支撑起它，而且每年清理一次新长出的和枯萎的枝叶。他们还要注意不让刺槐树皮上的藤蔓对它的健康造成威胁。

我经常久久地凝视这棵巴黎树中的"前辈"，它见证了四个世纪的沧桑历史。这中间有大事也有小事，比如 1928 年，广场旁建起了一个小花园。除了这棵老刺槐，谁还记得这种小事呢？

Wirth (Barbara et Didier)

芭芭拉·维尔特和迪迪埃·维尔特

法国大革命期间，信奉"汪达尔主义"的人们自诩代表法国人民，以摒弃过去为由，破坏了几百座历史建筑。1825 年，雨果在《两个世界》杂志中向这种毁坏文物的行为宣战：

> 必须停止将锤子砸向这个国家的脸面。是时候该出台一部法律制止这种行为了。无论这些历史建筑属于谁，这些无知投机分子的行为都是绝不允许的。他们已经丧失理智，被所谓的"荣誉"迷惑了双眼。这些可怜的、愚蠢的人，他们甚至不知道自己干的是多么野蛮的行径！一个建筑最重要的就是它的实用性和美观性。实用性属于它的主人，美观性属于所有人。因此，任何人都无权破坏它。

1840 年，法国刚刚成立的历史遗迹委员会统计值得保护的历史遗产。在公布的第一份清单中，历史遗迹委员会列出了 934 个历史遗迹的名字，主要集中在史前和古代时期。但这没能阻止很多壮观的城堡花园继续衰败下去，而且没有人关心那么多美丽的花园是否已经荒芜。

20 世纪初，布雷西花园变成了一块休耕地。早在法国大革命期间，这个优雅的花园就被人们改造成了农田。

可以想象，如果雅克·勒巴斯看到布雷西花园如今的混乱状况，他该会有多么沮丧。1646 年，他买下了花园旁的城堡，和自己的夫人——一位家境普通的当地人住在了这里。

雅克·勒巴斯对城堡和花园进行了大规模改造。花园直到现在仍那么美丽，让人猜测这是不是孟萨尔的作品（不过没有任何证据证明是他设计的花园）。花园的风格是意大利式的，如仙境一般，石头和植物在这里相得益彰。若用一个词来形容布雷西花园，"优雅"再合适不过了。这里没有狂妄自大的线条，没有不合时宜的浮夸，只有精致、平衡、和谐：黄杨装点着花坛，修剪得当的林木围绕着台地，阳台上有叶形的装饰板，水池、喷泉、行道树；道路尽头还有一个高 11 米的壮丽的大门，建于 1660 年，透过门能看到周围的田园风光。这个花园有一种神奇的魔力。

1903 年，历史遗迹委员会意识到布雷西花园的价值，决定将它列入历史遗产名录。这是一个英明的决定。要知道，凡尔赛宫花园可是在 1905 年才进入这个名录的。

1919 年，法兰西喜剧院的一个女演员——拉谢尔·布瓦耶买下了布雷西城堡及其花园。这个女演员名气很大，而且艺术造诣精湛，对艺术家也颇为友好。布雷西花园尽管被列入了遗产名录，但维护状况不容乐观，拉谢尔·布瓦耶投入了一大笔钱，重新让它焕发了光彩。

1958 年，雅克·德·拉克雷泰勒买下了花园，这才彻底挽救了它。雅克·德·拉克雷泰勒是法兰西艺术院的院士，对花园艺术十分痴迷。他喜欢谈论自己家的花园：

我们越仔细地思考这个花园的设计，越发现它像一部小说。它的"作者"灵感喷涌、挥毫泼墨，写下不同画面、不同情节，同时又兼顾逻辑，把所有东西协调起来……

雅克·德·拉克雷泰勒与自己的夫人一起翻修了花园，时至今日还能看到当时翻修的痕迹。他栽种了数千棵黄杨，还重新设计了城堡下面的花坛。他清除了水池里的污泥，把水池清洗得干干净净。另外，他在小路两旁设置了很多修剪成美妙形状的林木。

1987 年 1 月 29 日，雅克·德·拉克雷泰勒在法兰西艺术院的席位由贝特朗·普瓦罗 - 德尔佩什接替。贝特朗·普瓦罗 - 德尔佩什在演讲中向这位文坛巨匠致敬："雅克·德·拉克雷泰勒喜欢这样的一些地方——人类像作家雕琢语句一样改造自然，让自然变得如此壮丽，一如人类的思想……"

一个经得住时间考验的花园，必须养护得当，而且需要爱的滋养。1992 年，布雷西花园的状态堪称完美：它的主人芭芭拉·维尔特和迪迪埃·维尔特夫妇对花园极有热情，而且他们以学识渊博著称。他们是园艺界的传奇人物——芭芭拉·维尔特是才华横溢的园林设计师，迪迪埃·维尔特是花园艺术的坚定捍卫者。

芭芭拉刚满 18 岁时便追随她母亲的脚步，加入了法国植物园协会。她的母亲是该协会的创始人之一。

在她的家族里面，园艺是存在于基因里的东西。芭芭拉曾前往英国，然后又去洛杉矶的加利福尼亚大学学习文学，她借此机会参观了数不胜数的花园。1969年，她正式涉足植物学领域，创办了一个装饰风艺术公司。她终于可以自己创作花园里的艺术品了。

在创办公司前几年，她遇到了迪迪埃。迪迪埃毕业于著名的巴黎综合理工大学，在一家制药公司做研究员，致力于开发保护农作物的产品。他发明了一种新的概念，丰富了顾客可以选择的产品种类。芭芭拉和迪迪埃简直是天造地设的一对：他们的才能互补，对花园的激情也与日俱增。

在家里，芭芭拉·维尔特和迪迪埃·维尔特谈论的、想的、呼吸的都是花园。布雷西花园让他们有了发挥才能的空间。芭芭拉在花园里栽种了几百朵花，有白色的，也有蓝色的。这里没有过分绚丽的掺杂起来的色彩，只有和谐与温柔。

我忘记是谁说过："荣誉勋章可以抬高一个人，但不能让他变得高尚。"芭芭拉获得了法国文化部颁发的艺术与文学勋章，如果说获得勋章并不能说明她的"高尚"，那么她在园艺上的贡献可以——她把自己的才华全部施展在了花园上。

时任文化部长弗雷德里克·密特朗颁奖给她时，发表了一段演讲。我不知道演讲稿是不是他亲自写的，但里面的内容极为贴切、动人：

> 您照料花园里的所有植物。您负责装饰；您选择植物，例如花园周围的黄杨和紫杉、用来做绿篱的千金榆；您挑选花卉，主要是蓝色和白色的花，您说这是能"引起失眠的颜色"，比如鸢尾、百合、郁金香、铁线莲和玫瑰；您

栽种果树，其中有苹果树和梨树。……在您的花园里还有"阿尔弗雷德·卡里埃夫人"[1]玫瑰，上面像是铺着珍珠层；阳台点缀着叶形装饰；喷泉是洋蓟的形状；整个花园好似一个音乐篇章，延长音符是一条林荫大道；穿过伊萨克·热斯兰打造和雕刻的铁栅栏，绿毯一般的草坪一直延伸，直到无穷。

布雷西花园在诺曼底地区，位于卡昂市和巴约镇之间。它不在国道附近，想要参观它必须驶离交通主干线。布雷西花园不只是一个花园，它代表着一种沉思、一种想法、一种生活艺术。

Wollemia nobilis

瓦勒迈杉

见 Jardin des Plantes de Paris (Le) 巴黎植物园。

1　一个玫瑰品种，为了纪念阿尔弗雷德·卡里埃的夫人而命名。——译者注

Xérophyte

旱生植物

    安德烈·纪德说过："智慧就是适应的能力。"若真是这样，植物便是相当有智慧的生物了。花园里的植物就是最好的例子，它们无一例外，都有能力适应并不总是有利的条件。几千年来，各种气候下的植物都能比较顺利地度过凛冬或炎夏。

    我多次斥责人们故意把植物种在一堵破墙的两块石头中间，它们本来可以在苗圃里享受悉心照料和充足的水分。我欣赏那些生长在大西洋沿岸沙丘上的灌木，但在离我家几百米的地方，灌木却被"保护"起来，不受海风吹拂，无聊度日直至死亡。

    人们"爱护"植物，天气干燥时浇灌它们，结冰了给它们盖上保暖物，但活得自由自在、不需要人们照料的植物其实更加美丽。

    有多少园艺师自以为自己不可或缺啊！森林里的情况也差不多。在森林里，人们把老橡树砍倒，理由竟然是给年轻的树腾出空间！然而，一片树林完全可以自我维护、自我调节，人们的蛮横介入可能导致它的消亡。如今很多护林员就持这种观点，认为森林的生存离不开自己。荒谬！世界上最大、最繁茂的森林，从没有被修剪过或施过肥，但它们极为壮美、生物多样性极为丰富。一旦人类搅和进来，灾难就开始了。

    乔治·杜亚美在《我家花园的寓言诗》中写道：

X

从园丁分拣好的洋葱上方飞出一只浅黄色的蝴蝶。园丁突然伸出手，把蝴蝶拍打在地面上，默默地把它踩死了。

——这样做有必要吗？

园丁看着我，底气十足地回答：

——对一个园丁来说，杀死它是必需的。

这不是一个建议，而是一个公认的原则。不过我应该知道这个原则的。跟其他园艺爱好者一样，我也杀死过一些东西，比如一些草、一些动物。

这么做的时候我心中有愧。我并不像其他园丁一样把这当成理所当然的。看来我不是一个好园丁。

这段话写于1959年，但仍然适用于当今社会。亚洲海岸海啸肆虐；核电站往大气中排放带有放射性的尘埃；油船泄漏污染海面；风暴在一夜之间摧毁大自然花了一百年创造的东西；人类依然无法忍受玫瑰花上趴着一只蚜虫……对于植物们来说这真是一个悲哀的时代。

如果人类知道昆虫和植物是如何在恶劣条件下生存的，又是怎样毫发无损地存在了成百上千年的，人类或许会恭敬地向它们鞠上一躬。

现在，还有谁会去想，为什么有的树木在秋天落叶，而有的保持常绿？为什么水果是甜的而且色彩鲜艳？靠近窗户的植物为什么，又是怎样一直向着光生长的呢？对有心人来说，植物的世界奇妙无比。

有一类植物生活在干旱的环境，根据它们的形态和生活方式，植物学家称它们为"旱生植物"。最具代表性的旱生植物就是仙人掌，它们可以在地球上环境最不舒适的地方生存。为了了解这类植物是怎样在如此缺水的条件下生存的，我给大家简单地讲一节植物学的"课程"：

旱生植物通过根吸收水分，然后通过叶子上的气孔排出水分。为了减少对水分的需求，它降低自己叶子的数量。在酷暑时节，这种方法非常有效。城市里的很多树都会让叶子掉落一部分。而生活在沙漠地区的仙人掌直接把叶子变成了刺。这些刺能大大降低植物体内水分的蒸发，还能防止食草动物为解渴而吃掉它们。如果我们仔细地观察仙人掌，可以发现它们的刺生长得十分巧妙，风吹过以后会形成小范围的"旋风"，给仙人掌整个植株送去凉意。我们不用去沙漠就可以看到旱生植物。我们的气候下有大量旱生植物，只不过我们没有注意到罢了。

园艺师喜欢通俗一点儿的植物名称。他们不把这些植物叫作"旱生植物"，而是叫"多肉植物"。

当然，有人会提醒我，旱生植物并不都是多肉植物；我会告诉他，但多肉植物肯定都是旱生植物。

伊夫林省

法国人是出了名的"沙文主义者"。在指出自己是哪国人之前，他们先强调自己是出生或生活在哪个大区的。没错，他们是法国人，但他们更是布列塔尼人、科西嘉人、奥弗涅人、诺曼底人、巴斯克人、阿尔萨斯人……有的法国人骄傲于他们的城市，这一点在球迷身上尤为突出，而对自己城市的足球队最得意的当然是巴黎人、马赛人和里昂人。奇怪的是，法国人对省份不是很关心，有时，省份的名字甚至直接被它的编号所代替了，比如编号为 93 的伊夫林省。

我出生在伊夫林省，也生活在这里。我热爱这个位于巴黎西部的年轻省份。1968 年，伊夫林从塞纳 - 瓦兹省分离出去，成为一个独立的省。所有从巴黎出发到布列塔尼大区或诺曼底大区的人必然要经过伊夫林省。在古代，伊夫林所在的土地上尽是溪水和河流，公元 1000 年左右，众多僧人来到这里帮助疏浚河流。在凯尔特语中，"伊夫林"的意思便是"水源丰富"。这里的森林十分茂密，吸引帝王、贵族、权臣来此建造了许多壮观的城堡——凡尔赛宫、杭布叶城堡、圣日耳曼昂莱城堡、布勒特伊城堡、当皮耶尔城堡、图瓦里城堡、拉菲特家族城堡等。伊夫林省有森林、植物园、温室，它之前是法国最重要的园艺中心之一。另外，法国文学和艺术领域的很多大师都在伊夫林省生活过。其中有些人甚至在这里待了一辈子，最后在一个小村庄里终老；而且神奇的是，这些小村庄都没有成为城市化的牺牲品。例如安德烈·布维，他安息在蒙坦维勒村的墓园里，这个村庄里仅居住着大概 500 个人。还有罗密·施奈德，她长眠于布瓦西 - 桑 - 阿瓦村。人们在她的坟墓旁献花，还留下了很多感人的字迹。我甚至去参观了她曾住过的房子，守护房子的树长得非常高大。

　　列举在伊夫林省居住过的作家是一个枯燥的活儿，因为实在是太多了：埃米尔·沙尔捷（阿兰）、让·谷克多、比埃尔·德·龙萨、埃米尔·左拉、伊万·屠格涅夫、让·拉辛、维克多·雨果、乔治·库特利纳、玛格丽特·杜拉斯、若瑟 - 马里亚·德·埃雷迪亚、科莱特、大仲马……这份名单还有很长很长，在此无法完全列出了。当然，还有一些音乐家，比如比才、德彪西、拉威尔、圣桑，画家西斯莱、雷诺阿、维杰·勒布伦，还有各个领域的杰出人士，如建筑师勒柯布西耶、工程师哈龙·塔吉耶夫、记者露易丝·魏斯、政治家让·莫内、电影人雅克·塔蒂等。他们在伊夫林省的家里都有花园，春天到来时花园变得格外美。让·谷克多在《存在的困难》中描绘了他住在伊夫林省米利拉福雷镇的喜悦之情：

　　　　这就是我的理想住所。它像一个庇护所，没有皇家宫殿花园附近打桩机无休止的噪声。在这里，我能看到植物有着多么荒谬而惊人的倔强。我想起曾在乡下时梦想巴黎，来到巴黎后又时刻想逃离。水塘中的水倒映着日光，投射在我卧室的墙上，让墙看起来像动起来的大理石。春天到了，处处张狂。

1963 年 10 月 11 日，让·谷克多听说了挚友伊迪丝·琵雅芙的死讯。这则消息击垮了他，几个小时之后，他也驾鹤西去了。而他去世的地点就是在伊夫林省的住所。

1844 年，大仲马成为家喻户晓的作家，他在文学上的成功也让他有能力买到自己梦想中的房子。他在马利港镇买了 3 公顷的土地，找人建造了一座城堡。他向建筑师写信表达了自己的建议：

> 请您为我设计一个英式花园，花园中央是文艺复兴风格的城堡。我的工作室将是一栋哥特风格的楼阁，旁边有水环绕……这里有泉水，请您为我设计瀑布。

伊夫林省也有属于我的花园。我在父母的花园里长大，而父母家就在伊夫林省的拉塞尔 - 圣克卢镇。为了挣点儿零花钱，我有时会帮爸妈修剪草坪。我还记得那种修草机，必须推动引擎才能启动螺旋形的刀片；当草坪太潮湿或草太高时，机器常会卡住。我还记得，刚入秋时，栗树的叶子不断地落下，我们要把落叶捡起来清理掉，这不是一个轻松的差事！我小时候觉得这个花园很大，但实际上它仅是普通大小。而我祖父母的花园就在路易十五打猎的围场旁边，如今已经不存在了。那是我幼时玩耍的天堂，我能吃到各种美味，像樱桃、覆盆子和李子。花园里有一个大菜园，里面长着各种好吃的蔬菜。我的脑海中经常浮现祖父的样子——流着鼻涕，戴一顶草帽，翻地，锄草，浇水，收获。他是一个好人，我真正当上一名园艺师时，脑子里想的也是他。我想，他肯定会为我骄傲。我甚至相信，他在天堂看着我，指引着我。

在凡尔赛宫里面，有一个专门供我使用的"私人花园"。我这一辈子都不会忘记它的。它是我的庇护所，是一个秘密的地方，只有真正的朋友（这样的朋友极少）才可以进入。它没有什么特别的，但我在园里感觉很舒服。在我心中，"让人感到舒服"是一个好花园最重要的品质。不管这个花园是繁花似锦还是老树成行，不管野草是否侵占了玫瑰或牡丹花坛，不管草坪是不是定期修剪，只要我们不舍得离开它，它就是一个美丽的花园。

当然，伊夫林省还有这个已雇用我超过三十五年的花园——凡尔赛宫花园。尽管我对它贡献不多，但它是我的快乐，也是我的骄傲。我只是管理前人花了几百年才建好的一个花园，我的首要任务便是将这个无与伦比的地方传承给后代。真正的功劳属于那些默默无闻、辛勤付出的人，他们每天养护花园，每年让几百万游客前来欣赏它的美丽。

百日草

　　我之所以用"百日草"作为《花园词典》的结束，不仅是想让这部词典包含字母表的所有字母，还是因为我在植物学方面的第一次成功与百日草密切相关。1973 年，我的父母送我去读一所园艺学高中。他们认为我真正热爱的就是园艺学，事实也的确如此。正是高中的学习促使我走上园艺师的道路。

　　在高中漫长的三年里，我度日如年，如在囚牢。我每天都在等待周五的到来，因为那天我可以乘坐大巴回家。忍受了一个潮湿的秋季和一个冰冷的冬季后，随着来年春天的到来，我拾起了一些激情，而且交给我的任务让我很欢喜。我终于不用再干脏活儿累活儿，不用再翻土、耕地，不用再维护散发着柴油臭味的农业机械。在一个晴朗的早晨，我领到的任务是在堆肥土上播种百日草。几周过后，细小的叶子从土里神奇地冒了出来，它的绿色既柔和又高雅。秧苗越来越浓密，逐渐长大，需要把它们移植到陶土花盆里了。花盆排成一排，整齐地像玩具小兵。我忘了是在五月还是六月，我们需要提交成果了。我轻轻地拍打小花盆的外壁，把上面的小土块拍掉。我仔细地准备花坛，把这些百日草摆进去，它们开得正盛。我的播种非常成功，百日草的花朵绽放了一整个夏天。我自认为已经成了百日草的专家。如今已有不少人觉得百日草太"老气"而且

"过时"了。

　　不过，是百日草最早指引我走上园艺学的康庄大道的。由于成功培育了它，我才确定自己要成为园艺师。现在，每次参观一个花园时，我总会用目光搜寻百日草。找到它们后，我便情不自禁地爱抚一下它们那像大雏菊一样的花朵。我有此等幸福，足矣。

索　引